U0799743

冶金职业技能培训丛书

高速钢轧辊知识问答

符寒光　编著

北　京
冶　金　工　业　出　版　社
2010

内容简介

本书采用自问自答形式，系统介绍了高速钢轧辊制造、检测和使用中易出现的各类问题及其解决方法。共包括高速钢轧辊知识350问，涉及高速钢轧辊成分优化、高速钢轧辊铸造、热处理和机械加工工艺选择、高速钢轧辊检测以及高速钢轧辊使用注意事项等。本书内容全面，先进性、实用性强，可为我国高速钢轧辊的生产、开发及工业应用提供参考和指导。

本书主要供轧钢行业的工程技术人员使用，也可供从事冶金、铸造、热处理和机械加工工作的科技工作人员、机械和材料专业的在校师生参考。

图书在版编目(CIP)数据

高速钢轧辊知识问答/符寒光编著．—北京：冶金工业出版社，2010.1

(冶金职业技能培训丛书)

ISBN 978-7-5024-5139-4

Ⅰ.①高… Ⅱ.①符… Ⅲ.①高速工具钢—轧辊—问答 Ⅳ.①TG333.17-44

中国版本图书馆CIP数据核字(2010)第011278号

出 版 人 曹胜利

地　　址 北京北河沿大街嵩祝院北巷39号，邮编100009

电　　话 (010) 64027926 电子信箱 postmaster@cnmip.com.cn

责任编辑 张爱平 美术编辑 李 新 版式设计 张 青

责任校对 王贺兰 责任印制 牛晓波

ISBN 978-7-5024-5139-4

北京百善印刷厂印刷；冶金工业出版社发行；各地新华书店经销

2010年1月第1版，2010年1月第1次印刷

850mm×1168mm 1/32；11.875印张；315千字；352页；1-3000册

32.00 元

冶金工业出版社发行部 电话：(010)64044283 传真：(010)64027893

冶金书店 地址：北京东四西大街46号(100711) 电话：(010)65289081

(本书如有印装质量问题，本社发行部负责退换)

序

新的世纪刚刚开始，中国冶金工业就在高速发展。2002年中国已是钢铁生产的“超级”大国，其钢产总量不仅连续7年居世界之冠，而且比居第二和第三位的美、日两国钢产量总和还高。这是国民经济高速发展对钢材需求旺盛的结果，也是冶金工业从20世纪90年代加速结构调整，特别是工艺、产品、技术、装备调整的结果。

在这良好发展势态下，我们深深地感觉到我们的人员素质还不能完全适应这一持续走强形势的要求。当前不仅需要运筹帷幄的管理决策人员，需要不断开发创新的科技人员，也需要适应这新变化的大量技术工人和技师。没有适应新流程、新装备、新产品生产的熟练技师和技工，我们即使有国际先进水平的装备，也不能规模地生产出国际先进水平的产品。为此，提高技工知识水平和操作水平需要开展系列的技能培训。

冶金工业出版社根据这一客观需要，为了配合职业技能培训，组织国内有实践经验的专家、技术人员和院校老师编写了《冶金职业技能培训丛书》，以支持各钢铁企业、中国金属学会各相关组织普及和培训工作的需要。这套丛书按照不同工种分类编辑成册，各册根据不同工种的特点，从基础知识、操作技能技巧到事故防范，采用一问一答形式分章讲解，语言简练，易读易懂易记，适合于技术工人阅读。冶金工业出版社的这一努力是希望为更好地发展冶金工业而做出的贡献。感谢编著者和出版社的辛勤劳动。

借此机会，向工作在冶金工业战线上的技术工人同志们致意，感谢你们为行业发展做出的无私奉献，希望不断学习，以适应时代变化的要求。

原冶金工业部副部长

中国金属学会理事长

2003年6月18日

前 言

20 世纪 80 年代末期，日本率先研制成功了铸造高速钢复合轧辊，随后欧美国家、韩国、南非等也开始研制生产。高速钢轧辊以其优良的红硬性、耐磨性和耐表面粗糙性能，成为热带连轧机精轧工作辊的更新换代品种。高速钢轧辊用于热带精轧前段，其耐磨性、使用寿命和换辊周期等指标均达到传统高铬铸铁轧辊的 3 倍以上，用于精轧后段，可达到传统高镍铬无限冷硬铸铁轧辊的 3 ~5 倍。另外，铸造高速钢复合辊环用做 H 型钢轧机的水平辊和棒、线材轧机的精轧辊，耐磨性也有极显著的改进。钨和钼含量较低、韧性好的半高速钢冷轧工作辊也取得了良好的使用效果。目前，工业发达国家广泛应用高速钢轧辊，不仅采用离心铸造法、连续浇注外层成形法（CPC)、旋转电渣熔铸法（ESR)、热等静压法（HIP)、喷射成形法（Osprey）和锻造加工法等生产各种类型高速钢轧辊，而且根据不同轧机使用的要求对高速钢轧辊的品种进行系列化，并制订了相应的高速钢轧辊标准。

我国是世界钢产量最多的国家，预计 2009 年粗钢产量将达到 5.5 亿吨，超过世界总产量的 1/3，巨大的钢产量使我国成为世界上消耗轧辊最多的国家。为了满足我国轧钢企业对高性能轧辊的需求，除了从国外进口高速钢轧辊外，国内也开展了高速钢轧辊研究和推广应用工作，高速钢轧辊在热轧窄带钢和棒、线材轧机上已获得成功，在热轧宽带钢轧机上也取得了突破。目前宝钢1580轧机F1～F5工作辊已全部采用高速钢轧辊，吨钢辊耗已降到了0.4kg/t。鞍钢1780轧机、邯钢2100CSP轧机和太钢的不锈钢轧机也采用了高速钢轧辊，均取得了较好的使用效果，轧辊的修磨周期比以往提高了3倍甚至更多。

尽管高速钢已成为当今轧辊制造较理想的材料，但是高速钢轧辊在制造和使用过程中存在的种种问题已经引起轧辊研制和使用部门的关注。比如：高速钢轧辊偏析、内外层结合不良、铸造和热处理开裂、辊面硬度不均匀、车削工具的选择、线膨胀系数和弹性模量较高引起辊形改变、导热系数较大和比热容较小引起辊面热应力和热裂等，解决好上述系列问题是扩大高速钢轧辊应用的关键。在此背景下，通过查阅国内外资料，撰写了《高速钢轧辊知识问答》一书，包含轧辊生产概述、高速钢轧辊制备、检测和使用等内容，特别对高速钢轧辊制备中急需掌握的各种关键技术以及使用中必须注意的各种问题进行了详细解答，期望为高速钢轧辊的研究、制造、使用和管理部门提供借鉴和引导。

作者衷心感谢冶金工业出版社的鼎力支持，以及北京工业大学雷永平教授、西安交通大学邢建东教授、宝山钢铁股份有限公司汪长安先生和钢铁研究总院宫开令先生的热情支持和无私奉献。本书的顺利完成，还得到了北京工业大学材料加工技术研究所史耀武教授、李晓延教授、郭福教授、夏志东教授、杨晓军副教授、吴中伟博士、林健博士、李辉博士、李国栋博士，西安建筑科技大学杜忠泽教授，江苏东冶轧辊有限公司戴建方总经理，重庆市川深港务机械制造有限公司李明伟总经理和重庆钢铁股份有限公司张轶先生的大力支持，在此深表感谢！书中参考了许多高速钢轧辊方面的文献，在此向这些文献的作者表示真挚的谢意！

限于作者的经验和水平，书中定有不少疏漏与不当之处，诚望各位前辈及广大读者提出批评指正。

编 者

2009 年 12 月

目　录

第1章　轧辊生产概述

第2章　高速钢轧辊制备

第3章 高速钢轧辊检测方法

第4章　高速钢轧辊使用

四、高速钢轧辊使用效果

第1章　轧辊生产概述

一、轧辊分类及用途

1. 轧辊工作的特点是什么？

轧辊是轧机上最主要的零件之一，轧件通过转动的轧辊产生塑性变形，轧制出符合要求的形状和尺寸精度的产品，轧机上的其他零部件都是为了安装、支撑、调整、更换轧辊和引导轧件正确进出轧辊而设置的。轧辊由辊身、辊颈和轴头组成。辊颈安装在轴承中，并通过轴承座和压下装置把轧制力传给机架。轴头和连接轴相连接，传递轧制扭矩。轴头有梅花轴头、万向轴头、带键槽的或圆柱形轴头等三种主要形式。轧辊工作的特点是：轧辊在轧制过程中直接或间接和轧件接触，强迫轧件产生塑性变形，因此承受很大的轧制压力、轧制力矩及动载荷。特别是热轧时，由于轧件温度高，轧辊用冷却液冷却，工作条件极其恶劣，所以对轧辊的强度、刚度、韧性、表面硬度、耐磨性、辊形都有严格的要求，以保证轧件的质量和产量。

2. 轧辊按硬度值怎样分类？

轧辊按其硬度值可分为：

（1）软辊　肖氏硬度约为30～40，用于开坯机、大型型钢轧机的粗轧机等。

（2）半硬辊　肖氏硬度约为40～60，用于大型、中型、小型型钢轧机和钢板轧机的粗轧机。

（3）硬面辊　肖氏硬度约为60～85，用于薄板、中板、中型型钢和小型型钢轧机的粗轧机及四辊轧机的支撑辊。

（4）特硬辊　肖氏硬度约为85~100，用于冷轧机。

3. 轧辊按材质怎样分类？

轧辊按材质主要分为铸铁轧辊、铸钢轧辊和锻钢轧辊三大类。其中铸铁轧辊的碳含量在2.5%~3.5%左右，按主要材质可分为冷硬铸铁轧辊、无限冷硬铸铁轧辊、高铬铸铁轧辊和球墨铸铁轧辊四大类。铸铁轧辊中常见的组织可分为基体、渗碳体、石墨三大类，基体组织主要有奥氏体、铁素体、珠光体、贝氏体和马氏体，石墨在铸铁中的形态一般有片状和球状两种。

铸钢轧辊可分为两类：钢轧辊（碳含量0.4%~1.4%）和半钢轧辊（碳含量1.4%~2.4%），钢轧辊碳含量低，故硬度较低，其组织一般由铁素体和珠光体组成，随着碳含量增加，铁素体量减少，珠光体量增加。为提高硬度，可加入铬、镍、锰、钼、钒等合金元素，或者进行特殊热处理。由于钢轧辊具有高的抗拉强度和韧性，适用于轧制温度高、轧制载荷大的开坯轧机或初轧机，也可用做支撑辊。如进行特殊热处理，得到HS90以上的高硬度，亦可用做冷轧工作辊。

半钢轧辊碳含量在铸钢轧辊和铸铁轧辊之间，其硬度比一般铸钢轧辊高，比铸铁轧辊低。半钢轧辊的最主要特点是内部硬度降落很小，因此，特别适用于制造深孔型轧辊。半钢轧辊材质中若增加硅含量，通过石墨化处理，具有高的抗热裂性和强韧性，作为初轧机开坯轧辊、大型型钢粗轧辊、开坯连轧机轧辊和热轧带钢连轧机立辊，可获得良好的轧制效果。

锻钢轧辊通过冶炼、锻造、热处理，使轧辊辊身工作层具有高硬度、高耐磨性和优良的抗事故能力，同时保证轧辊辊颈和辊身芯部具有一定的强度和高的韧性。锻钢轧辊具有的这一独特性能，使其在冷轧以及有色轧制方面，有着铸造轧辊不可替代的优势。

4. 铸铁轧辊怎样分类？

铸铁轧辊主要分为[1]：

(1) 合金冷硬铸铁轧辊（alloy chilled cast iron rolls） 合金冷硬铸铁轧辊是利用铁水自身过冷度和冷型表面激冷的办法而生成白口层，辊身工作层基体组织内基本上没有游离石墨，金相组织是细珠光体和碳化物，其硬度高，具有优良的耐磨性能。用于小型棒、线材轧机及窄带钢精轧机架。

(2) 合金无限冷硬铸铁轧辊（alloy indefinite chilled cast iron rolls） 合金无限冷硬铸铁轧辊是介于冷硬铸铁和灰口铸铁之间的一种材质，无限冷硬铸铁轧辊辊身工作层的基体组织中存在着均匀分布的石墨，石墨的含量从辊身表面往里随深度的增加而提高，硬度随之降低，因此，辊身工作层与芯部没有明显的分界线。无限冷硬铸铁轧辊材质中含有较高的铬、镍、钼合金元素时为高镍铬无限冷硬铸铁轧辊，采用全冲洗（溢流法）或离心复合浇注工艺生产。高镍铬无限冷硬铸铁轧辊辊身工作层基体组织中存在较多的碳化物，因此有较高的耐磨性，基体组织中石墨的存在，使其具有良好的抗热裂性，被广泛应用做宽、中、厚板轧机和带钢轧机精轧用辊。

(3) 合金球墨铸铁轧辊（alloy nodular cast iron rolls） 这种轧辊的特征是从辊身到芯部石墨呈球状均匀分布，所以抗拉强度高，可经受重载荷，耐磨性很好。基体组织为碳化物及珠光体或针状贝氏体，合金球墨铸铁轧辊按辊身基体组织大体可分为珠光体球墨铸铁轧辊和贝氏体球墨铸铁轧辊。合金球墨铸铁轧辊具有良好的抗热冲击和耐磨性能，被广泛应用做大型初轧机、型钢轧机、棒材连轧机和大型无缝管轧机用辊。

(4) 珠光体球墨铸铁轧辊（pearlitic nodular cast iron rolls）球墨铸铁轧辊中加入铬、镍、钼合金元素，经过特殊热处理得到珠光体球墨铸铁轧辊。珠光体球墨铸铁轧辊具有良好的强度、高温性能和抗事故性能，工作层硬度落差小。

(5) 针状贝氏体球墨铸铁轧辊（spiculate bainitic nodular cast iron rolls） 球墨铸铁轧辊中加入镍、锰、铬、钼等合金元素，它是具有针状组织（贝氏体+少量马氏体）基体，比珠光体球墨铸铁轧辊强度更高，韧性更好，耐磨性也明显提高。可采用静态铸造和离心铸造生产，但针状贝氏体球墨铸铁轧辊由于合金含量高，铸造应力大，采用离心复合浇注工艺可获得理想的综合使用性能。

（6）高铬复合铸铁轧辊（high chromium compound cast iron rolls） 以含铬12%～22%的耐磨高铬白口铸铁为轧辊辊身外层材质，一般以球墨铸铁为轧辊芯部和辊颈材质，采用离心复合浇注工艺而生产的高合金复合铸铁轧辊。由于基体中存在板条状的 M_7C_3 型共晶碳化物、菊花状的 M_2C 型共晶碳化物和颗粒状的 $M_{23}C_6$ 型二次碳化物，高铬复合铸铁轧辊具有优异的抗磨性能，被广泛用做热轧带钢连轧机粗轧和精轧前段工作辊、宽中厚板轧机粗轧和精轧工作辊及小型型钢和板材轧机精轧工作辊。

（7）FEW TIC 轧辊（FEW TIC rolls） Shefsield Forgemasters 公司最近采用了由它与 London & Scandinavian Metallurgical 公司共同研制成功的可取代高速钢轧辊的轧辊，即含碳化物的复合轧辊。在这种轧辊中，将过渡金属碳化物喷射到轧辊的离心铸造外层。碳化物不被基体材料所溶解，而是容易在铁包裹这些颗粒之前被熔融基体润湿，形成直径500μm以下的颗粒。典型的碳化物颗粒尺寸为2～10μm，而且形状是圆形。FEW TIC 这种名称出自采用铁、钨和钛的碳化物来生产具有接近铁的密度的固溶碳化物，以防止离心铸造时产生的偏析。这种生产方法叫做“复合碳化物增强法”，目前已用于改善合金无限冷硬轧辊。5%～10%（质量分数）的碳化物加入量就可以使热带钢轧机精轧机架轧辊的磨损速度比普通合金无限冷硬轧辊降低38%。

5. 铸钢轧辊怎样分类？

铸钢轧辊主要分为[1]：

（1）合金铸钢轧辊（alloy cast steel rolls） 采用电弧炉冶炼优质钢水，采用先进的铸造、热处理工艺技术制造，依其化学成分和热处理工艺，可使合金铸钢轧辊辊身外层基体组织为珠光体及贝氏体。珠光体可以是片状或球状或是索氏体。回火索氏体不仅具有高的强韧性，而且具有优良的抗热裂性，尤其是带位相的回火索氏体组织还兼有优良的耐磨性能，故用于初轧机时，轧制效果良好。合金铸钢轧辊具有很高的强度、优良的抗热裂性、韧性、耐磨性，适用于型钢粗、中轧机，热轧带钢粗轧机架用辊及热轧带钢支撑辊。

（2）半钢轧辊（adamite rolls） 半钢轧辊是性能介于钢辊和铁辊之间的一种轧辊材质，碳含量通常为1.4%～2.4%，含有镍、铬、钼等合金元素，其组织主要由珠光体构成，并含有一定数量的碳化物，具有硬度降落小，耐磨性能高等特点，适合带钢热连轧机粗轧、精轧前段；棒线轧机粗轧、中轧、预精轧机架；万能轧机、悬臂轧机辊环、辊套。当半钢碳含量大于1.9%时，称之为高碳半钢，高碳半钢由于碳含量较高，基体组织中存在有共晶碳化物和伪共晶碳化物，被用于开坯连轧机架用辊、型钢轧机中间机架和精轧机架用辊。

（3）石墨钢轧辊（graphite steel rolls） 石墨钢轧辊的性能与半钢轧辊类似，其最大特征是组织中有少量细小石墨存在。它可以提高轧辊的抗热裂性能和抗氧化铁皮黏附性能，主要适用于粗轧或初轧机架。

（4）高速钢轧辊（high speed steel rolls） 在高温下具有很高的硬度和耐磨性，主要用离心方法生产，芯部材质为球墨铸铁。通过成分和热处理工艺控制，工作层硬度可达HSD 80～85，马氏体基体上分布有钒、钨、铌、钼、铬复合碳化物，保证了工作层硬度均一，孔型磨损均匀。这种辊用于精轧机架，增加作业时间，改善轧材表面质量。

（5）铸造高铬钢轧辊（high chromium cast steel rolls） 铸造高铬钢轧辊以高铬钢（0.5%～1.5% C、8%～15% Cr）为辊身外层材质，以球墨铸铁为芯部材质，采用离心复合浇注工艺生产，由于其辊身外层具有比高铬复合铸铁材质更加富铬的基体组织，耐磨性极好，此外，由于高铬钢轧辊辊身工作层基体组织中的碳化物含量较低，使其具有优良的抗热裂性，高铬钢轧辊是目前热连轧机粗轧辊选材的发展趋势。

（6）GNV 轧辊（GNV rolls） 粗轧机架用轧辊需要一些特性相互结合，其中某些特性会相互抵消对方的作用，这些特性包括耐磨性、耐热裂性、耐冲击性、热硬度和热强度等。过多的网状碳化物能提高耐磨性，但它严重降低了断裂韧性，这在粗轧情况下，会促使热裂纹形成发展。要减小过多碳化物的影响，又能保持耐磨性，就要加入镍、钼等合金元素，使基体形态为贝氏体/马氏体（针状），比通常的珠光体基体更耐磨。钼元素还有助于提高轧辊高温硬度。GNV 轧辊就是采用高合金材质加上特殊热处理制造出来的，基体组织中碳化物的含量小于5%，可满足粗轧机架要求。

6. 锻钢轧辊怎样分类？

按使用条件，锻钢轧辊可分为锻钢热轧辊及锻钢冷轧辊，锻钢热轧辊主要用于热轧开坯及型钢粗轧辊，锻钢冷轧辊被广泛用于冷轧机。锻钢冷轧辊使用要求高，辊身表面必须具有高而均匀的硬度，以保证冷轧带材或钢板的尺寸精度和良好的表面质量，辊身具有一定的淬硬层深度，具有高的抗事故能力，为此，对轧辊的原始组织要求很严，一是纯净的冶金质量；二是组织的均匀性。我国目前主要使用含铬2%左右的冷轧辊材质，HSD90 以上的工作层在10mm 左右，而新开发的含铬5%的 Cr5 系列冷轧辊，HSD90 以上的工作层在30mm 以上，Cr5 系列冷轧工作辊在各方面体现出的优良性能，必将逐步替代传统上使用的 Cr2 系列冷轧辊，成为冷轧工作辊的发展方向。

7. 轧辊按轧机类型怎样分类？

按轧机类型轧辊可分为以下三类：

（1）平面轧辊（图1-1*a*） 即板带轧机轧辊，其辊身呈圆柱形。一般热轧钢板轧机轧辊做成微凹形，受热膨胀时，可获得较好的板形；冷轧钢板轧机轧辊做成微凸形，在轧制时，轧辊产生弯曲，以获得良好的板形。

（2）带槽轧辊（图 1-1*b*）　它用于轧制大、中、小各种型钢、线材及初轧开坯。在辊面上刻有轧槽使轧件成形。

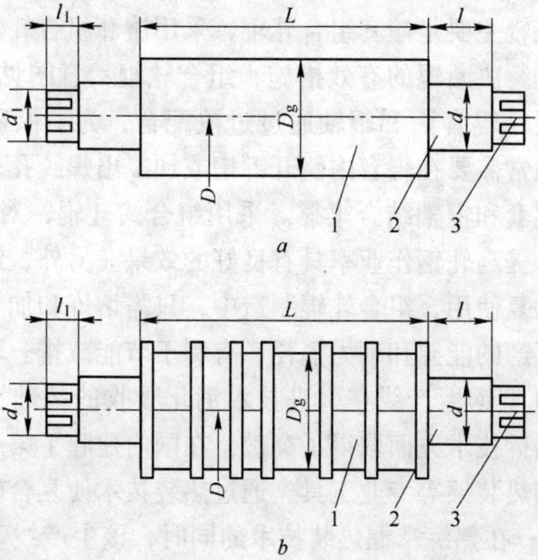

图 1-1　平面轧辊（*a*）和带槽轧辊（*b*）

1—辊身；2—辊颈；3—辊头

（3）特殊轧辊　它用于钢管轧机、车轮轧机、钢球轧机及穿孔机等专用轧机上。这种轧机的轧辊具有各种不同形状，如钢管轧制中采用斜轧原理轧制的轧辊有圆锥形、腰鼓形或盘形。

8. 轧辊按成形方法怎样分类？

轧辊按成形方法分为铸造轧辊和锻造轧辊，按工艺方法分为整体轧辊、冶金复合轧辊和组合轧辊。整体轧辊分为整体铸造和整体锻造轧辊两种，整体轧辊的辊身外层与芯部以及辊颈采用单一材质铸造或锻造而成，辊身外层和辊颈不同的组织、性能通过铸造或锻造工艺以及热处理工艺过程来控制和调整。冶金复合铸造轧辊主要有半冲洗复合铸造、溢流（全冲洗法）复合铸造、离心复合铸造三种，此外还有连续浇注外层成形法（CPC，continuous pouring process for cladding）、电渣熔铸复合法（ESR，electroslag remelt）、喷射沉积法（osprey）、热等静压法（HIP，hot isothermal pressure）等特殊方法制造的复合轧辊。

组合轧辊主要是镶套组合轧辊，采用镶套组合轧辊取代铸造复合轧辊是解决断辊的有效措施，组合轧辊示意图见图1-2。将轧辊的外层（辊套）和辊轴通过过盈配合，为了保证轧钢所需的扭矩，通常需要在辊套内侧开键槽或加工出螺纹孔，通过花键或螺栓使辊套和辊轴结合牢靠。采用组合式轧辊，对解决断辊，降低辊耗，提高轧钢作业率具有良好的效果。另外，组合轧辊的辊轴可以重复使用，组合轧辊制造中，只需熔炼和加工辊套，可减少轧辊生产的能源和动力消耗，有利于节能减排。马钢第三轧钢厂的大H型钢生产线在引进技术消化吸收的基础上，在复合轧辊热装热拆技术方面取得了突破，在国内建起了第一座复合轧辊热装炉和热装架等专业工具，通过热装技术使复合轧辊使用率达到100%；在熟练掌握热装技术的同时，该生产线又展开了对复合轧辊热拆技术的攻关，研制成功了具有自主知识产权的热拆炉，解决了复合轧辊热拆难题，使复合轧辊经热拆炉热拆后，辊轴经检验其表面和内部性能完好无损，可以多次重复利用。马钢

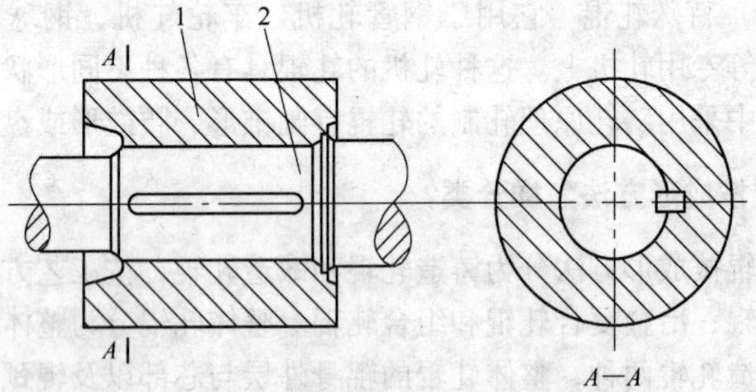

图1-2 组合轧辊示意图

1—辊套；2—辊轴

复合轧辊热装热拆技术的成功应用，有效满足了 H 型钢生产线万能轧机复合轧辊的需求，一年可进行复合轧辊的热装热拆量达 100 多支，每年可为企业节约 1000 多万元的资金。

9. 轧辊按用途怎样分类?

轧辊按其用途可分为工作辊、中间辊和支撑辊，图 1-3 是轧钢过程中不同轧辊的位置分布示意图。

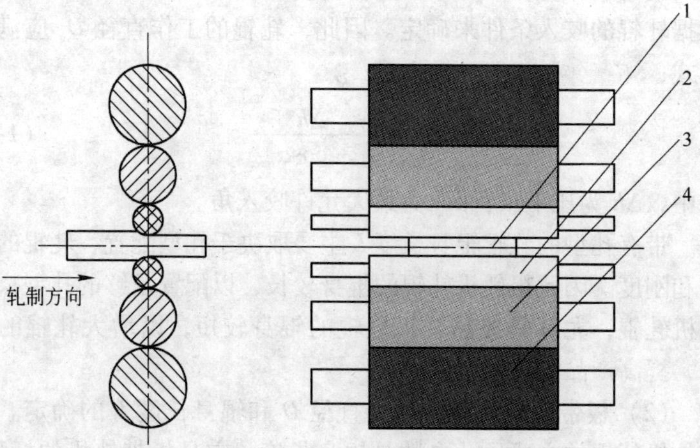

图 1-3　轧钢过程中不同轧辊的位置分布示意图

1—钢坯；2—工作辊；3—中间辊；4—支撑辊

10. 轧辊结构的主要参数是什么且怎样确定?

轧辊结构的主要参数（见图 1-1）是辊身的名义直径 D 和辊身长度 L，其次是辊颈和辊头的尺寸。轧辊名义直径 D 和辊身长度 L 是这样确定的[2]。

（1）初轧机和型钢轧机轧辊的名义直径 D 和辊身长度 L 的确定。初轧机和型钢轧机轧辊的名义直径 D 既是轧钢机的主要参数，也是轧辊结构的主要参数。轧辊名义直径 D 确定后，轧辊的其他结构参数也可初步随之确定。

由于初轧机和型钢轧机的轧辊辊身上是有孔型的，因此，通常取初轧机和型钢轧机齿轮座的中心距作为轧辊的名义直径。大型初轧机无齿轮座，以辊身最大直径为标称，致使这种轧辊的名义直径 D 均大于其工作直径 D_g。为避免孔型槽切入过深，轧辊的名义直径 D 和工作直径 D_g 的比值一般不大于1.4。

辊身工作直径 D_g 的确定原则：是在保证轧辊强度的前提下，根据轧辊的咬入条件来确定。因此，轧辊的工作直径 D_g 应满足下式：

$$D_g = \frac{\Delta h}{1 - \cos\alpha_{max}} \tag{1-1}$$

式中，Δh 为压下量；α_{max} 为最大允许咬入角。

带有孔型的轧辊辊身长度 L 主要取决于孔型配置、轧辊的强度和刚度。因此粗轧机轧辊的辊身较长，以配置足够的孔型；精轧机轧辊，尤其是成品轧机轧辊的辊身较短，以增大轧辊的刚度，提高产品的尺寸精度。

（2）板带轧机轧辊的名义直径 D 和辊身长度 L 的确定。板带轧机轧辊的主要尺寸参数是辊身长度，它是板带轧机的标称。在确定板带轧机轧辊尺寸时，首先应根据所轧钢板的最大宽度 b_{max} 来确定辊身长度 L，然后再根据强度、刚度和有关工艺条件确定其辊径 D。

辊身长度 L 可根据下式确定：

$$L = b_{max} + a \tag{1-2}$$

式中，a 为根据钢板宽度选取的余量。

当 $b_{max} = 400 \sim 1200\text{mm}$，$a \approx 100\text{mm}$；$b_{max} = 1000 \sim 2500\text{mm}$，$a = 150 \sim 200\text{mm}$；对 $b_{max} > 2500\text{mm}$，$a = 200 \sim 400\text{mm}$。

辊身长度确定后，对二辊轧机可根据轧辊强度及咬入条件，确定辊径 D（板带轧机轧辊的名义直径就是工作直径）。

11. 哪些轧辊适合丁整体铸造?

初轧机、钢坯连轧机、大型型钢和轨梁轧机、热轧板带钢轧机破鳞和轧边机、型钢万能轧机的轧边机，还有小型型钢、线棒材轧机的粗轧机架等轧机使用的轧辊，大多采用整体铸造方法生产，这类轧辊使用层较厚，孔型较深。另外，热轧板带轧机的二辊粗轧辊也适合于整体铸造生产。整体铸造轧辊的工艺方法相对简单，制造成本低。

12. 哪些轧辊适合于复合铸造?

复合铸造适合于生产那些工作负荷大、轧材质量要求高的轧辊。这类轧辊辊身和辊颈性能要求相差悬殊，辊身表面硬度要求高，辊颈又要求较高的强度和韧性。例如热带连轧机的工作辊、支撑辊；中厚板、宽厚板轧机的工作辊；平整轧机的工作辊和支撑辊；型钢万能轧机的辊环；小型型钢、棒线材轧机的精轧辊及无缝钢管轧机连轧管轧辊和张减径辊环等。复合铸造轧辊指轧辊辊身外层与芯部以及辊颈采用两种或两种以上材质复合铸造而成，辊身外层和辊颈分别通过不同材质的成分设计和热处理工艺获得要求的组织和性能。复合铸造轧辊需要特殊的工艺装备，工艺相对复杂，控制难度大，需要较高的制造成本。

13. 什么是热轧辊?

轧辊是利用一对或一组轧辊滚动时产生的压力来轧碾钢材，它主要承受轧制时的动静载荷、磨损和温度变化的影响。

轧辊分热轧辊和冷轧辊两种，热轧辊仅轧制已烧红的轧件；热轧辊使用熔炼炉熔炼后直接浇注而成，一般不需要锻造加工；热轧辊有热轧工作辊和支撑辊，工作辊直接与轧件接触，但支撑辊仅与工作辊接触。

热轧辊常用的材料有 60CrMnMo、60CrNiMo、70Mn2、75CrMo、半钢、高铬铸铁和高铬铸钢等，近年来高速钢、半高速钢也广泛用于制作热轧辊。热轧辊主要使用在开坯、厚板和型钢等加工中。它承受了强大的轧制力、剧烈的磨损和热疲劳影响。热轧辊只采用整体正火或淬火，一般不进行表面淬火。

14. 什么是冷轧辊?

相对于热轧辊而言，冷轧辊仅轧制冷态的轧件，它通常使用熔炼炉熔炼后浇注，常常需要进行锻造的一类轧辊，随着铸造技术的发展，冷轧辊的以铸代锻正在不断实现。冷轧辊有冷轧工作辊、中间辊和支撑辊，工作辊直接与轧件接触，中间辊仅与工作辊接触，支撑辊有与工作辊接触、也有与中间辊接触。由于冷轧是冷态的轧制，工况恶劣，因而对冷轧辊质量要求很严格，冷轧辊通常要求表面淬火，硬度为 HS 45 ~ 105。

在冷轧行业的拉动和轧辊制造相关技术的推动下，增加冷轧辊耐磨性、粗糙度保持性、硬度均匀性和抗事故性等指标的要求越来越高，目的是为了实现自由轧制，轧制高档次板材，降低轧辊辊耗等。在这些要求的拉动下，轧辊制造企业也在不断努力来改进和创新轧辊制造技术。具体表现为：

（1）锻钢轧辊合金成分不断增加：5% Cr、8% Cr、86CrMoV、半高速钢、高速钢等高合金钢在冷轧辊上的应用是一个趋势，同时轧辊材质会保持一种多样性，以适应不同轧制条件的需要。

（2）新的辊坯复合制造技术的应用：为了适应轧辊表面高耐磨和芯部高综合力学性能的要求，已经有厂商在探索电渣熔铸、CPC、Osprey 等新型表面复合技术在轧辊毛坯制备上的使用。

（3）新的轧辊热处理和加工技术的应用：大型数控机床的应用、计算机自动控制的加热炉和淬火设备的使用，可以增加轧辊的制造精度和表面均匀性，适应高档次轧机的需要。

15. 什么是初轧辊、粗轧辊、中间机架轧辊和精轧辊?

在初轧机上将钢锭轧制成钢坯的轧辊称为初轧辊（blooming/stabbing mill roll)；在粗轧机上轧制坯料的轧辊称为粗轧辊(roughing roll)；在粗轧机架后的中间机架上使用的轧辊称为中间机架轧辊（intermediate stand roll)；在精轧机架使轧件最终轧制成材的轧辊称为精轧辊（finishing roll)。

16. 什么是平整辊、光亮平整辊和矫直辊?

平整板、带材使其有较好的板形和改善力学性能的轧辊称为平整辊（temper mill roll)；使板、带材通过平整后改善表面粗糙度，达到表面光亮目的的轧辊称为光亮平整辊（skin pass roll)；使轧材平直以及为轧材断面整形所使用的轧辊称为矫直辊(straightening roll)。

17. 什么是工作辊、中间辊和轧边辊（立辊)?

在轧机上直接轧制产品的轧辊称为工作辊（work roll)，图1-4是部分工作辊图片；同一机架上工作辊与支撑辊之间的轧辊称为中间辊（intermediate roll)；轧辊中心线垂直于水平面，用于破鳞和轧边的轧辊称为轧边辊（edger roll)。

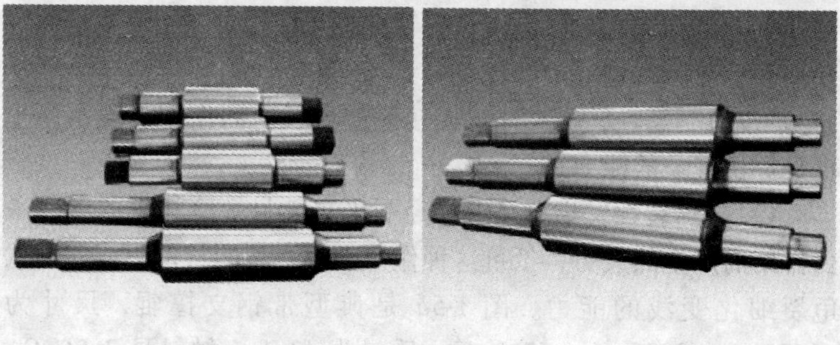

图1-4　部分工作辊图片

18. 什么是支撑辊？

在轧机上增加工作辊刚度，直接或间接承受轧制载荷的轧辊称为支撑辊（back-up roll）。支撑辊是轧机中用来支承工作辊或中间辊以便在轧制时防止工作辊出现挠曲变形而影响板形质量的重要部件。支撑辊质量的优劣直接影响轧板的产量及质量。支撑辊复杂多样的工况条件使其不同于一般的工件。一方面轧制过程中支撑辊本体要承受很多的弯曲应力和摩擦力；另一方面辊身表面要长时间地承受磨损、冲击、接触应力和激冷激热造成的疲劳现象，支撑辊在使用中常见的损伤有以下五类：

（1）辊面硬度不均造成压痕；

（2）由于断带、冷却不均造成黏辊；

（3）轧制时间过长，辊面冷硬层疲劳等原因造成裂纹；

（4）表面裂纹扩展、疲劳裂纹未磨尽造成剥落；

（5）工作辊带不动支撑辊而在辊身上造成振痕和弧槽。因此，支撑辊必须满足下列条件的要求：

1）抗断裂性，指辊身、辊颈承受工作应力而不发生横向断裂。主要应具有足够的强度和韧性，并且不存在可能导致断裂的制造缺陷。

2）耐磨性，指支撑辊辊身工作部位在轧制中抵抗失重和尺寸减少的能力。应注意的是支撑辊在热态的耐磨性和冷态的耐磨性并不一定相同，也就是说，轧辊在冷态使用时的相对耐磨性好并不等于热态时相对耐磨性也好。

3）抗剥落性，指支撑辊在接触应力长时间作用下而不产生辊身掉块现象的能力。

4）抗热裂性，指支撑辊要经受来自轧材及冷却水的激冷激热作用而产生热疲劳，抵抗这种作用而不产生网状龟裂或使网状龟裂细化变浅的能力。图 1-5*a* 是典型带钢支撑辊，尺寸为 ϕ1530mm × 2032mm × 5512mm；质量为 42.1t；材料是 3.5% Cr-Mo 钢；辊身硬度 HSC 70 ~ 75；辊颈硬度 HSC 35 ~ 40；淬硬层深

≥50mm。图 1-5*b* 是典型厚板支撑辊，尺寸为 ϕ2400mm × 5390mm × 10850mm；质量 245t；材料 MC1；辊身硬度 HSC 40 ~ 50；辊颈硬度 HSC 37 ~ 47；淬硬层深≥95mm。

a

b

图 1-5　典型带钢支撑辊（*a*）和厚板支撑辊（*b*）

19. 支撑辊的常用材质是什么？

传统的支撑辊材质使用较多的是 9Cr2Mo，碳含量 0.9% 左右，铬含量 2%，以及少量钼，该材料是典型的冷轧工作辊材质，经过加热和剧烈的冷却可以获得较高的表面硬度和一定的耐磨性。以往的锻钢轧辊生产由于没有专门的支撑辊材料，所以较多采用该材质淬火以后回火到中低硬度作为支撑辊使用。但是随着轧机设计要求的提高和轧制工况的改变，该材料的不足之处开始体现出来。这些改变包括：

（1）更深的淬硬层深度要求。现代轧机往往要求工作辊的单边深度在25mm以上，最多要求50mm，支撑辊的单边深度在35mm以上，最多要求75mm。9Cr2Mo由于受其自身合金元素含量的影响，其淬透性达不到这样的要求。

（2）工况的变化需要专门的材质来适应。现代轧机对轧辊的要求越来越高，工作辊要求耐磨，抗事故，抗辊印，均匀性高，而支撑辊的表面要求抗疲劳性能和耐磨性变得更为重要。9Cr2Mo由于碳含量较高，基体中存在较多的碳化物，这些碳化物如果处理不当，分布状态不理想，就会降低基体的疲劳强度；另外材料中的Cr/C比决定该材料的碳化物为M_3C型，硬度偏低(约900HV)，对轧辊耐磨性的贡献不够。

基于以上的情况，轧辊制造企业会同设计和使用方，共同改进材质。工作辊的M_3C、M_5C材质已经成为冷轧工作辊的主流材质；70Cr3Mo系列也已经成为支撑辊的首选材质。而在一些高速重载轧机，支撑辊材质甚至使用50Cr4MoV和45Cr5MoV系列材质。总的发展趋势是更高的合金元素含量（以铬为主，也有镍、钼量的调整），较低的碳含量。当然制造方也有相应的工艺改进，从而实现更深的淬硬层深度，更好的抗疲劳性能和耐磨性，以及表面硬度的均匀性。

20. 怎样选用轧辊？

轧辊种类极其繁多，究竟如何选用是轧钢工作者迫切关心的问题。通常小型20辊轧机的工作辊重量不足1kg，而宽厚板轧机的支撑辊重量已超过200t。选用轧辊时首先根据轧机对轧辊的基本强度要求，选定安全承载的主体材料（各种级别的铸铁、铸钢或锻钢等），然后考虑轧辊使用时所应有的耐磨性。由于轧辊的磨损机理很复杂，包括机械应力作用，轧制时的热作用、冷却作用，润滑介质的化学作用以及其他作用，目前还没有一项综合评定轧辊抗磨性的统一指标。由于硬度易于测量，并在一定条件下可以反映耐磨性，所以一般就用径向硬度曲线来近似地表述轧辊的耐磨指标。

一般来说，对粗轧辊以强度、抗热裂为主要要求；而精轧辊速度较高，轧制最终产品要有一定的表面质量，对它以硬度、耐磨等为主要要求。此外，对轧辊还有一些特殊要求，如压下量大时，要求轧辊有较强的咬入能力，较好的耐冲击性能；轧制薄规格产品时，则对轧辊的刚性、组织性能均匀性、加工精度以及表面光洁度等要求较严；轧制复杂断面的型钢时，还要考虑辊身工作层的切削加工性能等。另外，选用轧辊时，对轧辊的有些性能要求往往是彼此对立的，轧辊购置费和维护费用又很昂贵，所以应充分权衡技术和经济上的利弊，决定轧辊采用铸造成形还是锻造成形，是选用低合金轧辊还是高合金轧辊，轧辊选用单一材料还是选用双层或多层复合材料。

21. 热轧带钢轧机轧辊有哪几种类型且怎样选择其材质?

热轧带钢轧机轧辊可以分为粗轧工作辊、立辊、F1 至 F3 精轧工作辊、F4 至 F7 精轧工作辊、支撑辊和平整机工作辊[3]。其中二辊粗轧机工作辊宜选用含铬铸钢或锻钢材质轧辊，以承受较大的弯曲应力和抗热裂性，尤以含 5% Cr 的热工具钢复合铸造工作辊使用效果最好。因轧制过程中的弯曲应力由支撑辊承受，可采用芯部为球墨铸铁的离心浇铸复合工作辊，辊面材质一般选用高铬铸钢或高铬铸铁，最近，四辊粗轧机工作辊使用半高速钢和高速钢复合工作辊后，使用寿命可以提高一倍以上，特别是轧制不锈钢时，高速钢轧辊使用效果更好。立辊一般选用整体铸造的铸钢及半钢材质，近年来在 E3、E4 机架上将立辊材质更换成芯部为球墨铸铁、辊面为高铬铸铁的离心复合轧辊，使用寿命比铸造半钢轧辊提高 1 倍左右。

F1 至 F3 精轧工作辊传统材质是铸造半钢和高铬铸铁，20 世纪 80 年代以来，高速钢复合轧辊在 F1 至 F3 机架上应用的市场份额越来越大。其耐磨性和抗热裂性极为优越，并有效克服了辊面斑带缺陷，特别适合于轧制表面质量要求高的不锈钢板材。近年来，高速钢复合轧辊在 F4 至 F6 机架上应用也有逐渐增多的趋势，F7 机架仍在使用镍铬钼无限冷硬铸铁轧辊，为了提高镍铬钼无限冷硬铸铁轧辊的耐磨性和抗热裂纹性能，通过加入钒、铌等强碳化物形成元素，细化凝固组织，获得了改进型无限冷硬铸铁轧辊，使轧辊的使用寿命提高 20% 以上。轧钢生产中，根据用户要求，部分热轧板材需平整后出厂。对于四辊平整机，支撑辊及工作辊以往均选择离心复合高镍铬无限冷硬铸铁轧辊，近年来使用高铬铸铁轧辊，其耐磨性比高镍铬无限冷硬铸铁工作辊提高 2 至 3 倍。但是，对于具有弯辊功能的二辊平整机，其辊颈强度要求较高，不能使用铸造轧辊，选用 5% Cr 锻钢淬火材质，使用效果较好。

22. 冷轧带钢轧机轧辊有哪几种类型且怎样选择其材质？

冷轧带钢轧机轧辊可分为四辊轧机及平整机工作辊、六辊轧机及平整机工作辊、六辊轧机及平整机中间辊、热镀锌光整机工作辊、支撑辊等五大类[3]。国内的四辊轧机及平整机工作辊材质在较长时间内，沿用单机架可逆式冷轧机工作辊材质即 2% Cr 锻钢淬火。该材质存在的主要问题是耐磨性差，使用直径减少 25mm 至 30mm 后需要重淬。20 世纪 80 年代末及 90 年代初，3% Cr 和 5% Cr 锻钢淬火轧辊进入市场，其耐磨性好，不需要重淬的优点获得用户好评。但是，生产表面质量要求高的冷轧板时，存在频繁换辊的问题。为解决此问题，又推出了抗辊印材质工作辊，视轧辊工作辊深度及板材要求，连轧机成品机架及平整机的工作辊可选用 3% Cr 至 5% Cr 的抗辊印材质。六辊轧机及平整机工作辊材质基本上与四辊轧机及平整机工作辊材质相同。在轧制高级轿车板的情况下，采用 5% Cr 锻钢材质工作辊辊面粗糙度发展较快，可选用锻造半高速钢材质。此外，在不产生轧制故障的情况卜，轧机工作辊（第一机架、成品机架）和平整机的工作辊，都可以采用辊面镀铬方式提高轧辊使用寿命，在原材质（2% Cr、3% Cr、5% Cr）基础上轧制长度可延长3倍。

与工作辊使用条件相比，中间辊除要求高的耐磨性外，还要求具有较高的辊面疲劳强度，其材质已由3% Cr锻钢淬火改进为5% Cr锻钢淬火。在20世纪90年代末，选用半高速钢材质取得了优良的使用效果。由于该材质具有优良的耐磨性和抗疲劳性能，还因为高回火温度使之具有较高的抗热冲击性能，在工作辊发生粘钢情况下，中间辊不易产生较深裂纹，从而获得良好的综合性能，其使用寿命可以比5% Cr锻钢辊提高1倍以上。热镀锌光整机工作辊一般可选3% Cr至5% Cr锻钢淬火材质。但在使用过程中，由于锌、铁及乳化液中的水共同作用，会产生氢蚀裂纹并钻入辊面以下，导致磨削量增加、降低使用寿命。20世纪90年代末，轧辊制造厂推出抗表面氢蚀裂纹材质，对于使用中产生的氢蚀裂纹有良好抑制作用。由于该材质残余奥氏体量较高、硬度较低，其耐磨性较差。由于冷轧板卷薄、轧制长度较长，2% Cr至3% Cr锻钢或铸钢支撑辊因辊面疲劳强度较低易产生剥落、脱肩等问题，支撑辊选择5% Cr锻钢或铸钢材质，效果较好，5% Cr锻钢支撑辊材质因辊面抗疲劳性能较铸钢更为优越，已获得了广泛的应用。

23. 21世纪轧辊技术的总体趋势是什么？

1996年在英国的伯明翰，英国“材料协会轧钢委员会”组织了题为“2000轧辊”的国际轧辊会议。会议的目的是探讨轧辊制造、材料、表面处理和检验的发展趋势，为轧机提供21世纪用的轧辊。轧钢厂都希望轧辊寿命更长，轧辊修磨频率更小和消除断辊问题。轧辊制造厂正在通过采用新材料和制造技术来满足这一要求。例如，带钢轧机的支撑辊目前一般以复合铸造辊代替整体铸造的铁辊和钢辊，这种复合铸造辊由较硬的外层和内部的韧性芯体组成。工作辊越来越多地采用较硬的合金来铸造。目前正在生产的钢种有高合金高速钢、工具钢和喷入碳化物钢。新型锻辊材料也已经研制成功，例如电渣重熔钢制成的轧辊以及硬化深度可以达到50mm的轧辊，以免在一个研磨役期之后还要对轧辊进行再次热处理。今后的发展有可能是轧辊的喷射成形以及采用热等静压成形的粉末冶金。

在轧辊研磨方面，都在采用更高的自动化程度，可以达到更高的一致性和精度。特别是采用高速钢轧辊时，必须保证轧辊在返回轧机之前去除裂纹和碰伤，而为达到这一点，采用涡流或超声波技术对轧辊进行全面检查是必要的。带钢轧机的轧辊表面结构已得到改善，特别是采用放电织构化代替传统的喷丸方法。放电织构化与镀铬同时使用已经使轧辊寿命提高了两倍。采用更多的新开发工作辊材料，应更加注意保证支撑辊的硬度小于工作辊的硬度，甚至使轧辊与特定机架的要求相匹配。热带钢轧机需要三种不同类型的轧辊，每种轧辊都需要与其支撑辊相适应。根据材料的发展，乐观的预计轧辊寿命可提高7~9倍，与此相对的是传统管理技术的运用、要求轧辊上磨出更复杂的外形、为适合较小订货而过早换辊以及由于扭曲和失速引起的轧辊损坏。

二、轧辊成分与性能

24. 常用铸铁轧辊的化学成分是什么？

铸铁轧辊中主要含有硅、锰、铬、镍和钼等合金元素，为了改善轧辊性能，还可加入钒、铜、镁、钨、铌、稀土等元素，常用铸铁轧辊的化学成分见表1-1。

25. 常用铸铁轧辊的物理性能如何？

铸铁轧辊的性能是由其成分决定的，常用铸铁轧辊的物理性能见表1-2，表中还列出了不同类型铸铁轧辊的推荐用途。

表 1-1 常用铸铁轧辊的化学成分[4,5]

分类	材质类别	化学成分(质量分数)/%										
		C	Si	Mn	P(不大于)	S(不大于)	Ni	Cr	Mo	V	Cu	Mg(不小于)
冷硬铸铁轧辊	普通冷硬	2.90~3.60	0.25~0.80	0.20~1.00	0.45	0.12	—	—	—	—	—	—
	钼冷硬	2.90~3.80	0.25~0.80	0.20~1.00	0.40	0.08	—	—	0.20~0.60	—	—	—
	铬钼冷硬	2.90~3.60	0.25~0.80	0.20~1.00	0.40	0.08	—	0.20~0.60	0.20~0.60	—	—	—
	镍铬冷硬	2.90~3.60	0.25~0.80	0.20~1.00	0.40	0.08	0.50~1.00	0.20~0.60	—	—	—	—
	镍铬钼冷硬Ⅰ	2.90~3.60	0.25~0.80	0.20~1.00	0.40	0.08	0.50~1.00	0.20~0.60	0.20~0.60	—	—	—
	镍铬钼冷硬Ⅱ	2.90~3.60	0.25~0.80	0.20~1.00	0.40	0.08	1.01~2.00	0.30~1.20	0.20~0.60	—	—	—
	镍铬钼冷硬离心复合Ⅲ	2.90~3.60	0.25~0.80	0.20~1.00	0.40	0.08	2.01~3.00	0.50~1.70	0.20~0.60	—	—	—
	镍铬钼冷硬离心复合Ⅳ	2.90~3.60	0.25~0.80	0.20~1.00	0.40	0.08	3.01~4.50	0.50~1.70	0.20~0.60	—	—	—
	普通球墨冷硬	2.90~3.80	0.40~1.20	0.20~1.00	0.45	0.03	—	—	—	—	—	0.04
	钼球墨冷硬	2.90~3.60	0.40~1.20	0.20~1.00	0.40	0.03	—	—	0.20~0.80	—	—	0.04

续表 1-1

分类	材质类别	化学成分(质量分数)/%										
		C	Si	Mn	P(不大于)	S(不大于)	Ni	Cr	Mo	V	Cu	Mg(不小于)
冷硬铸铁轧辊	铬钼球墨冷硬	2.90~3.60	0.40~1.20	0.20~1.00	0.40	0.03	—	0.20~0.80	0.20~0.80	—	—	0.04
	铬钼钒球墨冷硬	2.90~3.60	0.40~1.20	0.20~1.00	0.40	0.03	—	0.10~0.30	0.20~0.80	0.10~0.30	-	0.04
	铬钼铜球墨冷硬	2.90~3.60	0.40~1.20	0.20~1.00	0.40	0.03	—	0.10~0.60	0.20~0.60	—	0.40~1.00	0.04
无限冷硬铸铁轧辊	铬钼无限冷硬	2.90~3.60	0.60~1.20	0.40~1.20	0.25	0.08	—	0.60~1.20	0.20~0.60	—	—	—
	镍铬钼无限冷硬Ⅰ	2.90~3.60	0.60~1.20	0.40~1.20	0.25	0.08	0.50~1.00	0.70~1.20	0.20~0.60	—	—	—
	镍铬钼无限冷硬Ⅱ	2.90~3.60	0.60~1.20	0.40~1.20	0.25	0.08	1.01~2.00	0.70~1.20	0.20~0.60	—	—	—
	镍铬钼无限冷硬离心复合Ⅲ	2.90~3.60	0.60~1.20	0.40~1.20	0.25	0.05	2.01~3.00	0.70~1.30	0.20~1.00	—	—	—
	高镍铬钼无限冷硬离心复合Ⅳ	2.90~3.60	0.60~1.50	0.40~1.20	0.10	0.05	3.01~4.80	1.00~2.00	0.20~1.00	—	—	—
	高镍铬钼无限冷硬离心复合Ⅴ	2.90~3.60	0.60~1.50	0.40~1.20	0.10	0.05	3.01~4.80	1.00~2.00	0.20~1.00	0.20~2.00	W 0.00~2.00	Nb 0.00~2.00

续表 1-1

分类	材质类别	化学成分(质量分数)/%										
		C	Si	Mn	P(不大于)	S(不大于)	Ni	Cr	Mo	V	Cu	Mg(不小于)
球墨铸铁轧辊	普通球墨半冷硬	2.90 ~ 3.80	0.80 ~ 2.50	0.40 ~ 1.20	0.25	0.03	—	—	—	—	—	0.04
	低铬球墨半冷硬	2.90 ~ 3.60	0.80 ~ 2.50	0.40 ~ 1.20	0.25	0.03	—	0.20 ~ 0.60	—	—	—	0.04
	铬钼球墨半冷硬	2.90 ~ 3.60	0.80 ~ 2.50	0.40 ~ 1.20	0.25	0.03	—	0.20 ~ 0.60	0.20 ~ 0.60	—	—	0.04
	低铬钼钒钛球墨半冷硬	2.90 ~ 3.60	0.80 ~ 2.50	0.40 ~ 1.20	0.25	0.03	—	0.20 ~ 0.60	0.20 ~ 0.60	0.10 ~ 0.30	Ti 0.03 ~ 0.30 RE ≥0.025	0.04
	铬钼铜球墨半冷硬	2.90 ~ 3.60	0.80 ~ 2.50	0.40 ~ 1.20	0.25	0.03	—	0.20 ~ 0.60	0.20 ~ 0.60	—	0.40 ~ 1.00	0.04
	铬钼球墨无限冷硬	2.90 ~ 3.60	0.80 ~ 2.50	0.40 ~ 1.20	0.25	0.03	—	0.20 ~ 0.60	0.20 ~ 0.60	—	—	0.04
	铬钼铜球墨无限冷硬	2.90 ~ 3.60	0.80 ~ 2.50	0.40 ~ 1.20	0.25	0.03	—	0.20 ~ 0.60	0.20 ~ 0.60	—	0.40 ~ 1.00	0.04
	低铬球墨无限冷硬	2.90 ~ 3.60	0.80 ~ 2.50	0.40 ~ 1.20	0.25	0.03	—	0.20 ~ 0.60	—	—	—	0.04
	低铬钼钒钛球墨无限冷硬	2.90 ~ 3.60	0.80 ~ 2.50	0.40 ~ 1.20	0.25	0.03	0.20 ~ 0.60	0.20 ~ 0.60	—	0.10 ~ 0.30	Ti 0.03 ~ 0.30 RE ≥0.025	0.04

续表 1-1

分类	材质类别	化学成分(质量分数)/%										
		C	Si	Mn	P(不大于)	S(不大于)	Ni	Cr	Mo	V	Cu	Mg(不小于)
球墨铸铁轧辊	镍铬钼球墨无限冷硬Ⅰ	2.90～3.60	0.80～2.50	0.40～1.20	0.25	0.03	0.50～1.00	0.20～0.60	0.20～0.80	—	—	0.04
	镍铬钼球墨无限冷硬Ⅱ	2.90～3.60	0.80～2.50	0.40～1.20	0.25	0.03	1.01～2.00	0.30～1.20	0.20～0.80	—	—	0.04
	珠光体球墨Ⅰ	2.90～3.60	1.40～2.20	0.40～1.00	0.15	0.03	1.50～2.00	0.10～0.60	0.20～0.80	—	—	0.04
	珠光体球墨Ⅱ	2.90～3.60	1.20～2.00	0.40～1.00	0.15	0.03	2.01～2.50	0.20～1.00	0.20～0.80	—	—	0.04
	珠光体球墨Ⅲ	2.90～3.60	1.00～2.00	0.40～1.00	0.15	0.03	2.51～3.00	0.20～1.20	0.20～0.80	—	—	0.04
	贝氏体球墨离心复合Ⅰ	2.90～3.60	1.20～2.20	0.20～0.80	0.10	0.03	3.01～3.50	0.20～1.00	0.50～1.00	—	—	0.04
	贝氏体球墨离心复合Ⅱ	2.90～3.60	1.00～2.00	0.20～0.80	0.10	0.03	3.51～4.50	0.30～1.50	0.50～1.00	—	—	0.04
高铬铸铁轧辊	高铬离心复合Ⅰ	2.30～3.30	0.30～1.00	0.50～1.20	0.10	0.05	0.70～1.70	12.00～15.00	0.70～1.50	0.00～0.60	—	—
	高铬离心复合Ⅱ	2.30～3.30	0.30～1.00	0.50～1.20	0.10	0.05	0.70～1.70	15.01～18.00	0.70～1.50	0.00～0.60	—	—
	高铬离心复合Ⅲ	2.30～3.30	0.30～1.00	0.50～1.20	0.10	0.05	0.70～1.70	18.01～22.00	1.51～3.00	0.00～0.60	—	—

注：1. 可用部分铜代替镍，但不得超过含镍量的1/3；
2. 含有稀土元素的球墨铸铁轧辊，残镁量（质量分数）不得小于0.03%。

表 1-2　常用铸铁轧辊的物理性能

分类	材质类别	辊身硬度 HSD	辊颈硬度 HSD	辊身硬度不均匀度 HSD（不大于）	抗拉强度 /MPa（不小于）	白口层深度/mm						推荐用途
						型钢（轧辊直径/mm）				板钢		
						≤200	201～250	251～300	>300	薄板	中板	
	普通冷硬	55～70	32～48			12～25	15～30	17～35	20～45		8～45	
	钼冷硬	55～70	32～48			12～25	15～30	17～35	20～45		8～45	
	铬钼冷硬	58～70	32～48			12～25	15～30	17～35	20～45		8～45	
	镍铬冷硬	58～70	32～50		150	12～25	15～30	17～35	20～45		8～45	
	镍铬钼冷硬Ⅰ	60～70	32～50	5		12～25	15～30	17～35	20～45		8～45	小型型钢、线材、热轧薄板平整轧机
	镍铬钼冷硬Ⅱ	62～75	35～52			12～25	15～30	17～35	20～45		8～45	
冷硬铸铁轧辊	镍铬钼冷硬离心复合Ⅲ	65～80	32～45		350	12～25	15～30	17～35	20～45		8～45	
	镍铬钼冷硬离心复合Ⅳ	70～85	32～45			12～25	15～30	17～35	20～45		8～45	
	普通球墨冷硬	55～70	32～48		280					8～35	8～45	
	钼球墨冷硬	58～70	35～48							8～35	8～45	小型型钢、线材、热轧薄板平整轧机和窄带钢轧机
	铬钼球墨冷硬	58～70	35～48	5	300					8～35	8～45	
	铬钼钒球墨冷硬	58～70	35～48							8～35	8～45	
	铬钼铜球墨冷硬	58～70	35～48							8～35	8～45	

续表 1-2

分类	材质类别	辊身硬度 HSD	辊颈硬度 HSD	辊身硬度不均匀度 HSD（不大于）	抗拉强度 /MPa（不小于）	白口层深度/mm 型钢（轧辊直径/mm） ≤200	201~250	251~300	>300	板钢 薄板	中板	推荐用途
无限冷硬铸铁轧辊	铬钼无限冷硬	50~70	35~55									
	镍铬钼无限冷硬Ⅰ	55~72	35~55		160							小型型钢、窄带钢轧机
	镍铬钼无限冷硬Ⅱ	55~72	35~55									
	镍铬钼无限冷硬离心复合Ⅲ	65~78	32~45	5								
	高镍铬钼无限冷硬离心复合Ⅳ	70~83	32~45		350							中厚板、平整、热带钢轧机
	高镍铬钼无限冷硬离心复合Ⅴ	77~85	32~45									
球墨铸铁轧辊	普通球墨半冷硬	35~50	32~50									
	低铬球墨半冷硬	40~55	32~50									
	铬钼球墨半冷硬	40~55	32~50	8	300							型钢轧机
	低铬钼钒钛球墨半冷硬	40~55	32~50									
	铬钼铜球墨半冷硬	40~55	32~50									
	铬钼球墨无限冷硬	50~70	35~55	5	320							线材、型钢、窄带钢轧机
	铬钼铜球墨无限冷硬	55~70	35~55									

续表1-2

分类	材质类别	辊身硬度 HSD	辊颈硬度 HSD	辊身硬度不均匀度 HSD（不大于）	抗拉强度/MPa（不小于）	白口层深度/mm 型钢（轧辊直径/mm） ≤200	201～250	251～300	>300	板钢 薄板	中板	推荐用途
球墨铸铁轧辊	低铬球墨无限冷硬	50～65	32～55	5	320							线材、型钢、窄带钢轧机
	低铬钼钒钛球墨无限冷硬	55～80	32～55									
	镍铬钼球墨无限冷硬Ⅰ	55～70	35～55									
	镍铬钼球墨无限冷硬Ⅱ	60～70	35～55									
	珠光体球墨Ⅰ	45～55	35～55	5	450							方/板坯初轧机，大中型型钢、线材、窄带钢轧机
	珠光体球墨Ⅱ	55～65	35～55									
	珠光体球墨Ⅲ	62～72	35～55									
	贝氏体球墨离心复合Ⅰ	55～78	32～45		350							
	贝氏体球墨离心复合Ⅱ	60～80	32～45									
高铬铸铁轧辊	高铬离心复合Ⅰ	60～75	32～45	4	350							热带钢、立辊、平整、中厚板轧机，冷带钢轧机，型钢万能轧机辊环
	高铬离心复合Ⅱ	65～80	32～45									
	高铬离心复合Ⅲ	75～90	32～45									

注：辊身两端同一截面上白口层最深最浅之差不得大于10mm，但当辊身的长度与直径之比大于2.5时，白口层之差不得大于20mm。

26. 常用铸钢轧辊的化学成分是什么?

铸钢轧辊主要含有锰、铬、钼、镍等合金元素，常用铸钢轧辊的化学成分见表 1-3。

27. 我国铸钢轧辊与国外先进水平比较的结果怎样?

通过对国内外常用的高碳半钢、高碳石墨钢和高铬钢轧辊的成分进行比较，发现我国新修订铸钢轧辊标准（GB/T 1503—2008）中的化学成分与具有世界先进水平的轧辊生产厂家推荐成分相当，见表 1-4，因此按照我国新修订铸钢轧辊标准制造轧辊，其性能有望达到世界先进水平。

28. 常用铸钢轧辊的力学性能如何?

铸钢轧辊的力学性能是由其成分决定的，常用铸钢轧辊的力学性能见表 1-5，表中还列出了不同类型铸钢轧辊的推荐用途。

29. 常用锻钢轧辊的化学成分是什么?

轧制金属板（带）材等冷轧机用的冷轧工作辊及中间辊常采用整体锻造合金钢加工，其化学成分见表 1-6。

30. 冷轧辊辊身淬硬层深度有什么要求?

冷轧辊不仅要求辊身硬度均匀度不大于 HSD 3，而且对其淬硬层深度有严格要求，淬硬层深度与轧辊直径和铬含量高低有关，一般来说，铬含量提高，淬透性增加，淬硬层深度也增大。常用冷轧辊辊身的具体淬硬层深度见表 1-7。

31. 锻钢冷轧辊的探伤结果怎样分级?

冷轧辊使用条件苛刻，通常需要采用 A 型脉冲反射式超声

表 1-3 常用铸钢轧辊的化学成分[6]

分类	牌号	化学成分(质量分数)/%								
		C	Si	Mn	Cr	Ni	Mo	V	P	S
碳素钢	ZU70	0.65～0.75	0.20～0.45	0.50～0.80	—	—	—	—	≤0.040	≤0.040
	ZU70Mn	0.65～0.75	0.20～0.45	0.90～1.20	—	—	—	—		
	ZU80	0.75～0.85	0.20～0.45	0.50～0.80	—	—	—	—		
合金钢	ZU40CrMnMo	0.35～0.45	0.20～0.60	0.60～1.20	2.00～3.50	0.00～0.80	0.30～0.70	0.05～0.15	≤0.035	≤0.030
	ZU50CrNiMo	0.45～0.55	0.20～0.60	0.60～1.20	1.00～3.00	0.30～1.00	0.30～0.70	0.05～0.15		
	ZU60CrMnMo	0.55～0.65	0.20～0.45	0.90～1.20	0.80～1.20	—	0.20～0.45	—		
	ZU60CrNiMo	0.55～0.65	0.20～0.60	0.50～1.00	0.80～1.20	0.20～1.50	0.20～0.60	—		
	ZU65CrMnMo	0.60～0.70	0.20～0.60	0.70～1.20	0.80～1.20	—	0.20～0.45	0.06～0.1Nb		
	ZU65CrNiMo	0.60～0.70	0.20～0.60	0.50～0.80	0.80～1.20	0.20～0.50	0.20～0.45	—		
	ZU70Mn2	0.65～0.75	0.20～0.45	1.40～1.80	—	—	—	—		
	ZU70Mn2Mo	0.65～0.75	0.20～0.45	1.40～1.80	—	—	0.20～0.45	—		
	ZU75CrMo	0.70～0.80	0.20～0.45	0.60～0.90	0.75～1.00	—	0.20～0.45	—		
	ZU75CrNiMnMo	0.70～0.80	0.20～0.70	0.70～1.10	0.80～1.50	≥0.20	0.20～0.60	—		
	ZU80Cr	0.75～0.85	0.20～0.45	0.50～0.80	0.45～0.70	—	—	—		

续表 1-3

分类	牌　号	化学成分(质量分数)/%								
		C	Si	Mn	Cr	Ni	Mo	V	P	S
半钢	ZUB140CrMo	1.30~1.50	0.30~0.60	0.70~1.40	0.80~1.60	—	0.20~0.60	—	≤0.035	≤0.030
	ZUB140CrNiMo	1.30~1.50	0.30~0.60	0.70~1.10	0.80~1.20	0.50~1.20	0.20~0.60	—		
	ZUB160CrMo	1.50~1.70	0.30~0.60	0.70~1.10	0.80~1.20	—	0.20~0.60	—		
	ZUB160CrNiMo	1.50~1.70	0.30~0.60	0.80~1.30	0.80~2.00	≥0.20	0.20~0.60	—		
	ZUB180CrNiMo	1.70~1.90	0.30~0.80	0.60~1.10	0.80~1.50	0.50~2.00	0.20~0.60	—		
	ZUB190CrNiMo	1.80~2.00	0.30~0.80	0.60~1.20	1.50~3.50	1.00~2.00	0.20~0.60	—		
	ZUB200CrNiMo	1.90~2.10	0.30~0.80	0.80~1.20	0.60~2.00	0.60~2.50	0.20~0.80	—		
石墨钢	ZUS140SiCrMo	1.30~1.50	1.30~1.60	0.50~1.00	0.40~1.00	—	0.20~0.50	—	≤0.035	≤0.030
	ZUS150SiCrNiMo	1.40~1.60	1.00~1.70	0.60~1.00	0.60~1.00	0.20~1.00	0.20~0.50	—		
	ZUS160SiCrNiMo	1.50~1.70	0.80~1.50	0.60~1.00	0.50~1.50	0.20~1.00	0.20~0.80	—		
	ZUS190SiCrNiMo	1.80~2.00	0.80~1.50	0.60~1.00	0.50~2.00	0.60~2.20	0.20~0.80	—		
高铬钢	HCrS	1.00~1.80	0.40~1.00	0.50~1.00	8.00~15.0	0.50~1.50	1.50~4.50	—	≤0.030	≤0.025

表 1-4　国内外常用铸钢轧辊材质的化学成分（质量分数,%）对比

对比单位	GB/T 1503—2008		AKERS	KUBOTA	KANTOC	INNSE
ZUB160CrNiMo（半钢）	C	1.70～1.90	1.80～2.00	1.30～1.90	1.60～1.80	1.15～1.90
	Si	0.30～0.80	0.20～0.60	0.30～0.70	0.40～0.80	0.25～0.60
	Mn	0.60～1.10	0.80～1.10	0.70～1.10	0.30～1.00	0.50～1.00
	Cr	0.80～1.50	0.80～1.20	0.80～1.20	0.50～1.50	0.70～1.50
	Ni	0.50～2.00	≤0.50	0.10～1.20	0.40～1.50	≤0.50
	Mo	0.20～0.60	0.10～0.40	0.10～0.40	0.20～0.40	0.20～0.50
对比单位	GB/T 1503—2008		Midland	KOBE	NSC	CK
ZUB200CrNiMo（半钢）	C	1.90～2.10	1.90～2.10	1.80～2.50	1.40～2.20	1.30～1.80
	Si	0.30～0.80	0.40～0.60	0.30～0.80	0.50～1.20	0.40～0.80
	Mn	0.80～1.20	0.60～1.10	0.60～1.00	0.50～1.20	0.60～1.10
	Cr	0.60～2.00	1.00～1.50	0.90～2.00	0.80～2.00	0.80～1.60
	Ni	0.60～2.50	0.80～1.70	≤3.00	0.80～2.00	0.50～2.50
	Mo	0.20～0.80	0.20～0.30	0.10～2.00	0.20～0.60	0.10～0.50

续表 1-4

对比单位	GB/T 1503—2008		KOBE	HITACHI	KANTOC	CK
ZUS160Si CrNiMo（石墨钢）	C	1.50 ~ 1.70	1.20 ~ 1.80	1.40 ~ 1.80	1.60 ~ 1.80	1.40 ~ 1.80
	Si	0.80 ~ 1.50	1.00 ~ 1.50	1.00 ~ 1.40	1.00 ~ 2.00	0.80 ~ 1.30
	Mn	0.60 ~ 1.00	0.50 ~ 1.00	0.60 ~ 1.00	0.50 ~ 1.50	0.60 ~ 1.00
	Cr	0.50 ~ 1.50	0.50 ~ 1.00	0.80 ~ 1.20	≤1.00	0.60 ~ 1.00
	Ni	0.20 ~ 1.00	0.50 ~ 1.50	0.80 ~ 1.20	≤1.50	0.60 ~ 1.50
	Mo	0.20 ~ 0.80	0.20 ~ 0.50	<0.60	0.20 ~ 0.60	0.10 ~ 0.50
对比单位	GB/T 1503—2008		GP	CK	INNSE	AKERS
ZUS190Si CrNiMo（石墨钢）	C	1.80 ~ 2.00	1.40 ~ 2.00	1.60 ~ 2.00	1.20 ~ 2.00	1.50 ~ 2.50
	Si	0.80 ~ 1.50	0.80 ~ 1.50	0.80 ~ 1.20	0.80 ~ 1.70	0.80 ~ 1.50
	Mn	0.60 ~ 1.00	0.40 ~ 0.80	0.40 ~ 0.70	0.50 ~ 1.20	0.50 ~ 1.00
	Cr	0.50 ~ 2.00	0.60 ~ 1.40	0.70 ~ 1.20	0.50 ~ 1.50	1.30 ~ 1.70
	Ni	0.60 ~ 2.20	0.30 ~ 1.20	0.50 ~ 1.50	0.50 ~ 1.80	2.00 ~ 3.00
	Mo	0.20 ~ 0.80	0.20 ~ 0.60	≤0.40	0.20 ~ 0.50	0.20 ~ 0.80
对比单位	GB/T 1503—2008		GP	INNSE	CK	HITACHI
HCrS（高铬钢）	C	1.00 ~ 1.80	1.40 ~ 1.80	0.70 ~ 2.20	0.70 ~ 1.50	0.90 ~ 1.80
	Si	0.40 ~ 1.00	0.40 ~ 0.80	0.50 ~ 1.20	0.60 ~ 1.40	0.80 ~ 1.50
	Mn	0.50 ~ 1.00	0.40 ~ 1.00	0.50 ~ 1.40	0.40 ~ 1.00	0.50 ~ 1.20
	Cr	8.00 ~ 15.0	10.00 ~ 14.00	5.50 ~ 13.00	7.00 ~ 14.00	7.00 ~ 14.00
	Ni	0.50 ~ 1.50	0.50 ~ 1.50	≤1.50	0.40 ~ 1.00	0.50 ~ 1.50
	Mo	1.50 ~ 4.50	1.50 ~ 4.50	1.50 ~ 4.00	1.00 ~ 2.00	0.70 ~ 2.50

表 1-5 常用铸钢轧辊的力学性能

分类	牌号	力学性能			推荐用途
		硬度，HSD		抗拉强度/MPa（不小于）	
		辊身	辊颈		
碳素钢	ZU70	32～42	≤42	640	中小型型钢、棒线材粗轧机
	ZU70Mn	32～42	≤42	700	
	ZU80	34～44	≤44	710	
合金钢	ZU40CrMnMo	A：45～55，B：55～65	≤45	600	热轧带钢支撑辊、粗轧辊；板钢粗轧辊；带钢冷轧及平整支撑辊
	ZU50CrNiMo	60～70	≤45	600	
	ZU60CrMnMo	A：35～45，B：40～50	≤45	650	型钢、棒线材粗轧机；轨梁、型钢万能开坯机；热轧带钢破鳞辊、粗轧辊；中板粗轧辊；带钢支撑辊、立辊
	ZU60CrNiMo	35～45	≤45	650	
	ZU65CrMnMo	35～45	≤45	650	
	ZU65CrNiMo	35～45	≤45	650	
	ZU70Mn2	35～45	≤45	680	中小型型钢、棒线材粗轧机
	ZU70Mn2Mo	35～45	≤45	680	
	ZU75CrMo	A：35～45，B：40～50	≤46	680	方/板坯初轧机；大中型型钢、轨梁、型钢万能开坯机；热轧带钢破鳞机和粗轧机
	ZU75CrNiMnMo	A：35～45，B：40～50	≤45	700	
	ZU80Cr	38～48	≤48	790	

续表 1-5

分类	牌号	力学性能			推荐用途
		硬度，HSD		抗拉强度/MPa（不小于）	
		辊身	辊颈		
半钢	ZUB140CrMo	A：38～48，B：45～55	≤48	590	中小型型钢、棒线材粗轧、中轧机架；无缝钢管粗轧机；带钢支撑辊、立辊
	ZUB140CrNiMo	A：35～45，B：40～50	≤45	590	
	ZUB160CrMo	40～50	≤50	490	
	ZUB160CrNiMo	A：40～50，B：50～60	≤50	490	型钢、棒线材粗轧；大型中型钢、轨梁、钢坯轧机、型钢万能轧机；热轧板带钢粗轧辊、支撑辊、立辊
	ZUB180CrNiMo	A：45～55，B：50～60	≤50	480	
	ZUB190CrNiMo	55～65	≤50	460	
	ZUB200CrNiMo	A：50～60，B：55～65	≤50	460	
石墨钢	ZUS140SiCrMo	36～46	≤46	540	型钢、棒线材轧机；钢坯轧机；热轧板带钢粗轧辊、立辊；型钢万能轧机
	ZUS150SiCrNiMo	40～50	≤50	500	
	ZUS160SiCrNiMo	45～55	≤50	500	
	ZUS190SiCrNiMo	A：50～60，B：55～65	≤50	480	
高铬钢	HCrS	70～85	35～45	480	热轧带钢粗轧辊、立辊；型钢万能轧机

注：表中 A、B 是材质硬度分为两类，可供轧辊使用厂家选用。

表 1-6　常用锻钢轧辊的化学成分[7]

牌号	化学成分(质量分数)/%									
	C	Si	Mn	Cr	Mo	V	Ni	Cu	S	P
9Cr2	0.80～0.95	≤0.40	≤0.40	1.30～1.70	—	—	—	—	≤0.030	
8Cr2MoV	0.80～0.90	0.15～0.40	0.30～0.50	1.80～2.40	0.20～0.40	0.05～0.15	≤0.25		≤0.025	
9Cr2Mo	0.85～0.95	0.25～0.45	0.20～0.35	1.70～2.10	0.20～0.40	—				
9Cr2MoV					0.20～0.30	0.10～0.20				
9Cr3Mo				2.50～3.50	0.20～0.40	—				
8Cr3MoV	0.78～1.10	0.40～1.10	0.20～0.50	2.80～3.20	0.20～0.60	0.05～0.15	≤0.80	≤0.25	≤0.025	
8Cr5MoV	0.78～0.90	0.40～1.10	0.20～0.50	4.80～5.50	0.20～0.60	0.10～0.20			≤0.020	

表 1-7　常用冷轧辊辊身的具体淬硬层深度

辊身直径/mm	辊身表面硬度范围(HSD)	淬硬层深度/mm(不小于)		
		2% Cr 材料	3% Cr 材料	5% Cr 材料
≤300	≥95	6	15	15
	90～94	8	20	20
	75～89	10	—	—
301～500	≥95	7	20	25
	90～94	12	25	30
	75～89	14	—	—
>500	≥95	8	20	25
	90～94	13	25	35
	75～89	15	—	—

波探伤仪对直径大于或等于 80mm 的轧辊锻坯和轧辊成品进行纵波接触法超声波探伤。轧辊探伤面的表面粗糙度 R_a 应不大于 6.3μm，且不应有影响探伤的划痕及污垢。根据轧辊制造、使用对轧辊各部位质量的要求，将轧辊划分为Ⅰ、Ⅱ、Ⅲ和Ⅳ共四个区域，见图 1-6。当轧辊达到如下要求后（①没有裂纹、白点、缩孔和游动回波缺陷；②实心轧辊的中心没有大于外径 12% 的中心草状回波缺陷区），再根据对各区缺陷的规定，将探伤结果分为 A 级和 B 级，见表 1-8。

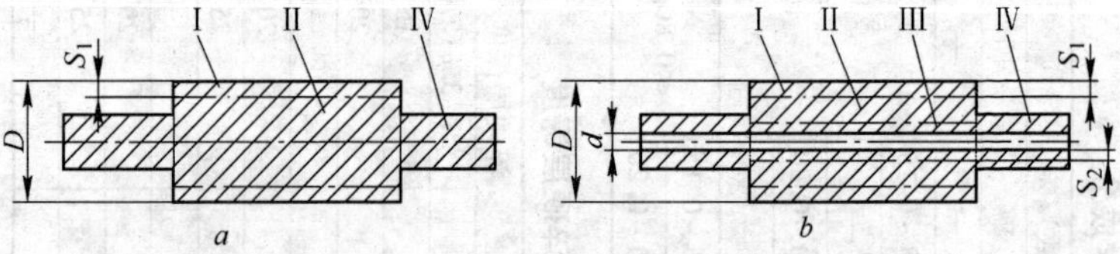

图 1-6 轧辊区域划分示意图

a—实心轧辊；*b*—空心轧辊

D—轧辊辊身直径，mm；*d*—中心孔直径，mm；Ⅰ—辊身表层区，其范围为 S_1，mm；Ⅱ—中间区；Ⅲ—辊身段中心孔表层区，其范围为 S_2，mm；Ⅳ—辊颈

S_1 取值：当 $D \leqslant 300$mm 时，$S_1 = 0.2D$；当 $D > 300$mm 时，$S_1 = 0.15D$。

S_2 取值：$S_2 = 0.1(D - d)/2$

$D \leqslant 300$mm 的轧辊，如果加工了中心孔，中心孔表层区也划为Ⅲ区，探伤结果按 $D > 300$mm 的Ⅲ区所规定的条件评定

表 1-8 探伤结果分级[7]

轧辊类别	轧辊中的区域	A 级	B 级
$D \leqslant 300$mm	Ⅰ	在规定的探伤灵敏度下，不允许有回波缺陷	
	Ⅱ	允许有不大于 ϕ3mm 当量直径的单个回波缺陷	允许有不大于 ϕ4mm 当量直径的单个回波缺陷

续表1-8

轧辊类别	轧辊中的区域	A级	B级
300mm < D≤650mm	Ⅰ	在规定的探伤灵敏度下，不允许有回波缺陷	
	Ⅱ	允许有不大于 ϕ4mm 当量直径的单个回波缺陷，其中大于 ϕ3mm 当量直径的单个回波缺陷在任意方向的间距不得小于150mm，且在轴向任意1m长度内这种缺陷的总数不得多于5个；允许有不大于 ϕ3mm 当量直径的连续回波缺陷①	允许有不大于 ϕ5mm 当量直径的单个回波缺陷，其中大于 ϕ4mm 当量直径的单个回波缺陷在任意方向的间距不得小于150mm，且在轴向任意1m长度内这种缺陷的总数不得多于5个；允许有不大于 ϕ4mm 当量直径的连续回波缺陷①
	Ⅲ	允许有不大于 ϕ2mm 当量直径的单个回波缺陷	允许有不大于 ϕ3mm 当量直径的单个回波缺陷
D > 650mm	Ⅰ	在规定的探伤灵敏度下，不允许有回波缺陷	
	Ⅱ	允许有不大于 ϕ5mm 当量直径的单个回波缺陷，其中大于 ϕ4mm 当量直径的单个回波缺陷在任意方向的间距不得小于200mm；允许有不大于 ϕ4mm 当量直径的连续回波缺陷①	允许有不大于 ϕ6mm 当量直径的单个回波缺陷，其中大于 ϕ5mm 当量直径的单个回波缺陷在任意方向的间距不得小于200mm；允许有不大于 ϕ5mm 当量直径的连续回波缺陷①
	Ⅲ	允许有不大于 ϕ2mm 当量直径的单个回波缺陷	允许有不大于 ϕ3mm 当量直径的单个回波缺陷

Ⅳ区（辊颈）：

1. 轧辊传动端的辊颈或需要进行表面淬火的辊颈，按相应类别轧辊Ⅱ区的规定评级。

2. 轧辊非传动端的辊颈，并且不需表面淬火时，允许有 ϕ2～6mm 当量直径的单个回波缺陷，其中大于 ϕ4～6mm 当量直径的单个回波缺陷的总数不得多于5个；允许有不大于 ϕ3mm 当量直径的连续回波缺陷①；允许有不大于 ϕ3mm 当量直径的密集回波缺陷，但密集回波缺陷区不得多于3处，每处的面积不得大于25cm^2，各密集回波缺陷区的间距应不小于150mm

①允许存在的连续回波缺陷应位于不大于辊身直径15%的中心区域，超出该区域的位于Ⅱ区的连续回波缺陷的判定可由供需双方协商解决。

32. 离心铸造轧辊工作层厚度有什么要求？

根据不同的轧钢条件和不同的轧辊种类，离心铸造轧辊的外层（工作层）厚度要求是不同的，表 1-9 是对离心铸造轧辊的外层（工作层）厚度要求。

表 1-9　离心铸造轧辊的外层（工作层）厚度

轧辊名称	外层(工作层)厚度/mm		
	型　钢		板钢（不小于）
	ϕ200 ~ 300mm	> ϕ300mm	
冷硬铸铁轧辊	20 ~ 40	20 ~ 50	25
无限冷硬铸铁轧辊	20 ~ 40	20 ~ 50	25
球墨铸铁轧辊	20 ~ 40	40 ~ 60	25
高铬铸铁轧辊	20 ~ 40	25 ~ 50	25
高速钢轧辊	20 ~ 40	25 ~ 80	25

注：球墨铸铁轧辊应保证球状石墨加团絮状（包括蠕虫状）石墨之和大于石墨总量的 80%。

33. 典型半高速钢轧辊的组织特征是什么？

Tremea 等人[8]对各种热轧辊的组织特征进行了深入研究，其中典型半高速钢轧辊（0.6% ~1.0% C，3% ~6% Cr，4% ~7%(W +2Mo)，0% ~1% V，0% ~1% Nb）的显微组织见图1-7，由合金马氏体基体和不连续的共晶铬系碳化物（M_7C_3）组成，碳化物体积分数2% ~4%，基体硬度达到 HV 750 ~ 800，轧辊宏观硬度达到 HSC 75 ~ 80。

34. 典型高铬铸钢轧辊的组织特征是什么？

典型高铬铸钢轧辊（1.2% ~1.6% C，10% ~14% Cr，4% ~8%(W +2Mo)，<0.5% V）的显微组织见图 1-8，碳和铬的加入，形成了 8% ~12% 的共晶 M_7C_3 型（主要是 Cr_7C_3）碳

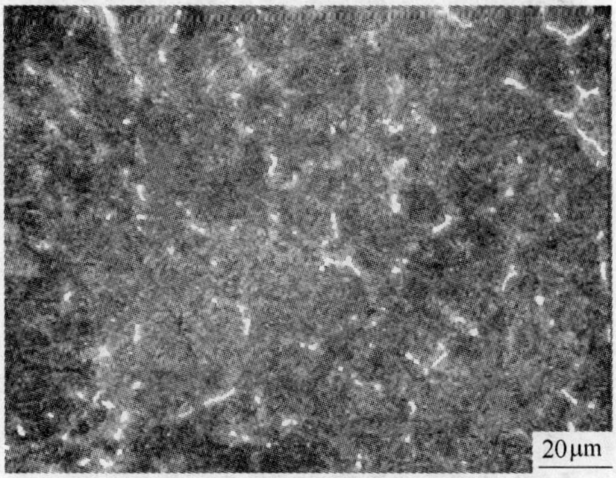

图 1-7　典型半高速钢轧辊显微组织

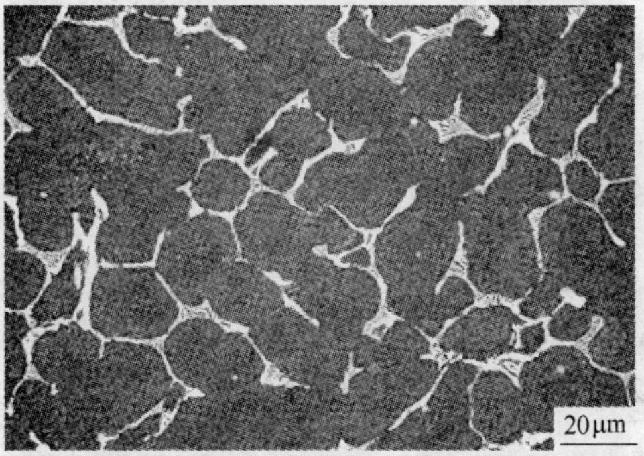

图 1-8　典型高铬铸钢轧辊显微组织

化物，基体是回火马氏体，显微硬度达到 HV 650 ~ 750，轧辊宏观硬度达到 HSC 70 ~ 80。此外，钼、钒等元素的加入，可提高马氏体基体抗高温软化能力，有利于改善轧辊耐磨性。

35. 典型高速钢轧辊的组织特征是什么?

典型高速钢轧辊（1.2% ~ 2.2% C，3% ~ 6% Cr，4% ~ 10%（W + 2Mo），3% ~6% V 和 0% ~5% Nb）的显微组织见图 1-9，碳与不同的碳化物形成元素结合生成高硬度碳化物，碳化物总量一

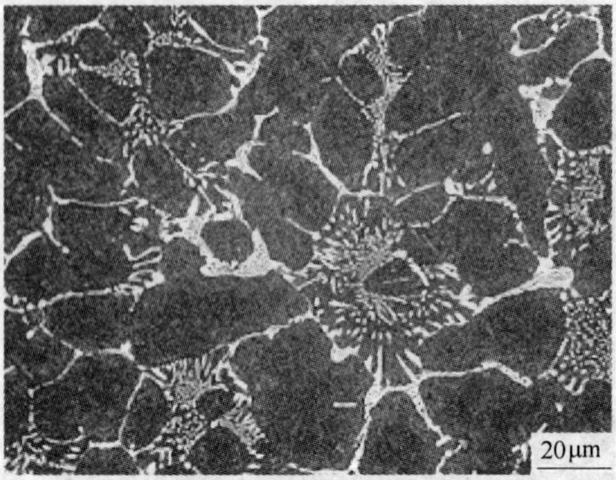

图 1-9 典型高速钢轧辊显微组织

般为6% ~15%，碳化物类型为 M_xC_y，碳化物类型与合金元素加入量有关，常见的有 MC、M_2C、M_6C、M_7C_3 等，基体是回火马氏体，显微硬度达 HV 650 ~800，轧辊宏观硬度达到 HSC 75 ~85。

36. 典型高铬铸铁轧辊的组织特征是什么？

典型高铬铸铁轧辊（2.4% ~2.8% C，14% ~18% Cr，2% ~6%（W +2Mo），<3% V 和 0% ~2% Nb）的显微组织见图 1-10，含有 20% ~30% 的共晶碳化物（主要是 Cr_7C_3），具有较

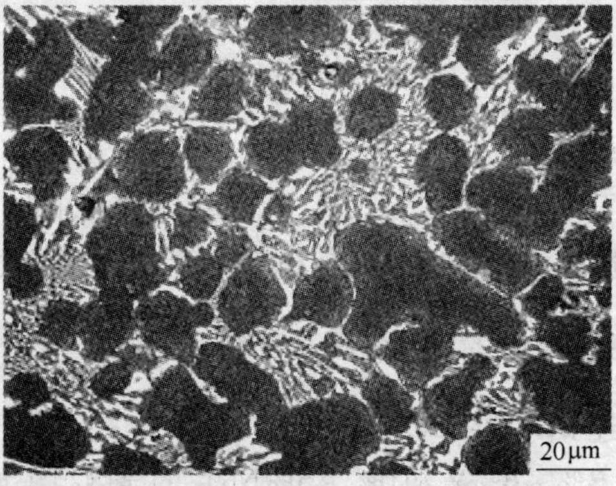

图 1-10 典型高铬铸铁轧辊显微组织

好的耐磨性，通过化学成分的微调和采用合适的热处理工艺，可以满足特殊轧制工况的要求。基体是回火马氏体，显微硬度达HV 600～700，轧辊宏观硬度达到HSC 70～80。

37. 典型无限冷硬铸铁轧辊的组织特征是什么？

典型无限冷硬铸铁轧辊(3.2%～4.2%(C+1/3Si)，1.5%～2.0%Cr，<1%(W+2Mo)，<2%V，0%～1%Nb和1.0%～5.0%Ni）的显微组织见图1-11，含有25%～35%的碳化物（主要是Fe_3C）和2%～5%石墨。其中石墨可防止轧辊使用中粘钢的发生，有利于改善带钢表面质量。钒和铌的加入有利于细化轧辊组织，并形成少量细小的MC型碳化物，促进轧辊使用性能的提高。基体是回火马氏体，显微硬度达HV 500～600，轧辊宏观硬度达到HSC 70～80。

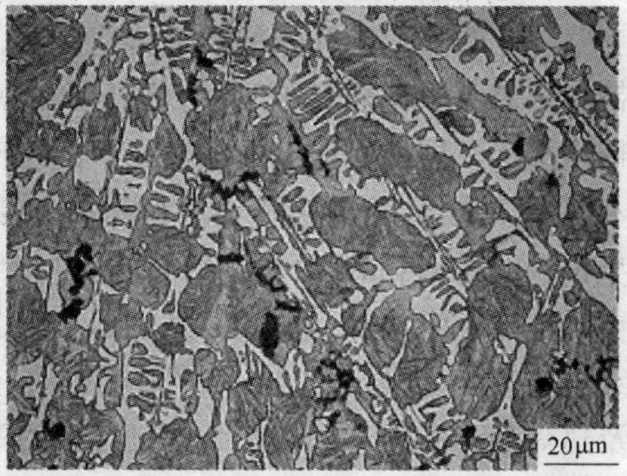

图1-11 典型无限冷硬铸铁轧辊显微组织

三、轧辊生产方法

38. 国外轧辊发展状况怎样？

轧辊的品种和制造工艺随冶金技术的进步和轧钢设备的演变

而不断发展。中世纪轧制软的有色金属时使用强度低的灰铸铁轧辊。18 世纪中叶英国掌握了轧制钢板用的冷硬铸铁轧辊的生产技术。19 世纪下半叶欧洲炼钢技术的进步要求轧制更大吨位的钢锭，无论是灰铸铁或冷硬铸铁轧辊的强度均已不能满足要求。碳含量为 0.4% ~0.6% 的普通铸钢轧辊相应诞生。重型锻压设备的出现更使这种成分的锻造轧辊的强韧性得到进一步提高。20 世纪初期合金元素的使用和热处理的引入显著改善铸钢和锻钢热轧辊和冷轧辊的耐磨性和强韧性。热轧板带用的铸铁轧辊中加入钼后改善了轧材的表面质量。冲洗法复合浇注铸铁轧辊明显提高了铸造轧辊的芯部强度。轧辊中大量使用合金元素是在第二次世界大战以后，这是轧钢设备朝着大型化、连续化、高速化、自动化发展以及轧材强度提高、变形抗力加大后对轧辊性能提出更高要求的结果。这段时期中先后出现了半钢轧辊以及球墨铸铁轧辊。20 世纪 60 年代以后又研制成功了粉末碳化钨轧辊。70 年代初期在日本和欧洲广泛推广的轧辊的离心铸造技术、差温热处理技术等使板带轧辊的综合性能显著改善。复合高铬铸铁轧辊也成功地用于热带轧机上。同期，锻造白口铁和半钢轧辊在日本得到应用。80 年代欧洲又推出高铬钢轧辊及超深淬硬层的冷轧辊以及用于小型型钢及线材精轧的特殊合金铸铁轧辊。当代轧钢技术的发展促使更高性能轧辊的开发研制。采用离心铸造法和新的复合方法如连续浇注复合法（CPC 法）、喷射沉积法（Osprey 法）、电渣焊法以及热等静压法生产的芯部为强韧性好的锻钢或球墨铸铁、外层为高速钢系列的复合轧辊以及金属陶瓷轧辊已分别在欧美、日本和韩国的新一代型材、线材、带钢轧机上得到应用。

39. 国内轧辊发展状况怎样？

中国从 20 世纪 30 年代开始成批生产铸造轧辊，但品种极少。50 年代末在河北邢台建立起中国第一个专业轧辊厂。1958 年鞍山钢铁公司在国际上首次试制并使用了 1050 初轧用大型球墨铸铁轧辊。60 年代相继制造成功冷轧工作辊和大型锻钢轧辊。

70年代末太钢轧辊厂和钢铁研究总院共同试制成功炉卷轧机和热连轧宽带钢机组用的离心铸造铸铁轧辊，邢台轧辊厂试制成功热宽带钢轧机用半钢工作辊和冷轧宽带钢轧机用工作辊。80年代中国又陆续研制成功大型锻钢支撑辊、锻造半钢和锻造白口铸铁轧辊、粉末碳化钨辊环、高铬铸铁轧辊等新品种。到90年代，中国轧辊生产已基本满足国内需要并有部分出口，但品种有待增加，质量尚需提高。

40. 中国轧辊的制造技术现状怎样?

随着具有国际先进水平的轧机和轧制技术在近几年相继落户中国，推动了我国轧辊制造技术的快速发展，特别在冶炼设备更新改造、成形工艺优化、成分优化和热处理工艺优化等方面发展尤为迅猛[9]。

（1）冶炼设备更新改造。铸铁轧辊以工频炉、中频炉代替冲天炉熔炼铁水，使铁水质量改善，工作环境净化，减轻了工人的劳动强度。铸钢轧辊因对钢水中硫、磷等杂质含量要求较严，一般采用电弧炉冶炼。随着轧辊对夹杂、气体含量要求的提高，铸钢轧辊的冶炼开始向电弧炉+钢包精炼炉冶炼发展。采用保护浇注、真空浇注等先进生产工艺，可进一步提高轧辊的内在质量。

（2）成形工艺优化。从过去常规法浇注单一材质、半冲洗浇注复合材质发展到以离心复合、全冲洗溢流复合为主要生产方式，CPC和其他先进的轧辊制造技术尽管尚未形成生产能力，但在技术上已有重大突破。轧辊堆焊技术的应用，使轧辊寿命成倍延长。为解决大型铸钢轧辊补缩问题，邢台轧辊厂自主开发了无流浇注技术，使轧辊制造过程实现了顺序凝固，减少了中心疏松。

（3）轧辊成分优化。铸铁轧辊由过去的冷硬铸铁、无限冷硬、冷硬球墨铸铁复合等发展到目前的珠光体球墨铸铁、针状组织球墨铸铁、高镍铬无限冷硬铸铁、高铬铸铁等新型轧辊材质。

为满足市场需求，在品种优化的同时，产品性能也向更高层次发展，如改进型高镍铬无限冷硬铸铁的开发和推广。铸钢轧辊由过去的低合金普通铸钢、半钢向高合金方向发展，如在板带轧机两辊粗轧工作辊及型钢轧机开坯辊上用于替代常规铸钢的热作模具钢、热带钢精轧前段使用的高速钢、粗轧机架使用的高铬钢、半高速钢、立辊使用的半钢、型钢万能轧机辊环使用的半钢、高碳半钢、高铬铸铁、高铬铸钢、高速钢等。

（4）热处理工艺优化。随着轧辊材质的发展，高合金轧辊使用人工时效热处理取代自然时效，不仅用于消除铸造应力，更主要的是通过适宜的热处理，获得所需的轧辊使用性能。近年来，为了进一步提高轧辊性能，差温、准差温热处理方式开始采用，差温热处理可将轧辊的工作层和芯部采用不同的热处理方式，获得优异的综合性能。对于深开孔型的型钢轧辊，为保证轧辊的使用性能，采用了预开孔型热处理的生产方式。

41. 生产铸铁轧辊有哪些基本工序？

生产铸铁轧辊的主要工序包括造型、铸型的干燥、合箱、浇注、冷却及开箱清理等工艺过程。铸铁轧辊的铸型结构如图1-12*a*所示，它是冷硬轧辊的合箱图。图 1-12*b* 是半冷硬铸铁轧辊的合箱图。从图 1-12*a*，*b* 中可以看出，铸型均由底座（即下辊颈铸型）、中箱（喷涂料冷型或挂砂冷型）、冒口（即上辊颈和冒口铸型）、浇注管（即直浇口）和浇口杯五部分组成。当制造板带轧辊时，为了提高辊身的硬度，以满足轧制板材的需要，中箱（冷型）大都采用金属型喷涂料的铸型。一般大中型型钢轧辊不仅要求辊身表面具有一定硬度，而且要求硬度降落（即硬度沿辊身截面的落差）小，以保证孔槽内外的耐磨均匀性。因此，这种轧辊一般不采用冷型喷涂料（小型型钢轧辊在孔槽不太深的情况下，也可采用金属型喷涂料），而采取冷型挂砂的平面铸型或异型铸型。

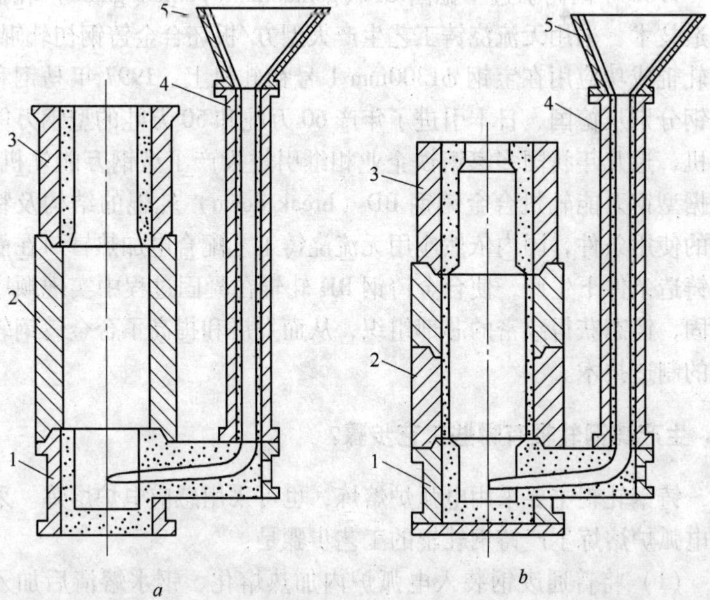

图 1-12　冷硬轧辊（*a*）和半冷硬轧辊（*b*）合箱图

1—底座；2—冷型；3—冒口；4—直浇口；5—浇口杯

42. 合金铸钢轧辊的生产工艺和过程是怎样的?

合金铸钢轧辊大多数为整体铸造轧辊。传统生产工艺采用辊身冷型挂砂、底注和正火回火热处理，主要用于生产碳素钢轧辊和普通三辊式型钢轧机、复二重棒线材轧机等使用的普通合金铸钢轧辊。为了强化合金铸钢轧辊的辊身性能，以获得良好的辊身工作层铸造组织，大部分由冷型挂砂改为冷型喷涂料，冒口补缩采用电加热工艺，随着轧辊合金化程度的提高，轧辊热处理增加了高温扩散和球化等工艺手段。

合金铸钢轧辊生产工艺流程有两种：一是冶炼→铸造→热处理→加工→组织、性能、探伤等检测→成品；二是冶炼→铸造→粗加工→热处理→精加工→组织、性能、探伤等检测→成品。

1986 年国内引进了德国 GP（gontennann-peipers gmbh）轧辊制造技术，采用无流浇铸工艺生产大型方/板坯合金铸钢初轧辊。该轧辊成功应用在宝钢 ϕ1300mm 1 号初轧机上。1997 年马钢和莱钢分别从德国、日本引进了年产 60 万吨和 50 万吨的型钢万能轧机，近几年我国多家钢铁企业相继引进投产了型钢万能轧机。根据型钢万能轧机合金铸钢 BD（break down）轧辊的结构及特殊的使用条件，国内依然应用无流浇铸工艺配合电加热冒口在静态铸造条件下生产，使合金铸钢 BD 轧辊在凝固过程中实现顺序凝固，铸态获得致密的芯部组织，从而发展和提高了合金铸钢轧辊的制造技术。

43. 生产铸钢轧辊有哪些工艺步骤?

铸钢轧辊主要采用电弧炉熔炼，也可采用感应电炉熔炼。采用电弧炉熔炼生产铸钢轧辊的工艺步骤是：

（1）将普通废钢装入电弧炉内加热熔化，钢水熔清后加入钼铁；钢水熔清 3 ~ 10min 后分析 C、Mn、Si、S、P、Cr、Mo 等元素。

（2）钢水温度达到 1530 ~ 1550℃时，吹氧、脱碳，当温度达到 1560 ~ 1580℃时除渣，随即加入锰铁和铬铁，并加入碳粉，紧闭炉门 5 ~ 15min 后充分搅拌，取样分析 C、Mn、Si、S、P、Cr、Mo 等元素，炉前调整成分合格后将温度升至 1580 ~ 1600℃，依次加入 Si-Ca 合金、铝、钒氮合金、铌铁和钛铁，而后出炉。

（3）将稀土、微合金材料破碎至粒度为 12 ~ 18mm 的小块，经 150 ~ 200℃烘干 1 ~ 2h 后，置于浇包底部，用包内冲入法对钢水进行微合金化处理。

（4）采用如图 1-13 所示的过程浇注轧辊。轧辊辊身采用铸铁冷型敷砂工艺，敷砂层厚度大于 5mm，底箱、盖箱和冒口箱均用砂型，并采用底注式浇注系统浇注轧辊，钢水由浇口杯浇入，经浇注管流入铸型底箱，钢水由下辊颈、辊身、上辊颈和冒

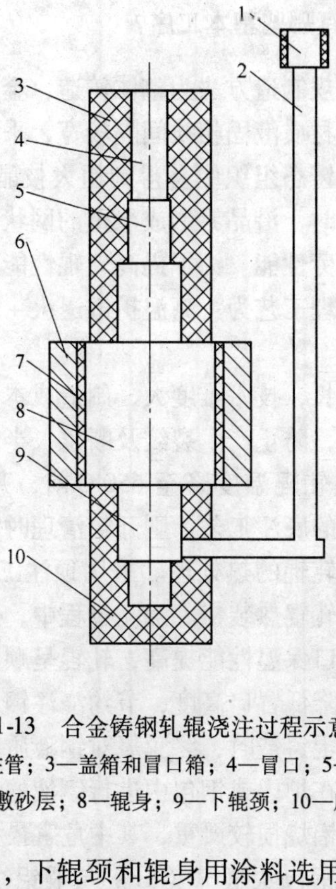

图 1-13 合金铸钢轧辊浇注过程示意图

1—浇口杯；2—浇注管；3—盖箱和冒口箱；4—冒口；5—上辊颈；6—冷型；7—敷砂层；8—辊身；9—下辊颈；10—底箱

口，实现顺序凝固，下辊颈和辊身用涂料选用以锆英粉为骨料，上辊颈选用以石英为骨料并配以黏土、糖浆、膨润土和水，按一定比例配制而成。钢水浇注温度1460～1500℃。

（5）铸钢轧辊浇注24～100h后拆箱，并将轧辊置于保温坑内缓慢冷却至室温，切割浇冒口，清理残根、飞边、毛刺，然后进行粗加工。

（6）将粗加工后的轧辊重新加热至880～920℃，保温10～15h后空冷，随后将轧辊继续加热至620～650℃，保温20～25h后，炉冷至温度低于120℃后空冷，最后精加工至规定尺寸和精度。

44. 生产半钢轧辊有哪些基本工序？

半钢轧辊的常规制造方法为整体铸造，金属收得率低，合金用量大。由于半钢材质液固相线间隔较宽，采用常规法整体铸造大直径半钢轧辊，铸态组织中易得到粗大枝晶及形成成分偏析，而且当碳含量较高时，沿晶界形成严重的网状碳化物，恶化了轧辊的韧性和抗热疲劳性能。为了提高轧辊性能，必须进行复杂的热处理，典型热处理工艺为：高温扩散退火 + 球化退火 + 喷雾淬火 + 回火。

上述工艺周期长，技术难度大，制造成本也很高。为了获得最好的热处理效果，防止产生裂纹及断辊，半钢轧辊必须进行热装窑，即浇注后在轧辊温度降至 650℃ 前，开箱清理，装窑处理。如果采用传统的底注工艺，则开箱清理时间过长，轧辊温度降低过快，不利于轧辊的热处理。采用顶注工艺浇注半钢轧辊，操作简便，有利于轧辊热装窑。浇注过程中，采用漂珠砂制作的保温冒口套，其冒口保温性能提高，轧辊呈顺序凝固状态，补缩效果良好，有利于降低冒口高度，节约浇注钢水。

此外，半钢轧辊铸造时，终脱氧对钢液质量影响较大。长期以来，多使用铝饼在炉内或钢包中进行钢液的终脱氧，尽管起到了一些脱氧效果但铝烧损较严重，其中危害最大的是产生硬而脆的氧化物夹杂。向钢包吹氩气（Ar）与喂铝线可以有效地减少钢液全氧含量，达到减少钢中夹杂物含量的目的。减少夹杂物尺寸，提高夹杂物在钢中的弥散程度，也有利于延长半钢轧辊的使用寿命。国内某钢厂在冶炼设备为 8t 电弧炉、钢包容量 18t 的条件下，采用包顶吹 Ar、喂铝线的工艺。氩气压力 0.2～0.3MPa，流量 20～30m^3/h，枪头距包底 150～250mm，氩枪插入钢液深度 (1.5±0.1)m，吹 Ar 时间 2～2.5min。铝线规格为 ϕ9.5mm，喂线量为 0.4kg/t 钢液。钢包吹 Ar 与喂铝线前后钢液中全氧含量明显下降，脱氧效果达 52%。由于氧含量的减少，钢中氧化物夹杂也随之减少。与此同时，夹杂物尺寸也明显减小，吹 Ar 喂线前夹杂物“最大”“最小”当量直径平均值分别为11.85μm和13.3μm，而吹Ar喂线后降为7.09μm和2.12μm。原因在于钢包吹Ar与喂线可以有效地使钢液中大型夹杂物有充分上浮和去除的机会，从而减小了夹杂物尺寸，使钢液得到进一步的净化。

近年来，将离心复合铸造技术用于半钢轧辊生产中，除了金属收得率明显提高外，还采用较廉价的铁水填芯，可节约大量合金。铸态组织明显细化，只需对轧辊采用简单的正火+回火热处理工艺，即可满足使用要求。某钢铁公司在1700mm热轧机精轧前段F1~F3机架，采用离心复合铸造半钢轧辊，其寿命与常规法半钢轧辊相当，毫米轧制量为3800t，带钢生产成本可降低10%~20%。

45. 生产高速钢轧辊有哪些基本工序？

生产高速钢复合轧辊包括辊身和辊芯的熔炼、造型、浇注、热处理和机械加工。辊身由耐磨高碳高速钢组成，辊芯材料是高强度球墨铸铁，辊身和辊芯分别用电炉熔炼，通常采用离心铸造方法复合成形，其工艺步骤是：

（1）辊身高碳高速钢的钢水熔炼。

1）将普通废钢、生铁、钼铁、铌铁和铬铁按所要求的辊身成分混合放入炉中加热熔化，钢水熔清后加入硅铁和锰铁，出炉前加入钒铁。

2）炉前调整成分合格后将温度升至1520~1600℃，加入占钢水重量0.10%~0.30%的铝脱氧，而后出炉。

3）将变质剂、稀土硅铁和钛铁破碎至粒度小于20mm的小块，经240℃以下烘干后，置于浇包底部，用包内冲入法对钢水进行复合变质处理。

（2）辊芯高强度球墨铸铁的铁水熔炼。

1）将普通废钢、硅铁、锰铁、镍板、钼铁和铬铁按所要求的辊芯成分混合放入炉中加热熔化，用石墨或生铁增碳。

2）炉前调整成分合格后将温度升至1420~1480℃后出炉。

3）将稀土镁球化剂破碎至粒度小于18mm的小块，经180℃以下烘干后，置于浇包底部，用包内冲入法对铁水进行球化处理，铁水入浇包时，加入小于1.5%的75%硅铁合金进行随流孕育处理。

（3）轧辊用离心铸造方法复合而成的工艺步骤是：

1）先将高碳高速钢钢水浇入在离心机上旋转的铸型内，钢水浇注温度为1420~1450℃，铸型材质是HT200，壁厚80~200mm，预热温度大于200℃，并在此温度下喷刷涂料，涂料厚度小于4mm，浇注时铸型温度不低于120℃。

2）铸型转速 n 按下式确定：

$$n = \frac{5520}{\sqrt{\gamma r}} \beta \qquad (1\text{-}3)$$

式中，n 为铸型转数，r/min；γ 为金属溶液密度，g/cm³；r 为轧辊外层内半径，cm；β 为调整系数（高速钢轧辊为1.4~1.6）。

将高速钢复合轧辊置入退火炉中，加热至880~920℃保温后炉冷，硬度小于HRC 35，直接进行粗加工；然后在1000~1080℃下保温3~8h后空冷或雾冷，再在500~550℃下回火两次，保温时间4~12h，最后将轧辊精加工至规定尺寸。

46. 生产锻钢轧辊有哪些基本工序？

生产锻钢轧辊的工艺主要包括电炉炼钢、浇注铸锭、锻造和热处理等。锻前加热温度为1200~1230℃，分火次锻造，最后一火锻比大于1.5。锻后正火温度Cr2、Cr3为920℃，Cr5为970℃。由电炉钢锭直接锻造冷轧辊，生产周期短、成本低，这种方法目前仍被广泛应用，不足之处是铸锭在凝固过程形成的粗大共晶碳化物对轧辊性能产生不利影响。为了减少钢中的非金属夹杂物，采用了真空精炼、真空脱气和真空浇注技术。到 20 世纪 70 年代由于 ESR 工艺的采用，由轧辊材料缺陷所造成的断辊事故大大减少。锻钢冷轧辊的热处理工艺过程比较复杂，大致分为三个阶段：

（1）锻后热处理；

（2）调质热处理；

（3）最终热处理。

锻钢冷轧辊整体淬火的淬硬层深度不超过 10mm，淬硬层浅，轧辊抗事故能力差，易于发生剥落，实际生产中除小规格轧辊外，一般不宜采用。锻钢冷轧辊主要采用表面感应加热淬火工艺，感应加热最初是用工频电源，后来出现了双工频，即用两个工频感应圈对轧辊进行接连的两次加热，以保证加热层的深度及温度的均匀性。后来又出现了双频感应加热，即用一个工频感应线圈和一个中频感应线圈先后对轧辊进行加热。中频电源多采用 250Hz。在经过工频加热之后，中频感应线圈对轧辊进行补充加热，以弥补轧辊表面温度的损失，使表层温度分布更均匀。采用表面感应加热淬火工艺，使得轧辊淬硬层深度从以前不到 10mm 提高到 15mm 左右，个别情况下甚至达到 20mm 以上。对于用传统材料制成的冷轧辊，为保证轧辊的综合性能，淬火后需进行 100 ~ 180℃的低温回火。

此外，冷轧辊表面镀铬处理是改善其耐磨性的重要手段，镀层厚度不应小于 20μm，硬铬镀层可在 450℃的温度下使用，性能不发生太大变化。但温度太高镀层硬度将迅速下降。600℃时其硬度由 HV 800 ~ 1000 降到约 HV 600。镀铬轧辊的使用使得带钢表面质量稳定，工作辊的使用寿命较不镀铬的延长 3 ~ 4 倍。

随着汽车、家电等行业的快速发展，优质冷轧带钢的需求量逐年提高，用户对带钢的表面质量和使用性能要求不断提高，推动了轧辊表面毛化技术的快速发展。冷轧带钢的表面形貌是由轧辊表面形貌直接传递的，为了控制和调整成品带钢的表面形貌，冷轧平整机或光整机工作辊基本上都采用毛化辊，同时为了解决粗糙度偏低或罩式退火炉内带钢粘连问题，精轧机最后一个机架工作辊往往也采用毛化辊，因此，带钢表面形貌基本都是毛化辊二次传递形成的，成品机架毛化辊的表面形貌起决定作用。目前，常用的轧辊毛化工艺主要有喷丸毛化工艺、电火花毛化工艺和激光毛化工艺等。

47. 铸钢轧辊为什么要经过高温扩散处理？

铸钢轧辊凝固时由于存在树枝状结晶，所以会造成合金成分的晶内偏析，这种偏析是由于轧辊凝固过程中辊身上下、内层外层不能实现顺序依次凝固而造成的。轧辊辊身直径越大，辊身长度越长，凝固温度梯度越大，所造成的合金凝固偏析越严重。随着合金铸钢轧辊合金含量的增多，凝固时产生的偏析越严重，造成的成分不均匀程度也越大。因此，为了使合金元素的原子充分扩散，得到成分均匀的奥氏体组织，需将高合金铸钢轧辊加热到 Ac_3 以上 150 ~250℃保温一定时间，此种热处理手段称之为高温扩散处理。

48. 铸钢轧辊为什么要进行球化退火热处理？

合金铸钢轧辊进行球化退火热处理，主要是为了改善轧辊的切削性能，提高切削效率并为后续的淬火处理做好相应的组织准备。球化退火处理使组织中的碳化物由片状转变为球状，亦即在铁素体的基体上均匀地分布着球状或粒状碳化物，成为球状珠光体组织。生产中选择球化温度，一般略高于 Ac_1 临界点。温度过低则所需的球化时间过长，温度过高则会导致粒度粗细不等的粒状珠光体出现。

49. 电渣冶金法生产轧辊有几种形式？

应用电渣冶金法生产轧辊有五种形式：

(1) 电渣重熔法（ESR）　用电渣重熔法生产铸锭，再经大型锻压设备成形。目前西欧、美国及日本生产冷轧辊主要采用此种形式。

（2）电渣熔铸法（ESC） 用电渣熔铸直接成形，不经压力加工，铸态使用。俄罗斯侧重发展电渣熔铸轧辊。

（3）电渣熔铸堆焊复合法（eskcladding） 在磨损的旧轧辊或芯棒外周围用电渣法堆焊一层合金钢以修复旧辊或制造双金属复合辊。奥地利及捷克均在电渣重熔堆焊轧辊方面从事开发。

（4）液态金属电渣连续复合法（ESSLM） 采用液态金属在导电结晶器内以连续浇注的方式对芯棒表面复合一层所需成分的轧辊工作层材料，然后通过抽锭装置将所复合好的轧辊从结晶器内逐步抽出。该工艺既可制造新轧辊，亦可对废旧轧辊进行二次修复。该技术由乌克兰Elmet-Roll集团开发。

（5）感应电渣复合铸造法 它是将电磁感应铸造、液态金属电渣浇注、ESSLM工艺、CPC工艺和电磁搅拌铸造等技术进行相互结合研制而成的一种新型复合轧辊制造工艺。在该工艺中，通过电磁感应加热设备对安装在水冷结晶器内的轧辊芯棒表面进行加热，将外层金属液以一定的方式快速浇入水冷结晶器内的高温液态渣池内，与辊芯材料表面熔合并凝固，形成复合轧辊。

50. 电渣熔铸法制造轧辊工艺有哪些？

冷轧辊的制造工艺可分为两大类：一类是锻钢轧辊；一类是铸造轧辊。其中铸造轧辊大多采用电渣熔铸（ESC）工艺制造。

用电渣熔铸法制造铸造轧辊采用特定形状的水冷结晶器，在电渣熔铸中直接熔铸成轧辊的基本形状，再经退火、机械加工和热处理后制造成轧辊。由于电渣锭在铸态下就具有良好的与普通锻造或轧制钢锭大致相当的性能。无论从宏观上还是微观上，电渣钢锭的化学成分都是非常均匀的，缺陷和夹杂物也很少，且具有良好的力学性能。因而在国外得到了广泛的应用，其产品规格为辊身直径ϕ400～600mm，辊身长度1000～2300mm，总长度

3000～4500mm。我国所制造的电渣熔铸轧辊一般为 ϕ250mm 的小型冷轧窄带钢轧辊。

电渣熔铸工艺除用于制造冷轧辊外，目前国内外轧辊制造工作者正在进行将该工艺用于制造热轧辊的研究开发，现已取得了一定的进展，获得了技术上的突破，所制造的轧辊已经用于轧钢生产，获得了较好的使用效果。

目前，电渣熔铸轧辊的制造工艺主要有以下几种，即：整体熔铸法、插入辊颈熔铸法和分段熔铸法。

51. 碳化钨轧辊在棒线材轧机上使用有什么优缺点？

碳化钨轧辊由于具有硬度高、耐磨性好等优点，在棒线材轧机上的应用体现出如下优点：

（1）提高钢材产品质量，使钢材表面质量和公差尺寸得到彻底改善，负偏差控制非常精确。

（2）减少换槽、换辊次数和停机时间，提高轧机生产利用率和产量，使轧机在同样时间内创造出更大的经济效益。

（3）降低产品的废品率，减轻工人劳动强度。

（4）降低生产成本，是企业增效的有效途径。

（5）有利于无头轧制技术的应用。

缺点是：由于碳化钨轧辊硬度高、脆性大，对裂纹的敏感性高，导致加工异常困难，在使用中对冷却水的要求较高，而且不能承受急冷急热，否则易导致破坏性事故。由于碳化钨轧辊的特点是硬而脆，导热性很差，且直接影响成品轧材质量，使用中应注意以下几个方面的问题：

（1）由于辊环与辊轴采用锁紧螺母装配，在轧辊安装时应根据锁紧螺母的锁紧方向和轧制时辊环旋转方向来确定上下辊，防止锁紧螺母松动。

（2）轧制过程中应确保轧槽有足够的冷却水，保持适当水压，以避免辊环产生裂纹甚至碎裂。

（3）冷却水要求为中性或弱碱性，严格控制冷却水 pH 值，防止冷却水对辊环的腐蚀损伤。

（4）合理制定轧槽修磨周期，防止微裂纹的产生和扩展。

（5）修磨轧槽时应彻底清除微裂纹和表面损伤痕迹。

52. 什么是钢结硬质合金轧辊？

钢结硬质合金是指以钢作黏结剂，掺入30%～50%的硬质碳化物来增强的复合材料，因此又称碳化物增强钢基复合材料，用钢结硬质合金加工而成的轧辊统称为钢结硬质合金轧辊。它是受硬质合金的启示而开发出来的。它兼有硬质化合物和陶瓷材料的高强度、高硬度和高耐磨性以及钢的强度、塑性和韧性，处于普通硬质合金和高速钢之间的中间地位，因此，填补了硬质合金和高速钢之间的空白，可进行锻造、各种常规机械加工和热处理。其组织特点是微细的硬质颗粒均匀弥散地分布于钢基体中，硬质相赋予材料高硬度和高耐磨性，而钢的基体使合金具有一定的强度和韧性，这些特点是钢结硬质合金材料区别于工具钢和硬质合金的重要标志，不同成分的黏结相以及这种合金的可热处理性、可加工性赋予材料以不同的独特性能，这些性能又使它有别于普通硬质合金，是一种各项性能非常优良的轧辊材料。其具体特征为：

（1）工艺性能好。钢结硬质合金具有可加工性和可热处理性，是一种可加工、可热处理的特种硬质合金。在退火状态可以采用普通切削加工设备和刀具进行车、铣、刨、钻等机械加工，可以锻造及焊接。与硬质合金相比，可以显著地降低生产成本，并且有更大的适用范围。

（2）良好的物理、力学性能。钢结硬质合金在淬硬状态下，具有很高的强度、硬度，由于含有大量弥散分布的硬质相，其耐磨性能与高钴硬质合金相近。与高合金模具钢比较，具有较高的弹性模量、耐磨性、抗压强度和抗弯强度，与硬质合金比较则具有较好的韧性，具有良好的综合力学性能。

（3）可根据使用工况要求，配制不同成分的钢（铁）基体和硬质颗粒增强体，制成满足各种耐热、耐腐蚀等工况要求的具有高性能的钢结硬质合金材料。

（4）硬质合金中的硬质相的主要组成是 WC、TiC 等，且硬质相比例大（80%以上），机械加工困难，不能进行热处理，而钢结硬质合金是以合金钢为基体，它不仅起黏结 WC 等硬质相的作用，更重要的是提供了一个强韧的基体，支撑着 30% ~50% 左右的硬质相，且赋予材料以便于加工和热处理，与硬质合金相比，生产成本约降低 50% 以上。

钢结硬质合金还具有较高的强度、良好的自润性和较低的摩擦系数、优良的化学稳定性、与钢相近的线膨胀系数。它以其独特的性能在工程技术中成为一种新型的工模具耐磨材料，得到广泛的应用。其材料应用于制造各种冷、热模具，小型轧辊，与一般模具钢相比，它可以使模具寿命提高 3 ~5 倍，乃至 10 倍以上，用其制造的小型轧辊和导辊，其使用寿命是合金工具钢的几倍，甚至十倍。

53. 怎样采用复合电渣冶金法制造钢结硬质合金轧辊？

复合电渣冶金法制造钢结硬质合金复合轧辊工艺及设备已研制成功，用该工艺所制造的轧辊，其工作层为能满足各种冷轧和热轧性能需要的含有 30% ~50% WC 硬质合金颗粒的电渣冶金钢结硬质合金材料，而芯部材料为高强度合金工具钢、球墨铸铁或碳钢的双金属复合材料[10]。轧辊表面具有较高的耐磨性和耐腐蚀性及抗表面粗糙性和抗剥落性能，芯部具有高的强韧性。采用复合电渣冶金工艺所生产的电冶钢结硬质合金复合轧辊工作层材料，与粉末冶金工艺所生产的材料相比，具有如下特点：

（1）产品的孔隙小，无孔洞，组织致密性高，韧性好，主要力学性能超过粉末冶金工艺产品。

（2）硬质相（WC）在基体中分布均匀，无碳化钨偏析现象。

（3）采用复合电渣冶金工艺，WC 颗粒在高温下产生微熔，使之与高温金属液之间产生相互扩散、浸渗、熔融等反应，且与反应物在结晶器中快速结晶，其硬质相与基体金属组织实现了完全冶金结合，使得基体材料得到强化，耐磨性比粉末冶金工艺的产品提高 1.5 ~2 倍。

（4）可以根据产品性能要求，添加各种成分的稀土元素及其合金，对产品进行变质处理，以净化杂质，细化晶粒，改变产品中杂质的存在形态和分布，提高产品的质量。

（5）采用复合电渣冶金工艺所生产的双金属轧辊的芯棒与工作层两种材料复合层结合良好，没有孔洞、裂纹和其他缺陷，结合层是连续的，无论芯轴还是复合层均无未熔的现象。

54. 什么是改进型无限冷硬铸铁轧辊？

为了提高无限冷硬铸铁轧辊的耐磨性，国外开发了改进型无限冷硬铸铁轧辊，其主要特征是在轧辊中加入高温下形成高硬度 MC 型初生碳化物的合金元素，其耐磨性比普通高镍铬无限冷硬铸铁轧辊提高 20% 以上。国外专利 EP871784-A 公开了一种含铌的无限冷硬铸铁轧辊，在含 2.5% ~4.0% C，4.2% ~4.6% Ni，0.3% ~0.5% Mo，1.5% ~2.0% Cr，0.7% ~1.2% Si 的无限冷硬铸铁轧辊中，加入 0.3% ~6.0% Nb，可以提高轧辊表面硬度，改善耐磨性。瑞典 Akers 轧辊公司开发的改进型无限冷硬铸铁轧辊与普通无限冷硬轧辊相比，使用寿命平均增加 15% ~20%，个别轧钢厂的使用寿命则提高了 40%。鞍钢开发的改进型高镍铬铸铁轧辊的成分为：3.0% ~ 3.5% C，1.0% ~ 2.0% Si，0.5% ~1.0% Mn，4.0% ~4.8% Ni，1.5% ~2.0% Cr，0.2% ~1.0% Mo，另外还加入≤2.0%（Nb + V + W），其辊身硬度均在 HSD 80 ~83，从距表面 5mm 到距表面 40mm 处硬度降落大约 HSD 5，轧辊残余应力为 100 ~120MPa，平均毫米磨损轧制量较普通轧辊提高约 17.4%。笔者最近也发明了一种离心复合改进型无限冷硬铸铁轧辊，并获国家发明专利（ZL200710178689.7）。主要特点是在镍铬钼无限冷硬铸铁中，加入少量铌、钒和钛，目的是为了细化轧辊凝固组织。轧辊外层采用稀土镁合金球化处理，还加入适量纯锑消除畸形石墨，明显改善了轧辊的球化效果，使轧辊力学性能和耐磨性提高。

55. 改进型无限冷硬铸铁轧辊能成功推广的原因是什么?

最重要的原因是这些轧辊在轧机中的表现和它们所替代的传统无限冷硬铸铁轧辊相同。这意味着在热轧宽带钢轧机上不需要做任何改动，如冷却系统，或所采取的润滑方式。改进型无限冷硬铸铁轧辊性能的提高归功于这些轧辊比传统轧辊重磨的次数少。因此，轧辊车间必须具有好的措施，以使这些轧辊的优势不至于在研磨车间消失。此轧辊与传统轧辊相比有两点不同：

(1) 改进型无限冷硬轧辊似乎有更好的抗轧机故障的能力，如板坯弯斜、带尾压折；

(2) 在少数轧机上，据涡流机读数显示，此轧辊的撞伤程度比传统无限冷硬铸铁轧辊有更高的值。

56. 什么是轧辊堆焊且有何效果?

轧辊堆焊是指去除轧辊表面的疲劳层或缺陷后，用合适的堆焊材料、采用科学的工艺方法将其修复至原始辊径的过程，它的主要优点是轧辊使用前后的辊径不变。因此，轧辊堆焊技术为轧钢生产中降低轧辊消耗、提高轧辊使用寿命提供了可能。采用堆焊方法修复旧轧辊以提高轧辊的使用寿命已成为我国轧钢企业降低成本、提高效益的重要举措，也是符合我国节能降耗、清洁生产、循环经济的基本国策。

堆焊技术是机械制造行业重要的制造和维修手段，在轧辊修复中得到广泛应用。当轧辊使用到报废极限时，可以进行堆焊修复，经过堆焊修复的轧辊具有成本低、寿命长、使用效果好等特点，对于推进循环经济成效明显，受到轧钢企业普遍欢迎。“十五”初期此项技术多集中在40t以下热轧机用辊修复上，仅用于热轧开坯辊、型钢辊、焊管辊、连铸辊导辊等小型轧辊修复。但是国内几十条冷、热连轧机、中厚板轧机有大量报废支撑辊闲置，造成极大资源浪费，轧钢企业十分渴望废品再利用。针对这种市场需求，各轧辊修复公司积极开展新技术开发。目前，有的轧辊修复公司已成功开发了大型冷、热连轧机支撑辊堆焊修复技术，将修复轧辊重量提高到40t以上，使报废的大型轧辊不再闲置。目前轧辊修复领域已逐渐扩大到铸铁、碳钢、合金铸钢、合金锻钢、高碳半钢等不同材质的轧辊以及各类四辊、六辊冷带轧机、热带轧机、中厚板轧机等。轧辊堆焊修复具有单件、小批量作业的特点，需要根据用户单个产品、不同材质、不同规格、不同失效情况来决定使用不同工艺。

对60t以上大型轧辊实施堆焊修复，需要解决堆焊用车床超承重计算与加固轧辊旋转轴向位移、辊颈高温氧化、堆焊金属成分设计、层间温度控制、焊后应力消除与控制等一系列难题。有的轧辊修复公司创新性地设计并制造出将预热炉、焊接用的开合式加热炉、焊接装置结合为一体的堆焊专用设备，成功解决了轧辊在预热与堆焊工序间周转的热量损失问题，提高了生产效率，保证了产品质量，节约了能源。

57. 各种轧辊堆焊技术的特点是什么?

目前在国内外冶金行业使用的堆焊技术有喷镀、气体保护焊、埋弧焊、电渣焊，其中轧辊埋弧焊是应用最广泛的工艺，具有生产效率高、质量好、经济效益较好的优点。各种工艺特点如表1-10所示。轧辊堆焊作为“复活”轧辊的一项先进技术，具有如下优点[1]：

（1）堆焊后的轧辊使用寿命普遍提高一倍以上。

（2）极大地降低了吨钢成本，提高了生产效率。

（3）堆焊后的轧辊具有良好的抗裂性、耐磨性、耐冷热疲劳性。

表 1-10 各种轧辊堆焊工艺特点

堆焊工艺	熔敷速度 /kg·h⁻¹	堆焊厚度 /mm	堆焊特点	第一层稀释率/%	结合形式
喷 镀	>20	>4	单层或多层	理论上为0	机 械
气体保护焊	>10	10~20	多层	8~50	冶 金
埋弧焊	>30	>100	多层	8~50	冶 金
电渣焊	200~400	15~100	多层	8~50	冶 金

58. 常用轧辊堆焊材料是什么？

根据轧辊使用要求的不同，常用的堆焊材料主要有以下八类[1]：

（1）低合金钢　该材料价格低廉，堆焊金属组织以索氏体或屈氏体为主，冲击韧性和抗裂性好，硬度 HRC 30~35，易于加工。

（2）热作模具钢　该材料具有良好的红硬性、高温耐磨性及较高的冲击韧性，焊后消除应力退火后，硬度一般在 HRC 45~50，使用寿命比原轧辊提高 1 倍以上。

（3）马氏体钢　该材料焊接性能好、耐磨、耐热性能也较好。

（4）弥散硬化钢　该材料含有铬、钼等合金元素，回火时易弥散析出强化相，提高轧辊硬度，改善耐磨性。

（5）奥氏体加工硬化钢　该材料焊后硬度较低，使用过程中由于冷加工硬化而使硬度大幅度提高，多用于深孔槽轧辊的孔型堆焊。

（6）合金铸铁　该材料具有硬度高、耐磨性、热稳定性和抗氧化性好等特点。因碳含量很高无法拔丝，故埋弧焊很难，只能铸成管子作为电极进行电渣堆焊。堆焊轧辊比铸造辊耐磨性提高 1.5~2 倍，而成本低 1 倍左右。

（7）高碳合金钢　该材料碳含量及合金元素较高，为防止堆焊时出现裂纹，要求较高的预热温度和层间温度，堆焊后要进行去应力处理。

（8）马氏体时效钢 该材料为 Fe-Ni-Co-Mo 合金系，焊态低硬度，便于加工，经时效处理硬度提高。

59. 轧辊堆焊工艺的关键是什么?

大型轧辊堆焊工艺的关键如下：

（1）预热温度和层间温度的合理设计：预热温度一般控制在 400～450℃，升温应缓慢（30～40℃/h），并在 200℃、300℃保温一段时间，400～450℃保持足够时间，使辊体内部热透，内外温度均匀。

（2）层间温度及堆焊过程中辊体温度均匀性的控制：层间温度必须高于堆焊材料的 *M*s 点，为减少焊接应力，堆焊过程中力求辊体温度均匀，可采取多台焊机同时作业以及保温炉加热配以火焰加热等措施。

（3）多台机头工艺参数的选择：堆焊时，堆焊工艺参数必须合适，应调整到电弧稳定，以焊缝成形美观，无工艺缺陷为目标；多台焊机同时作业，必须保持工艺参数的一致，以保证堆焊层硬度均匀，表面平整。

（4）中间热处理与焊后热处理：从轧辊的失效形式可看出，局部掉块、剥落是主要方式，为避免应力集聚过大，当堆焊厚度达到 12～20mm 后应进行中间回火热处理。保温数小时后，炉冷至预热温度 400～450℃开炉继续堆焊。堆焊结束后进行最终的热处理。

热处理工艺必须满足以下两个要求：一是彻底消除焊接应力；二是热处理后，辊面硬度等各项性能指标满足用户要求。

60. 轧辊堆焊再制造的节能减排效果怎样?

再制造工程是对废旧产品进行修复和改造的一系列技术措施和工程活动的总称。它以产品全寿命周期理论为指导，以废旧产品全性能跨越式提升为目标，以优质、高效、节能、节材、环保为准则，以先进技术和产业化生产为手段。主要包括：功能恢复、性能升级和结构改变。大型冶金支撑辊因处于高温、高压、高磨损、高疲劳、高冲击、高事故和氧化、腐蚀等恶劣环境下服役，工作过程中极易磨损或出现裂纹、剥落等表面缺陷而造成报废。报废时支撑辊损耗一般为8%～12%左右。目前国内绝大部分报废大型冶金支撑辊当作原料回炉冶炼，造成资源和能源的巨大浪费。其实废旧大型冶金支撑辊具有巨大的剩余价值，通过再制造工程处理，利用它的胴体再经一系列的机加工、热处理和堆焊、喷涂、激光等表面处理后可极大地发掘其潜值。不仅可使轧辊恢复到原始的尺寸、形状，制成新型复合轧辊，并可获得更高的表面性能。通常，再制造轧辊的成本仅为新品的25%～30%，而使用寿命达到甚至超过原品。因此，在使用报废大型冶金支撑辊的辊面，通过堆焊耐磨金属，恢复轧辊外形和尺寸，并通过研制先进的堆焊设备，控制堆焊材质、堆焊工艺，并对堆焊轧辊进行改善组织和性能的热处理，使堆焊轧辊在轧钢生产中继续应用，则具有极其重要的意义，也完全符合我国“十一五”规划纲要提出的节能减排要求。

我国“十一五”规划纲要提出，“十一五”期间单位国内生产总值能耗降低20%左右，主要污染物排放总量减少10%。普通轧辊在冶炼、成形、热处理和机械加工过程中，需要消耗大量能源，而且要排出大量的废水、废气和废渣。据估算，单重50t的热轧支撑辊，从熔炼、浇注、锻造、热处理和机械加工过程中，需要消耗的电能约15×10^4kW·h。而采用堆焊方法再制造轧辊，因只对辊表面堆焊耐磨金属，因此，能耗低、合金需要量少，生产周期短，堆焊单重50t的热轧支撑辊，仅需要电能约4×10^4kW·h（包括堆焊、热处理和机械加工）。而且堆焊过程中无“三废”排放。由于堆焊金属具有优良的耐磨性，因此堆焊再制造轧辊的使用效果将达到甚至超过常用铸（锻）造轧辊的水平，显见轧辊堆焊再制造的节能减排效果。

61. 我国轧辊堆焊再制造的发展情况怎样？

堆焊再制造是焊接领域中的一个重要分支，是一种表面技术处理工艺方法，它是采用焊接方式在零件表面堆敷一层具有一定性能材料的工艺过程。堆焊再制造在轧辊，尤其是热轧辊的修复领域获得了较好的应用，研究发现，对轧辊表面进行堆焊处理，可以明显延长轧辊寿命，降低轧钢消耗，见表1-11。目前，用于堆焊的轧辊大多是报废轧辊，其外径较小，且由于反复轧制，轧辊内应力较大。另外，轧辊材质为高碳合金钢，塑性较差，特别是其抗疲劳性能很差，辊体内部的微裂纹，在周期性的应力作用下，极易扩张。

表 1-11　ϕ650 型材轧辊堆焊与未堆焊情况对比

项　目	未堆焊	堆　焊	备　注
一次性投入资金/万元	18	30	在快报废的轧辊上进行堆焊
堆焊一副费用/万元	—	4.5	
累计轧制次数/次	3	9	
一次装机平均热轧量/t	3000	5000	
总轧制量/t	9000	45000	
吨钢消耗/元·吨$^{-1}$	20	11.67	

在轧辊堆焊再制造方面，我国从 20 世纪 50 年代起就发展用实芯合金焊丝堆焊修复轧辊，并收到了较好的效果，以后得到广泛应用。由于普通单丝埋弧焊的熔敷效率有限，往往不能满足高堆焊生产率的要求，随后又逐步发展了多丝埋弧堆焊和带极堆焊技术。由于实芯合金焊丝（或实芯焊带）在生产加工（冶炼、轧制、拔制）过程中的一些困难，往往限制了高强度、高碳、高合金的合金焊丝的生产制造，在较长的一段时间内也没有开发出新型的轧辊堆焊（合金）材料。国外则在 70 年代后大量使用药芯焊丝进行轧辊堆焊，药芯焊丝的应用使轧辊的质量有了明显的提高。我国在 80 年代末 90 年代初也开始逐步大量使用药芯焊

丝进行轧辊埋弧堆焊修复。随之在设备方面，也出现了我国自行设计制造的轧辊埋弧堆焊专用机床。在堆焊材料研制、应用以及堆焊工艺优化方面，我国已达到或（在某些产品品种、性能及应用方面）超过国外同行水平。但对于性能要求更高的冶金轧辊，如冷轧锻钢工作辊（宽带钢）及支撑辊、热轧带钢粗轧和精轧工作辊及支撑辊、中厚板轧机工作辊及支撑辊、高速线材轧机预精轧、精轧辊环等的堆焊复合制造和修复，仍有许多工作值得进行深入研究。

62. 轧辊表面激光强化后性能有什么变化？

根据轧辊表面激光处理的物理过程及方法，轧辊表面激光处理可分为激光淬火（固态相变）、激光快速熔凝、激光合金化及激光表面硬层熔覆等4种工艺方法。冷轧辊采用激光淬火处理较为合适。支撑辊等工作温度不太高的轧辊也可采用激光淬火处理。热轧辊一般采用激光熔凝及合金化处理。激光处理一般均可提高轧辊硬度，改善轧辊耐磨性。激光处理后轧辊表面硬度取决于轧辊原始硬度，基材硬度为 HRC 25 ~ 30，经激光处理后表面硬度为 HRC 50 ~ 62；基材硬度为 HRC 30 ~ 40，经激光处理后表面硬度为 HRC 50 ~ 55；基材硬度为 HRC 40 ~ 50，经激光处理后表面硬度为 HRC 50 ~ 58；基材硬度为 HRC 50 ~ 60，经激光处理后表面硬度为 HRC 55 ~ 63。激光处理硬化层深度需要根据轧辊材质、原始组织及工况确定，一般在 0.5 ~ 1.5mm 之间。激光硬化处理除提高轧辊表面硬度及耐磨性外，还可以显著降低甚至完全消除热轧辊的表面热裂现象，其原因主要是激光合金化处理层具有较基体显著提高的组织细化程度和热稳定性及更高的抗热疲劳强度。

63. 轧辊热处理工艺有哪些？

轧辊材料的常用热处理工艺包括退火、正火、淬火、时效和回火，表 1-12 列出了轧辊材料的常用热处理工艺。

表 1-12 轧辊材料常用热处理工艺

热处理工艺		热处理过程	热处理目的
1. 退火		将轧辊加热到一定温度，保温一定时间，然后缓慢冷却到室温	(1) 降低轧辊硬度，提高塑性，以利于切削加工及冷变形加工； (2) 细化晶粒，均匀轧辊组织，改善轧辊的性能及为以后的热处理作准备； (3) 消除轧辊中的内应力，防止加工后变形及开裂
类别	(1) 完全退火	将轧辊加热到临界温度(不同材料临界温度也不同，一般是710～750℃，个别合金钢的临界温度可达800～900℃）以上30～50℃，保温一定时间，然后随炉缓慢冷却（或埋在沙中冷却）	细化晶粒，均匀组织，降低硬度，充分消除内应力，完全退火适用于碳含量（质量分数）在0.8%以下的锻钢辊或铸钢辊
	(2) 球化退火	将轧辊加热到临界温度以上20～30℃，经过保温以后，缓慢冷却至500℃以下再出炉空冷	降低轧辊硬度，改善切削性能，并为以后淬火做好准备，以减少淬火后变形和开裂，球化退火适用于碳含量（质量分数）大于0.8%的钢辊
	(3) 去应力退火	将轧辊加热到500～650℃，保温一定时间，然后缓慢冷却（一般采用随炉冷却）	消除轧辊内应力，防止以后加工和使用过程中发生变形
2. 正火		将轧辊加热到临界温度以上40～60℃，保温一定时间，然后在空气中冷却	(1) 改善组织结构和切削加工性能； (2) 对淬透性好的轧辊常用正火作为最终热处理； (3) 消除内应力
3. 淬火		将轧辊加热到淬火温度，保温一段时间，然后在水、盐水或油（个别材料在空气中）中急速冷却	使轧辊获得较高的硬度和耐磨性

续表 1-12

热处理工艺		热处理过程	热处理目的
类别	（1）单液淬火	将轧辊加热到淬火温度，经过保温以后，在一种淬火剂中冷却	使轧辊获得较高的硬度和耐磨性
	（2）双液淬火	将轧辊加热到淬火温度，经过保温以后，先在水中快速冷却至300～400℃，然后移入油或盐浴中冷却	
	（3）火焰表面淬火	用乙炔和氧气混合燃烧的火焰喷射到轧辊表面，使轧辊迅速加热到淬火温度，然后立即用水向轧辊表面喷射	
	（4）表面感应淬火	将轧辊放在感应器中，感应器在一定频率的交流电的作用下产生磁场，轧辊在磁场作用下产生感应电流，使轧辊表面迅速加热（2～10min）到淬火温度，这时立即将水喷射到轧辊表面。经表面感应淬火的轧辊，辊面硬而耐磨，而芯部保持着较好的强度和韧性	
4. 回火		将淬火后的轧辊加热到临界温度以下，保温一段时间，然后在空气或油中冷却。回火是紧接着淬火以后进行的，也是热处理的最后一道工序	（1）获得所需的力学性能。在通常情况下，轧辊淬火后的强度和硬度有很大提高，但塑性和韧性却有明显降低，而轧辊的实际工作条件要求有良好的强度和韧性，选择适当的回火温度进行回火后，可以获得所需的力学性能； （2）稳定组织，稳定尺寸； （3）消除内应力

续表 1-12

热处理工艺		热处理过程	热处理目的
类别	（1）低温回火	将淬硬的轧辊加热到 150 ~ 300℃，并在这个温度保温一定时间，然后在空气中冷却	消除轧辊因淬火而产生的内应力
	（2）中温回火	将淬火后的轧辊加热到 350 ~ 450℃，经保温一段时间冷却下来	使轧辊获得较高的强度，一定的韧性和硬度
	（3）高温回火	将淬火后的轧辊加热到 500 ~ 650℃，经过保温以后冷却	使轧辊获得较好的综合力学性能，即较高的强度和韧性及足够的硬度，消除轧辊因淬火而产生的内应力
5. 时效	（1）人工时效	将经过淬火的轧辊加热到 100 ~ 160℃，经过长时间的保温，随后冷却	消除内应力，减少轧辊变形，稳定尺寸
	（2）自然时效	将轧辊放在露天，要经自然时效的轧辊，最好先进行粗加工	

第2章 高速钢轧辊制备

一、高速钢轧辊成分特点

64. 什么是高速钢?

高速钢又名风钢或锋钢，意思是淬火时即使在空气中冷却也能硬化，并且很锋利。它是一种成分复杂的合金钢，含有钨、钼、铬、钒等碳化物形成元素。合金元素总量达 10% ~ 25% 左右。它在高速切削产生高热情况下(约 500℃)仍能保持高的硬度，能在 HRC 60 以上。这就是高速钢最主要的特性——红硬性。而碳素工具钢经淬火和低温回火后，在室温下虽有很高的硬度，但当温度高于 200℃时，硬度便急剧下降，在 500℃硬度已降到与退火状态相似的程度，完全丧失了切削金属的能力，这就限制了碳素工具钢制作切削工具使用。而高速钢由于红硬性好，弥补了碳素工具钢的致命缺点，可以用来制造切削工具。高速钢的热处理工艺较为复杂，必须经过退火、淬火、回火等一系列过程。退火的目的是消除应力，降低硬度，使显微组织均匀，便于淬火。退火温度一般为 860 ~ 880℃。淬火时由于它的导热性差一般分两阶段进行。先在 800 ~ 850℃预热（以免引起大的热应力)，然后迅速加热到淬火温度 1220 ~ 1250℃，后油冷。工厂均采用盐炉加热。淬火后因内部组织还保留一部分(约 30%)残余奥氏体没有转变成马氏体，影响了高速钢的性能。为使残余奥氏体转变，进一步提高硬度和耐磨性，一般要进行 2 ~ 3 次回火，回火温度 560℃，每次保温一般为 1h。其生产制造方法通常采用电炉生产，近来也采用粉末冶金方法生产高速钢，使碳化物呈极细小的颗粒均匀地分布在基体上，提高了使用寿命。

65. 高速工具钢的主要特点是什么？

高速钢是由大量钨、钼、铬、钒、钴等合金元素组成的高合金钢，它具有很高的常温硬度，尤为可贵的是，与普通材料相比，高速钢具有优异的红硬性，500℃时仍保持在 HRC 55 以上，见表 2-1，因此具有优良的高温耐磨性。

表 2-1　各种材料保持在 HRC 55 以上所能达到的最高温度

材料名称	碳素工具钢	普通合金钢	硬质合金	陶瓷材料	高铬铸铁	无限冷硬铸铁	高速钢		
							普通	8% Co	12% Co
温度/℃	350	400	1040	1200	450	430	510	530	595

66. 高速钢按化学成分怎样分类？

高速钢按化学成分可分为普通高速钢和高性能高速钢。常见的普通高速钢有两种，钨系高速钢和钨钼系高速钢。钨系高速钢的典型牌号为 W18Cr4V，热处理硬度可达 HRC 63 ~ 66，抗弯强度可达 3500MPa，可磨性好。钨钼系高速钢的典型牌号为 W6Mo5Cr4V2，具有碳化物细小、分布均匀、耐磨性高和成本低等一系列优点。热处理硬度同上，抗弯强度达 4700MPa，韧性及热塑性比 W18Cr4V 提高 50%。常用于制造各种工具，例如钻头、丝锥、铣刀、铰刀、拉刀、齿轮刀具等，可以满足加工一般工程材料的要求。只是它的脱碳敏感性稍强。另一牌号的普通高速钢为 W9Mo3Cr4V，强度及热塑性略高于 W6Mo5Cr4V2，硬度为 HRC 63 ~ 64，与韧性相配合，容易轧制、锻造，热处理工艺范围宽，脱碳敏感性小，成本更低。以往上述三个牌号的普通高速钢在中国市场的比例分别为：W18Cr4V，16.5%；W6Mo5Cr4V2，69%；W9Mo3Cr4V，11%。

高性能高速钢具有更高的硬度、热硬性，切削温度达

650℃时，硬度仍可保持在HRC 60以上。耐用性为普通高速钢的1.5~3.0倍，适用于制造加工高温合金、不锈钢、钛合金、高强度钢等难加工材料的刀具。主要品种分别为高碳系高速钢、高钒系高速钢、含钴系高速钢和铝高速钢。高碳系高速钢的牌号为9W18Cr4V，因碳含量高(0.9%)，故硬度、耐磨性及热硬性都比较好。用其制造的刀具在切削不锈钢、耐热合金等难加工材料时，寿命显著提高，但其抗弯强度只有3000MPa，冲击韧性较低，热处理工艺要求严格。高钒系高速钢的牌号有W12Cr4V4Mo及W6Mo5Cr4V3（美国牌号M3），钒含量达3%~4%，使耐磨性大大提高，但随之带来的是可磨性变差。钴高速钢的牌号有W2Mo9Cr4VCo8（美国牌号M42）。其特点为：钒含量不高(1%)，钴含量高(8%)，钴能促使碳化物在淬火加热时更多地溶解在基体内，利用高的基体硬度来提高耐磨性。这种高速钢硬度、热硬性、耐磨性及可磨性都很好。热处理硬度可达HRC 67~70，但也有采取特殊热处理方法，得到HRC 67~68硬度，使其切削性能（特别是间断切削）得到改善，提高冲击韧性。钴高速钢可制成各种刀具，用于切削难加工材料效果很好。又因其磨削性能好，可制成复杂刀具，国际上用得很普遍。但中国钴资源缺乏，钴高速钢价格昂贵，约为普通高速钢的5~8倍。铝高速钢的牌号为W6Mo5Cr4V2Al、W6Mo5Cr4V5SiNbAl等，主要加入铝(Al)和硅(Si)、铌(Nb)元素，来提高热硬性、耐磨性，热处理硬度可达到HRC 68，热硬性也不错。但是这种钢易氧化及脱碳，可塑性、可磨性稍差，仍需改进。国际市场上高性能高速钢使用量已经超过普通高速钢25%~30%。

67. 高速钢按制造工艺怎样分类？

高速钢按制造工艺可分为熔炼高速钢及粉末冶金高速钢。近几年来高速钢的最大变革就是发展了粉末冶金高速钢，它优于熔炼高速钢。用高压氩气或氮气雾化熔融高速钢水，得到细小高速钢粉末，筛选后为 0.4mm 以下的颗粒；在真空(5.33Pa)状态下，密闭烧结达到密度65%；再在 1100℃高温、300MPa 高压下制成密度 100% 的钢坯，然后锻轧成钢材，这样有效地解决了熔炼高速钢在铸锭时要产生粗大碳化物偏析的问题，而它无论截面多大，其碳化物级别均为一级。碳化物晶粒极细，小于 2μm，而熔炼高速钢碳化物晶粒为 8～20μm。牌号为 CPMT15 的粉末冶金高速钢，它的强度、韧性分别是同化学成分的熔炼高速钢的 2 倍及 2.5 倍。尽管钒含量达 5%，但由于碳化物晶粒细，可磨性依然很好。高温热硬度也比熔炼高速钢提高 HRC 0.5～1.0。又由于其物理力学性能高度各向同性，淬火变形小。碳化物颗粒均匀分布的表面较大，不易从刀具的切削刃上剥落，小尺寸刀具耐磨性提高 1.5～2.0 倍，大尺寸刀具提高 20%～30%。

粉末冶金高速钢具有良好的力学性能，适合制造：间断切削条件下易崩刃的刀具、强度高而切削刃又必须锋利的刀具，如插齿刀、滚刀、铣刀，高压动载荷下使用的刀具。它的碳化物偏析小，晶粒细，可磨性好，适合制造：大尺寸刀具、精密刀具、复杂刀具。这类材料的高温热硬度高，又适合制造难加工材料所用的刀具，确实是面面俱到。粉末冶金高速钢生产过程较复杂，造价较高。中国钢厂提供的品种较少，市场用量也很少。国际上著名钢厂如美国 Crucible 公司已可提供近二十种粉末冶金高速钢，日本神户制钢所、日立金属公司均可提供近十种粉末冶金高速钢，供应量也在迅速增长。日本著名的 OSG 公司用粉末冶金高速钢制造了钻头、铣刀、丝锥，Nachi 公司制造了滚刀、插齿刀、剃齿刀。有理由相信技术性能高的粉末冶金高速钢将会得到更广泛的应用，为金属加工业带来新的发展。

68. 高速工具钢牌号和化学成分有哪些？

高速工具钢主要有钨系和钨钼系两大类，表 2-2 列出了常用高速工具钢的牌号和化学成分。

表 2-2 常用高速工具钢的牌号和化学成分

牌　号	化学成分(质量分数)/%							
	C	Mn	Si	Cr	V	W	Mo	Co
W18Cr4V	0.70～0.80	0.10～0.40	0.20～0.40	3.80～4.40	1.00～1.40	17.50～19.00	≤0.30	
W18Cr4VCo5	0.70～0.80	0.10～0.40	0.20～0.40	3.75～4.50	0.80～1.20	17.50～19.00	0.40～1.00	4.25～5.75
W18Cr4V2Co8	0.75～0.85	0.20～0.40	0.20～0.40	3.75～5.00	1.80～2.40	17.50～19.00	0.50～1.25	7.00～9.50
W12Cr4V5Co5	1.50～1.60	0.15～0.40	0.15～0.40	3.75～5.00	4.50～5.25	11.75～13.00	≤1.00	4.75～5.25
W6Mo5Cr4V2	0.80～0.90	0.15～0.40	0.20～0.45	3.80～4.40	1.75～2.20	5.50～6.75	4.50～5.50	
CW6Mo5Cr4V2	0.95～1.05	0.15～0.40	0.20～0.45	3.80～4.40	1.75～2.20	5.50～6.75	4.50～5.50	
W6Mo5Cr4V3	1.00～1.10	0.15～0.40	0.20～0.45	3.75～4.50	2.25～2.75	5.00～6.75	4.75～6.50	
CW6Mo5Cr4V3	1.15～1.25	0.15～0.40	0.20～0.45	3.75～4.50	2.75～3.25	5.00～6.75	4.75～6.50	
W2Mo9Cr4V2	0.97～1.05	0.15～0.40	0.20～0.55	3.50～4.00	1.75～2.25	1.40～2.10	8.2～9.20	
W6Mo5Cr4V2Co5	0.80～0.90	0.15～0.40	0.20～0.45	3.75～4.50	1.75～2.25	5.50～6.50	4.50～5.50	4.50～5.50
W7Mo4Cr4V2Co5	1.05～1.15	0.20～0.60	0.15～0.50	3.75～4.50	1.75～2.25	6.25～7.00	3.25～4.25	4.75～5.75
W2Mo9Cr4VCo8	1.05～1.15	0.15～0.40	0.15～0.65	3.50～4.25	0.95～1.35	1.15～1.85	9.00～10.00	7.75～8.75
W9Mo3Cr4V	0.77～0.87	0.20～0.40	0.20～0.40	3.80～4.40	1.30～1.70	8.50～9.50	2.70～3.30	
W6Mo5Cr4V2Al	1.05～1.20	0.15～0.40	0.20～0.60	3.80～4.40	1.75～2.20	5.50～6.75	4.50～5.50	Al 0.80～1.20

注：1. 所有牌号钢的磷含量、硫含量均分别不大于0.03%；

2. 钢中残余铜含量不大于0.25%，残余镍含量不大于0.30%。

69. 高速工具钢在不同处理状态下的硬度是多少？

高速工具钢在不同处理状态下的硬度是不同的，表 2-3 列出了高速工具钢在不同热处理状态下的硬度，可供选择高速工具钢时参考。

表 2-3　高速工具钢的硬度

牌号	交货硬度 HBS(不大于)		试样热处理温度及淬回火硬度					
	其他加工方法	退火	预热温度/℃	淬火温度/℃		淬火剂	回火温度/℃	硬度 HRC (不小于)
				盐浴炉	箱式炉			
W18Cr4V	269	255	820 ~ 870	1270 ~ 1285	1270 ~ 1285	油	550 ~ 570	63
W18Cr4VCo5	285	269	820 ~ 870	1270 ~ 1290	1280 ~ 1300	油	540 ~ 560	63
W18Cr4V2Co8	302	285	820 ~ 870	1270 ~ 1290	1280 ~ 1300	油	540 ~ 560	63
W12Cr4V5Co5	293	277	820 ~ 870	1220 ~ 1240	1230 ~ 1250	油	530 ~ 550	65
W6Mo5Cr4V2	262	255	730 ~ 840	1210 ~ 1230	1210 ~ 1230	油	540 ~ 560	63(箱式炉) 64(盐浴炉)
CW6Mo5Cr4V2	269	255	730 ~ 840	1190 ~ 1210	1200 ~ 1220	油	540 ~ 560	65
W6Mo5Cr4V3	269	255	730 ~ 840	1190 ~ 1210	1200 ~ 1220	油	540 ~ 560	64
CW6Mo5Cr4V3	269	255	730 ~ 840	1190 ~ 1210	1200 ~ 1220	油	540 ~ 560	64
W2Mo9Cr4V2	269	255	730 ~ 840	1190 ~ 1210	1200 ~ 1220	油	540 ~ 560	65
W6Mo5Cr4V2Co5	285	269	730 ~ 840	1190 ~ 1210	1200 ~ 1220	油	540 ~ 560	64
W7Mo4Cr4V2Co5	285	269	730 ~ 840	1180 ~ 1200	1190 ~ 1210	油	530 ~ 550	66
W2Mo9Cr4VCo8	285	269	730 ~ 840	1170 ~ 1190	1180 ~ 1200	油	530 ~ 550	66
W9Mo3Cr4V	269	255	820 ~ 870	1210 ~ 1230	1230 ~ 1240	油	540 ~ 560	63(箱式炉) 64(盐浴炉)
W6Mo5Cr4V2Al	285	269	820 ~ 870	1230 ~ 1240	1230 ~ 1240		540 ~ 560	65

注：回火温度为 550 ~ 570°C 时，回火 2 次，每次 1h；回火温度为 540 ~ 560°C 时，回火 2 次，每次 2h；回火温度为 530 ~ 550℃时，回火 3 次，每次 2h。

70. 高速工具钢的具体用途有哪些?

高速工具钢因其成分不同，其特性也在发生变化，因此其用途也发生变化，表 2-4 列举了高速工具钢的特性和应用实例。

表 2-4　高速工具钢的特性和应用实例

牌　号	主要特性	应用实例
W18Cr4V	具有良好的热硬性，在 600℃时，仍具有较高的硬度和较好的切削性，被磨削加工性好，淬火过热敏感性小，比合金工具钢的耐热性能高。但由于其碳化物较粗大，强度和韧性随材料尺寸增大而下降，因此，仅适于制造一般刀具，不适于制造薄刃或较大的刀具	广泛用于制造加工中等硬度或软的材料的各种刀具，如车刀、铣刀、拉刀、齿轮刀具、丝锥等；也可制作冷作模具，还可用于制造高温下工作的轴承、弹簧等耐磨、耐高温的零件
W18Cr4VCo5	含钴高速钢，具有良好的高温硬度和热硬性，耐磨性较高，淬火硬度高，表面硬度可达 HRC 64 ~66	可以制造加工较高硬度的高速切削的各种刀具，如滚刀、车刀和铣刀等，以及自动化机床的加工刀具
W18Cr4V2Co8	含钴高速钢，其高温硬度、热硬性及耐磨性均优于 W18Cr4VCo5，但韧性有所降低，淬火硬度可达到 HRC 64 ~66（表面硬度）	可以用于制造加工高硬度、高切削力的各种刀具，如铣刀、滚刀及车刀等
W12Cr4V5Co5	高碳高钒含钴高速钢，具有很好的耐磨性，硬度高，抗回火稳定性良好，高温硬度和热硬性均较高，因此，工作温度高，工作寿命较其他的高速钢成倍提高	适用于加工难加工材料，如高强度钢、中强度钢、冷轧钢、铸造合金钢等，适于制作车刀、铣刀、齿轮刀具、成形刀具、螺纹加工刀具及冷作模具，但不适于制造高精度的复杂刀具

续表 2-4

牌　号	主要特性	应用实例
W6Mo5Cr4V2	具有良好的热硬性和韧性，淬火后表面硬度可达 HRC 64 ~ 66，这是一种含钼低钨高速钢，成本较低，是仅次于 W18Cr4V 而获得广泛应用的一种高速工具钢	适于制造钻头、丝锥、板牙、铣刀、齿轮刀具、冷作模具等
CW6Mo5Cr4V2	淬火后，其表面硬度、高温硬度、耐热性、耐磨性均比 W6Mo5Cr4V2 有所提高，但其强度和冲击韧性比 W6Mo5Cr4V2 有所降低	用于制造切削性能较高的冲击不大的刀具，如拉刀、铰刀、滚刀、扩孔刀等
W6Mo5Cr4V3	具有碳化物细小、韧性高、塑性好等优点，耐磨性优于 W6Mo5Cr4V2，但可磨削性差，易于氧化脱碳	可制作各种类型的一般刀具，如车刀、刨刀、丝锥、钻头、成型铣刀、拉刀、滚刀、螺纹梳刀等，适于加工中高强度钢、高温合金等难加工材料。因可磨削性差，不宜制作高精度复杂刀具
CW6Mo5Cr4V3	高碳钼系高钒型高速钢，它是在 W6Mo5Cr4V3 的基础上把平均碳含量由 1.05% 提高到 1.20%，并相应提高了钒含量而形成的一个钢种，钢的耐磨性更好	用途同 W6Mo5Cr4V3
W2Mo9Cr4V2	具有较高的热硬性、韧性及耐磨性，密度较小，可磨削性优良，在切削一般材料时有着良好的效果	用于制作铣刀、成形刀具、丝锥、锯条、车刀、拉刀、冷冲模具等
W6Mo5Cr4V2Co5	含钴高速钢，具有良好的高温硬度和热硬性，切削性及耐磨性较好，强度和冲击韧性不高	可用于制造加工硬质材料的各种刀具，如齿轮刀具、铣刀、冲头等

续表 2-4

牌　号	主要特性	应用实例
W7Mo4Cr4V2Co5	在 W6Mo5Cr4V2 的基础上增加了5%的钴，提高了碳含量并调整了钨、钼含量。提高了钢的红硬性及高温硬度，改善了耐磨性。钢的切削性能较好，但强度和冲击韧性较低	一般用于制造齿轮刀具、铣刀以及冲头、刀头等工具，供作切削硬质材料使用
W2Mo9Cr4VCo8	高碳含钴超硬型高速钢，具有高的室温及高温硬度，热硬性高，可磨削性好，刀刃锋利	适于制作各种高精度复杂刀具，如成形铣刀、精拉刀、专用钻头、车刀、刀头及刀片，对于加工铸造高温合金、钛合金、超高强度钢等难加工材料，均可得到良好的效果
W9Mo3Cr4V	钨钼系通用型高速钢，通用性强，综合性能超过 W6Mo5Cr4V2，且成本较低	制造各种高速切削刀具和冷、热模具
W6Mo5Cr4V2Al	含铝超硬型高速钢，具有高热硬性，高耐磨性，热塑性好，且高温硬度高，工作寿命长	适于加工各种难加工材料，如高温合金、超高强度钢、不锈钢等，可制作车刀、镗刀、铣刀、钻头、齿轮刀具、拉刀等

71. 轧辊高速钢与高速工具钢成分的主要区别在哪里？

在普通高速工具钢基础上，通过提高碳含量、钒含量而发展起来的铸造高速钢轧辊，具有硬度高，红硬性、淬透性和耐磨性好等特点，自 1988 年在日本首次成功应用以来，已超过 20 年了，目前在国内外的轧钢生产中获得了广泛的应用，不仅应用于热轧带钢轧机，还应用于型材轧机、钢管轧机和棒线材轧机上。使用铸造高速钢轧辊后，过钢量明显提高，换辊次数显著减少，轧辊研磨量减少，轧机作业率提高，燃料和动力消耗降低，有助于降低轧钢成本和提高轧材质量。由于轧辊工作过程中，冷却水对其进行连续冷却，辊面温度通常低于600℃，因此轧辊用高速钢的红硬性一般没有工具高速钢高。另外，轧辊体积大，不宜采用油冷淬火，且考虑到轧辊辊芯在高温下强度明显下降，轧辊的淬火温度也不能太高，因此在高速钢轧辊成分设计上，要考虑良好的淬硬性，为保证轧辊抵抗磨损性能，还应含有较多的共晶碳化物。因此，轧辊高速钢与高速工具钢成分的主要区别是前者比后者具有更高的碳含量、钒含量，前者有时还加入较多的铌元素。

72. 高速钢轧辊成分的主要特点是什么？

多数高速钢轧辊成分是以 W6Mo5Cr4V2（亦称 M2）高速钢为基础，与 M2 高速钢最大的不同是具有更高的碳含量和钒含量。高速钢轧辊中碳化物的总体积分数和不同类型碳化物的体积分数与其成分密切相关，而凝固冷却方式对碳化物的影响不明显。高速钢轧辊中碳化物体积分数一般达到9%～15%，而传统工具高速钢中碳化物体积分数一般不超过8%。高速钢轧辊成分的主要特点是：

（1）有较高的碳含量和钒含量，目的是为了得到高硬度的 MC 型碳化物，提高轧辊耐磨性。

（2）有较高铬含量，增加铬含量，使轧辊中含有一定数量的 M_7C_3 型碳化物，对改善辊面抗粗糙性，降低轧制力是有益的。

（3）离心铸造高速钢轧辊中含有5%以下的铌，以降低高速钢中合金元素密度差大而引起的偏析。

（4）钴提高高速钢的红硬性，应用于热轧机上的高速钢轧辊，加入钴可明显提高耐磨性，热轧高速钢轧辊中一般加入10%以下的钴。因轧制钢种、轧机条件和轧辊制造方法的不同，高速钢轧辊的成分也有所差异，常用高速钢轧辊成分见表2-5。

表 2-5 国内外高速钢轧辊成分对比（质量分数,%）

元 素	中国国家标准	GP(德国)	Hitachi(日本)	Akers(瑞典)	NSC(日本)
C	1.50～2.20	1.50～2.20	1.50～3.50	1.50～2.50	1.50～2.40
Si	0.30～1.00	0.35～1.00	0.30～1.00	0.20～1.20	
Mn	0.40～1.20	0.35～1.00	0.30～1.50	0.20～1.20	
Cr	3.00～8.00	4.00～8.00	2.00～7.00	3.00～12.00	2.00～10.00
Ni	0.00～1.50	0.30～1.50	<5.00	0.50～2.00	<5.0
Mo	2.00～8.00	1.00～8.00	<10.00	1.00～8.00	2.00～10.0
V	2.00～9.00	5.00～10.00	3.00～10.00	1.00～8.00	2.00～10.0
W	0.00～8.00	3.00～7.00	<20.0	0～5.0	2.00～10.0
Co	≤8.00		<10.0		≤10.0
Nb	≤5.00			0～5.0	≤10.0

表 2-6 则对高速钢轧辊和其他常用轧辊的主要化学成分和冶金特性进行了比较，由于高速钢轧辊中含有较多高硬度 MC 型碳化物，且基体是高硬度马氏体，因此比其他轧辊材料具有更优异的耐磨性。

表 2-6 高速钢轧辊和其他常用轧辊的主要化学成分和冶金特性比较

轧辊材料	化学成分(质量分数)/%	金属组织 上：石墨 中：碳化物 下：基体	硬度，HS
高速钢	1.5～2.4 C，2～10 W，2～10 V，2～10 Cr，2～10 Mo，≤10 Co	无 $MC + M_6C + M_7C_3$ 回火马氏体	80～90
高铬铸铁	1.0～3.0 C，≤3 V，1～2 Ni，10～25 Cr，1～3Mo	无 M_7C_3 回火马氏体	70～90
高合金无限冷硬铸铁	3.0～3.4 C，4～5 Ni，≤2Cr，≤1Mo	≤5% M_3C 贝氏体 + 马氏体	70～85

73. 铸造半高速钢轧辊成分的主要特点是什么？

近年来，在热轧薄板的粗轧机架采用铸造半高速钢轧辊获得成功，其耐磨性能是高铬钢轧辊的 2 倍，且咬入性能和抗热疲劳性能优异，因而成为热轧薄板粗轧机架和线、棒材中轧机架轧辊的理想选择。铸造半高速钢轧辊的金相组织通常由马氏体基体、合金碳化物和少量残余奥氏体组成，碳的质量分数一般在 0.5% ~1.5% 之间，同时加入钒、钼、钨、铌、铬等合金元素，形成 MC、M_2C、M_6C、M_7C_3 等不同类型的耐磨碳化物。表 2-7 列出了国内外半高速钢轧辊的主要成分。

表 2-7　国内外半高速钢轧辊成分对比（质量分数,%）

元素	中国国家标准	Hitachi(日本)	Akers(瑞典)	Kubota	Innse
C	0.60 ~ 1.20	1.00 ~ 2.00	0.60 ~ 1.20	1.00 ~ 2.00	0.65 ~ 0.90
Si	0.80 ~ 1.50	0.30 ~ 1.00		>1.00	0.50 ~ 1.30
Mn	0.50 ~ 1.00	0.30 ~ 1.50		>1.00	0.30 ~ 0.90
Cr	3.00 ~ 9.00	2.00 ~ 7.00	6.00 ~ 9.00	2.00 ~ 8.00	5.50 ~ 8.50
Ni	0.20 ~ 1.20	<5.00		0.50 ~ 1.20	<1.50
Mo	2.00 ~ 5.00	<10.00	Ni + Mo + V + W	>1.00	Mo + W 2.00 ~ 6.00
V	0.40 ~ 3.00	3.00 ~ 10.00	2.00 ~ 7.00	>6.00	V + Nb≤1.00
W	0.00 ~ 3.00	<20.00			
Co		<10.00			

74. 锻造半高速钢轧辊成分的主要特点是什么?

锻造半高速钢轧辊是 Cr 系冷轧辊的更新换代产品，该材质具有较强的抗事故能力和高的耐磨性，毫米轧制量约为 Cr5 材质轧辊的 3 倍，具有优异的使用性能。锻造半高速钢轧辊在淬火 + 高温回火(≥500℃)状态下淬硬层达 60mm 以上，具有很高的硬度(≥HSD85)。二次硬化效果显著，抗热冲击性能好，能满足冷轧薄板业对冷轧辊日益增高的质量要求。常用锻造半高速钢轧辊的成分见表 2-8，与铸造半高速钢轧辊相比，合金含量更低，这是因为过高的合金加入量，将增加碳化物数量，恶化轧辊的锻造加工性能。锻造半高速钢轧辊的典型生产工艺流程为：熔铸电极→电渣重熔→锻造及锻后热处理→粗加工探伤及高、低倍检验→表面感应热处理→精加工。

表 2-8 常用锻造半高速钢轧辊成分（质量分数,%）

材质	C	Si	Mn	Cr	W	Mo	V	Nb	S，P
1	0.60 ~ 0.80	0.10 ~ 0.60	0.10 ~ 0.60	3.6 ~ 4.2	2.0 ~ 3.0	1.5 ~ 2.0	0.3 ~ 0.6	0.1 ~ 0.2	≤0.025
2	0.75 ~ 0.95	0.10 ~ 0.60	0.10 ~ 0.60	3.6 ~ 4.2	0.3 ~ 1.0	1.5 ~ 2.0	1.6 ~ 2.0		≤0.025
3	0.60 ~ 1.00	0.80 ~ 1.05	0.25 ~ 0.45	4.5 ~ 5.5		1.0 ~ 1.5	0.3 ~ 0.6		≤0.015

75. 高速钢轧辊成分设计的基本原则是什么?

高速钢轧辊成分设计的基本原则如下：

（1）在满足高速钢轧辊力学性能前提下，适当提高碳含量，改善轧辊的铸造性能。

（2）在保证轧辊使用性能前提下，适当降低钨、钒元素加入量，防止轧辊离心铸造过程出现明显的元素偏析。

（3）在保证轧辊使用性能前提下，尽量减少甚至取消价格昂贵的钴、铌元素的加入。

（4）加入适量微合金元素，细化凝固组织，改善共晶碳化物形态和分布，提高轧辊综合性能。

二、合金元素在高速钢轧辊中的作用

76. 碳在高速钢轧辊中有什么作用?

传统高速钢的碳含量通常是在0.60%～1.50%范围内变动，这主要取决于对韧性的要求，因为碳含量高容易产生碳化物偏析，降低韧性。高速钢轧辊要求具有足够的耐磨性，必须提高轧辊工作层中碳化物的数量。淬火加热时，一部分碳化物溶于奥氏体，从而保证了马氏体的硬度，回火时合金碳化物呈弥散析出，造成二次硬化；另一方面，未溶的碳化物起着阻止晶粒长大和耐磨的作用。所以碳的作用是提高钢的硬度、红硬性和耐磨性，效果十分显著。若碳含量不足，则上述效应不能充分发挥，而且还由于基体中含有过多的合金元素，使热传导性显著恶化，导致轧辊抗表面粗糙性降低。同时，随着碳含量的增加，从高速钢轧辊的凝固过程可以看出，液相线温度降低，钢水流动性和铸造性能改善，初晶奥氏体量减少，晶粒细化，碳化物量增多。而碳含量低时，初晶奥氏体生长区间变宽，晶粒粗大，同时因残余液相少，碳化物量减少，且碳化物只能在晶界析出。若碳含量偏高，硬度和红硬性虽高，但碳化物不均匀性增加，使高速钢的塑性及韧性变坏，综合力学性能低劣，同时碳含量增加，也会使钢淬火后残留奥氏体量增加，回火次数相应增加，能耗上升，碳含量过高，还易诱发铸造裂纹，碳通过减少基体中铬含量，还间接降低了淬透性，碳含量过高，高速钢中将出现网状 M_3C 型碳化物，增大材料脆性，而且，碳含量超过 3% 以后，抗热冲击性能明显下降。

77. 怎样控制高速钢轧辊中碳含量？

为了保证高速钢轧辊的耐磨性，通常要求高速钢轧辊中碳化物数量在 15% 以上，为了给合金元素提供足够的碳，高速钢轧辊中碳含量高于常规高速钢，一般为 1.5% ~3.5%。高速钢轧辊中的碳大部分与钨、铬、钼和钒等形成碳化物，少量的进入基体，基体中的碳含量决定基体特征。当基体碳含量少于 0.3% 时，将减弱热处理效果，大于 0.6% 时，会使残余奥氏体和片状马氏体量大大增加，从而降低轧辊的断裂韧性。由此可见，高速钢轧辊中碳含量，尤其是碳和碳化物形成元素之间的比例，对轧辊性能产生很重要的影响。1964 年，Steven 等人在总结了前人经验的基础上，曾在高速钢碳含量研究中提出了“平衡碳”的概念，并确定了高速钢中碳含量的经验公式，该公式在几种常规高速钢成分中得到了验证，但并不具有普遍性。近年来，日本学者松原安宏等人对一种类似于高碳高速钢轧辊的多元白口铸铁，给出了确定碳含量的经验公式，见下式：

$$C\% = 0.060Cr\% + 0.063Mo\% + 0.033W\% + 0.235V\% + 0.13Nb\% \quad (2\text{-}1)$$

实践表明，依据上述经验公式并结合生产实际，确定高速钢轧辊的碳含量是较为合理的。

78. 铬在高速钢轧辊中有什么作用？

铬在高速钢轧辊中部分存在于 M_6C 型碳化物中，也能够形成 $M_{23}C_6$ 型碳化物，$M_{23}C_6$ 能在较低的淬火温度下完全溶解，使固溶体达到碳铬饱和，而不影响晶粒尺寸。铬还能促使奥氏体中的 M_6C 更完全地溶解，从而提高高速钢的淬硬性和红硬性。此外，高速钢在 450 ~ 525℃ 回火时，一部分铬从马氏体中析出，促进弥散硬化，另一部分铬保留在 α 固溶体中，可阻止加热到较高温度时软化，加入 3% ~4% 铬可以得到稍高的二次硬度。铬在高速钢中还可以减少氧化。铬含量过高，多余的铬参与回火时沉淀析出的碳化物的形成，这种含铬碳化物在较低温度时容易析出，降低高速钢轧辊的热稳定性。

79. 碳和铬对铸造高速钢轧辊有什么作用？

韩国学者 Kang Yong-jung 等人[11] 研究了碳含量、铬含量变化对 5 组铸造高速钢轧辊显微组织和耐磨性的影响，轧辊成分见表 2-9，轧辊显微组织见图 2-1。研究发现，随着铬含量增加，

表 2-9 轧辊化学成分（质量分数,%）

轧 辊	C	W	Mo	V	Cr	Si	Mn	Ni	Al
A	2.0	1.5	3.0	5.1	3.9	0.75	0.35	0.5	0.02
B	2.0	1.5	3.0	5.1	6.3	0.75	0.35	1.0	0.02
C	2.0	1.5	3.0	5.0	8.6	0.75	0.35	1.0	0.02
D	1.7	1.5	3.0	5.0	6.2	0.75	0.35	0.5	0.02
E	2.4	1.5	3.0	5.0	6.3	0.75	0.35	0.5	0.02
Hi-Cr	2.9		1.3		18.0	0.50	0.50	0.5	

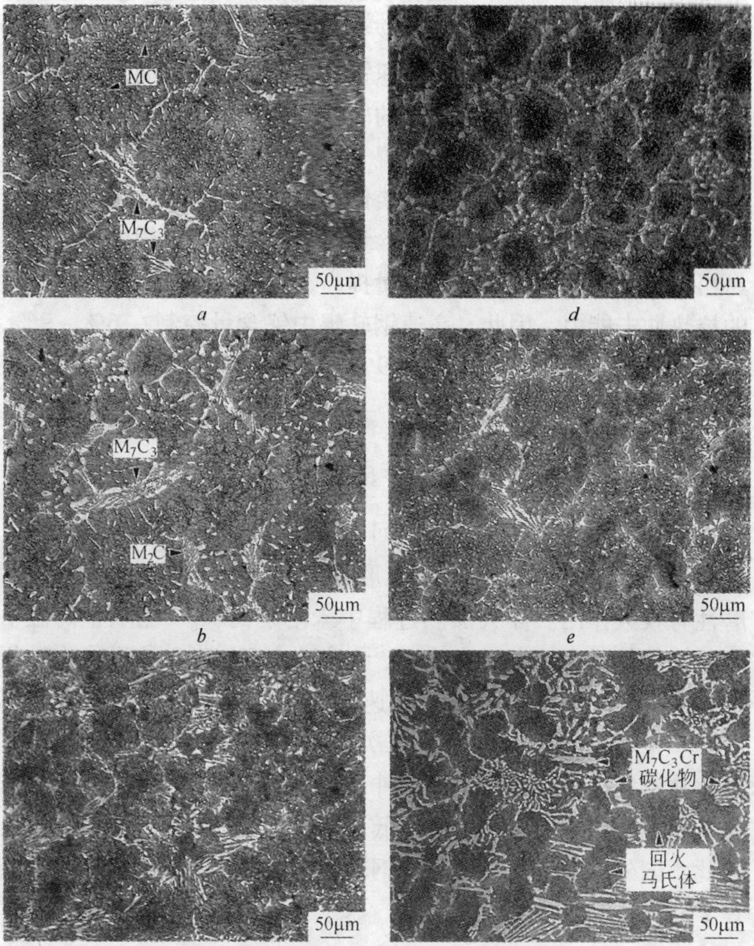

图 2-1　不同轧辊材料的显微组织
a—A 轧辊；*b*—B 轧辊；*c*—C 轧辊；*d*—D 轧辊；
e—E 轧辊；*f*—高铬（Hi-Cr）轧辊

M_7C_3 型碳化物数量增加，MC 型碳化物数量减少，碳化物总量变化不大。而随着碳含量增加，M_7C_3 型碳化物数量增加，MC

型碳化物数量变化不大，碳化物总量增加。由于碳化物的变化，导致高速钢轧辊的耐磨性发生变化，MC 型碳化物硬度高，耐磨性好，因此，铬含量较低的高速钢轧辊的耐磨性反而高于铬含量较高的高速钢轧辊。铬含量低的轧辊，由于基体优先磨损和轧材黏附在辊表面的缘故，使用中辊表面易变得粗糙，增大了轧制摩擦系数和轧制力。因 M_7C_3 型碳化物和轧辊基体的硬度差较小，两者易实现均匀磨损，因此铬含量较高的高速钢轧辊的磨损面不易粗化，摩擦系数较小。铬含量提高，还有利于改善高速钢轧辊的抗热冲击能力。因此，高速钢轧辊中铬含量控制在 6% ~9%，且 M_7C_3 型碳化物控制在 8% ~9% 时，轧辊磨损面光洁，带钢表面质量好。

80. 钨在高速钢轧辊中有什么作用?

钨一直作为提高高速钢抗回火稳定性和红硬性的首选元素。钨在高速钢轧辊中主要以 M_6C 形式存在，对提高高速钢轧辊耐磨性有较大作用。淬火加热过程中未溶解的 M_6C 能阻止高温下奥氏体晶粒长大。高温回火时，一部分钨以 W_2C 的形式弥散析出，造成二次硬化，并改善高速钢红硬性。高速钢轧辊中含有 7% ~8% W 即可得到满意的二次硬度和热稳定性。但是钨及其碳化物密度高，在离心铸造条件下，易发生偏析，富集于轧辊外层，而轧辊内层钨含量显著降低，使轧辊性能出现明显波动[12]。因此，国外多数离心铸造高速钢轧辊中不加钨，或将钨含量控制在 2% 以下。

81. 钼在高速钢轧辊中有什么作用?

钼也是高速钢轧辊中的主要元素，它和钨的化学性质相近，其作用和钨类似。对高速钢组织转变和性能的影响几乎相同，主要差别是钼引起组织转变时的温度较低。钼也形成 M_6C 碳化物，同含钨高速钢中的 M_6C 相比，其晶格相同，晶格参数几乎一样，只是密度较低。由于钼的原子量大约是钨的一半，用 1% Mo 一般来说可以置换 2% W。铬、钨、钼元素对高速钢轧辊耐磨性的影响见图 2-2，很显然，适当提高铬含量和钼含量均有利于降低轧辊磨损率，提高轧辊耐磨性。

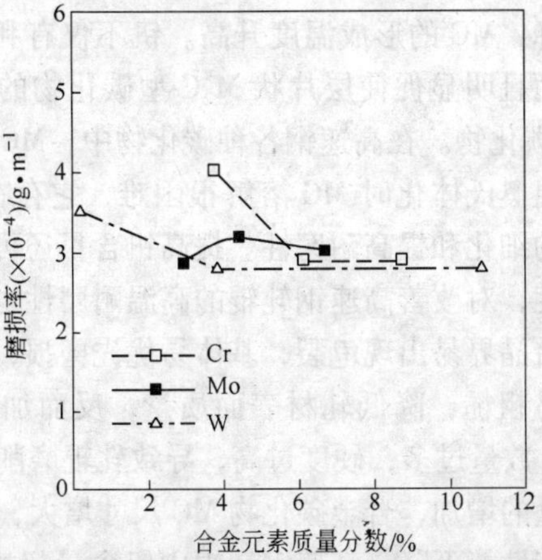

图 2-2　合金元素对 2% C—6% V 钢耐磨性影响[13]

82. 高速钢轧辊中能用钼元素全部代替钨元素吗?

高速钢中用钼全部代替钨是很困难的。一般情况下，钨仍作为保留元素，将钨和钼混合加入。但钨及其所形成碳化物密度大，高速钢轧辊离心铸造中极易产生偏析，轧辊外层钨含量高，内层钨含量低，严重影响轧辊的使用性能。国外某些公司的离心铸造高速钢轧辊不加钨或少加钨，主要采用高碳高钒、铌高速钢制作轧辊。实际使用中发现，含钨高速钢轧辊的使用效果明显优于低钨或无钨高速钢轧辊，这是因为钨含量低的高速钢轧辊(1% ~3% W)，其高温硬度明显下降。我国钨资源丰富而铌资源短缺，大力开发高碳高钒、铌高速钢轧辊并不符合我国国情，而且无钨高速钢轧辊热处理时易氧化、脱碳。但钨含量太高会增加碳化物的不均匀性，增大钢的脆性。一般建议将高速钢轧辊的钨含量控制在 3% ~6%，钼含量控制在 3% ~8%。

83. 钒在高速钢轧辊中有什么作用?

钒与碳有较强的亲和力，在高速钢中，增加钒含量，相当于将凝固相图中的所有点左移，随着钒含量的提高，高速钢的共晶反应温度下降，MC 的形成温度升高。钒不仅有利于 MC 型碳化物的形成，而且明显促使层片状 M_2C 型碳化物的形成，抑制骨骼状 M_6C 型碳化物。在高速钢各种碳化物中，MC 碳化物的硬度最高，而高温奥氏体化时 MC 溶解很困难，它存在于剩余相中，有利于晶粒的细化和提高耐磨性。提高钒含量还可显著提高高速钢的高温硬度，对改善高速钢轧辊的高温耐磨性也非常有利。钒含量过高，沿晶界易出现龟裂，基体易优先磨损，轧材黏附于辊面，辊表面易粗糙，降低轧材表面质量，反而加快了轧辊的更换。此外 MC 数量过多，硬度过高，导致轧辊磨削加工困难，同时随着钒含量的增加，合金碳化物 MC 尺寸增大，高速钢轧辊的韧性和热疲劳性能下降。高速钢轧辊中钒含量超过 8% 以后，共晶组织中出现低硬度的 M_3C 型碳化物，降低高速钢轧辊的耐磨性。钒在高速钢轧辊中除了净化钢液，减少夹杂物和气体含量，还有改善高速钢轧辊抗热冲击的能力。因此，建议将高速钢轧辊中的钒含量控制在 3% ~8%。

84. 铝在高速钢轧辊中有什么作用?

我国已在 20 世纪 70 年代开发了含铝高速钢 M2Al 和 W9Al，其中 M2Al 是在 M2（W6Mo5Cr4V2）高速钢基础上增碳至 1%，并加约 1% Al，W9Al 为 1% C 的 W9Mo3Cr4V 高速钢中加约 1% Al 和 0.02% ~0.05% N。这两类新型高速钢能部分代替价格较昂贵的含钴高速钢。铝加入高速工具钢中不仅能细化晶粒降低过热敏感性，也能改善碳化物的形态、颗粒大小和分布，同时又能提高硬度、红硬性、耐磨性和切削性能。在高速钢轧辊中，加入适量铝，也有利于改善轧辊性能，提高轧辊寿命。铝在高速钢轧辊中主要有以下几方面的作用：

（1）铝加入高速钢轧辊中可改善碳化物的形态和分布，使淬火、回火后的碳化物呈弥散细小分布。铝加入到高速钢轧辊中对回火过程碳化物的析出和长大影响是不同的。在高速钢中铝和钴的作用是相似的，都能增加碳在 α-Fe 中的活度系数，使碳化物易析出。铝虽然能增加回火时碳化物的形核数，但对回火时碳化物长大速度没有影响，含铝高速钢轧辊析出的碳化物细小且均匀分布，其主要原因是在基体中除有铝、碳元素外还含有一部分钨、钼、铬和钒等元素，由于铝的加入造成晶格畸变较大，从而增加了钨、钼、铬和钒等元素在铁中的扩散激活能，减弱了这些元素在高速钢中的扩散速度，也就降低了碳化物的长大速度。

（2）铝细化晶粒和降低高速钢轧辊的过热敏感性。在高速钢轧辊中存在一些氮，铝和氮、氧可以形成高熔点的 AlN 和 Al_2O_3 的化合物，这些化合物在晶界处弥散分布，在高温加热时不易溶解，阻碍了奥氏体的晶粒长大，细化了晶粒。

（3）铝存在于基体中，而碳化物中几乎不含有铝，铝可提高高速钢轧辊的硬度和红硬性，有利于改善高速钢轧辊的抗高温磨损性能。

（4）高速钢轧辊的强韧性好坏主要决定于晶粒大小和碳化物形态、尺寸、数量和分布情况。铝加入到高速钢轧辊中可细化晶粒，降低过热敏感性，同时也使碳化物颗粒细小且分布更均匀。晶粒越细小，晶界面积越多，韧性就越好，有利于提高高速钢轧辊的强度和韧性。

85. 钴在高速钢轧辊中有什么作用?

钴是可以显著提高高速钢高温硬度和二次硬度的合金元素，同时钴还可以改善钢的导热性，尤其在 600 ~ 700℃ 时更突出。钴在高速钢中大部分溶于基体，只有极少量溶于碳化物，随着钴含量增加，高速钢硬度提高，钴对改善高速钢轧辊耐磨性是非常有利的，但钴含量超过 5% 以后，高速钢轧辊耐磨性变化不大。钴提高高速钢红硬性的主要原因是它能提高高速钢熔点，因此可以允许提高淬火温度而不发生晶粒显著长大，这就使得奥氏体能够溶解更多的钨、钼、铬、钒和碳，这些元素和钴一起存在于基体中致使形成更多的残余奥氏体，从而提高二次硬度值，提高红硬性。钴还降低钨在α相中的扩散系数，延缓和抑制钨碳化物的聚集和长大，钴还能提高马氏体的再结晶温度，使马氏体的亚结构保持到更高的温度，从而增大二次碳化物的形核率和弥散度，提高高速钢轧辊红硬性。

86. 怎样控制高速钢轧辊中钴含量？

高速钢轧辊加入太多的钴也是没有必要的，一方面钴元素是极其昂贵的战略物资，加入量过多，将显著增加高速钢轧辊生产成本。另外钴降低高速钢的强度和韧性，含量越高，降低越明显。钴还有增大高速钢轧辊脱碳倾向的趋势。最近研究还发现，随着钴含量增加，高速钢的珠光体转变鼻子时间缩短，珠光体转变的临界冷却速率增大，合金的淬透性降低。钴含量对基体中合金元素的含量无明显影响。随着钴含量的增加，贝氏体转变鼻子时间也明显缩短。因此，建议将高速钢轧辊中的钴含量控制在1% ~4%。

87. 铌在高速钢轧辊中有什么作用且怎样选择加入量？

铌与碳的亲和力比钒大，而且在奥氏体中的固溶度相当低，铌在高速钢中主要形成富铌的密度较大的MC型复合碳化物（钒、钼、铌系碳化物），降低碳化物和熔体密度差，减轻离心铸造高速钢轧辊元素偏析，提高轧辊强度、韧性和耐磨性。铌提高高速钢淬火温度，降低二次硬度峰值出现的温度，铌不溶于M_6C型碳化物中，以铌为主要成分的MC型碳化物较钒系的MC型碳化物粗大且不易控制尺寸。高速钢轧辊中不能完全用铌取代钒、钨和钼。因此，建议将高速钢轧辊中的铌含量控制在2% ~5%。

88. 硅在高速钢轧辊中有什么作用且怎样选择加入量?

硅是非碳化物形成元素，在常规高速钢中，硅能促使高速钢凝固时形成的对性能有害的 M_2C 在再次加热时分解为 M_6C 及 MC，从而可消除柱状 M_2C，使碳化物细化，韧性提高。硅还有增加高速钢中碳化物数量，提高高速钢耐磨性的作用。此外，硅还能细化回火时析出的二次碳化物，使回火硬度提高，因此国内在 20 世纪 80 年代曾提出过发展含硅高速钢。但是，硅主要溶于基体中，增加基体脆性，高速钢轧辊中的硅是有害元素，含量过高，使用中辊面易产生龟裂和剥落。因此，对高速钢轧辊中硅元素的残留量应该加以控制，建议控制在 1.2% 以下。

89. 镍在高速钢轧辊中有什么作用且怎样选择加入量?

为了改善普通轧辊的强度、韧性、淬透性和耐磨性，无任是钢辊还是铁辊，加入镍元素都是有益的。普通高速钢中一般不加镍，因为它增加残余奥氏体量。镍能提高高速钢的力学性能，特别是可以提高高速钢的韧性和塑性，镍降低高速钢导热性能，同时还降低 Ac_1 温度。然而，在高碳高速钢中加镍后高温强度明显下降，室温强度和硬度也下降。但高速钢轧辊中加入适量镍对于改善轧辊的抗龟裂和剥落能力是有利的，而且在基体为马氏体前提下，对高速钢轧辊的强度影响不大。镍提高高速钢轧辊的退火硬度，影响轧辊的加工性能。高速钢轧辊中加入少量镍是可以的，建议将镍含量控制在 1.2% 以下。

90. 氮在高速钢轧辊中有什么作用?

氮能扩大铁基合金的 γ 区，降低 $\gamma \rightarrow \alpha$ 转变温度，提高 γ 相的稳定性。在高速钢中加入氮使其与其他合金元素结合，生成复合碳氮化合物相，这将提高钢的二次硬化和红硬性，而同时保持钢的强度和韧性。前苏联曾报道加入氮和钙得到具有高硬度、高热稳定性和高塑性的高速钢，其化学成分(质量分数)为：0.5% ~1.0% C,3% ~12% W,3% ~8% Mo,3% ~6% Cr,0.8% ~1.7% V,0.03% ~0.3% N,0.005% ~0.1% Ca,V/(C+N)=1% ~2%，淬火+回火后的硬度达到HRC 66~67，热稳定性为630~635℃。保加利亚也开发出了高氮高速钢，具有良好的加工性能、均匀的碳化物分布和低的晶粒长大倾向，其二次硬度明显提高。这是因为氮在高速钢中促进了合金元素间的交互作用，并形成了较Fe-C系合金马氏体具有更强键合力的Fe-N系合金马氏体偏聚结构单元，增加了具有强键合力偏聚结构单元的权重，从而使含氮高速钢的各项性能均优于传统高速钢。日本神户制钢所采用粉末冶金方法生产高氮高速钢，他们的工作证明，用微量的氮置换粉末高速钢中的一部分碳，不仅增加强度，且韧性、耐磨损性和耐热性都获得提高，关键在于掌握氮含量的控制技术。将碳含量为1.25% ~2.30%的粉末高速钢，用氮化炉置换0.4% ~0.6%的碳，则韧性提高约3倍，耐热黏性提高2倍，耐磨性提高1.2倍。我国曾开发出W12Cr4Mo3V3N超硬高速钢，该钢与含钴高速钢相比价廉，易加工，通过适当的热处理可得到高硬度(HRC 67~70)、高红硬性(625℃,4h,HRC 63~65)和高耐磨性，而脱碳倾向和淬火过敏感性则低于钼系和含钴高速钢。在高速钢轧辊中，加入适量氮，可细化凝固组织，提高轧辊强度、韧性和耐磨性，加入量控制在0.05% ~0.15%时，效果较好。

91. 怎样控制高速钢轧辊中锰含量？

锰在低含量范围内，对钢具有很大的强化作用，提高强度、硬度和耐磨性，锰可以降低马氏体开始转变温度，还能降低钢的临界冷却速度，提高钢的淬透性，并稍稍改善钢的低温韧性。锰在钢的冶炼过程中，还具有良好的脱氧作用。高速钢轧辊中锰含量过高会增加残余奥氏体量，不利于高速钢轧辊硬度的提高，通常将其含量控制在0.3% ~1.0%。

三、改善高速钢轧辊凝固组织方法

92. 高速钢轧辊凝固过程如何？

高速钢轧辊凝固过程与一般白口铸铁轧辊的凝固过程类似，首先是奥氏体从液相中析出，随着奥氏体的析出，剩余金属熔液中合金浓度不断增加，随着温度不断下降，依次发生 $L \rightarrow \gamma + MC$、$L \rightarrow \gamma + M_7C_3$ 和 $L \rightarrow \gamma + M_2C$ 的共晶反应，图 2-3 显示了 Fe-1.9C-5V-2Mo-2W-4Cr 合金的差热分析曲线和典型凝固组织。

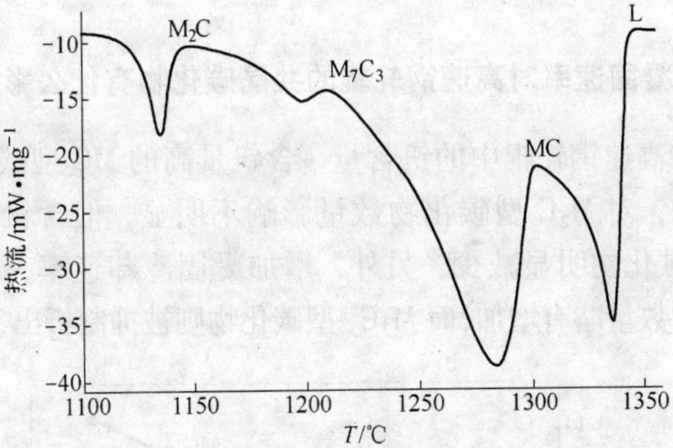

a

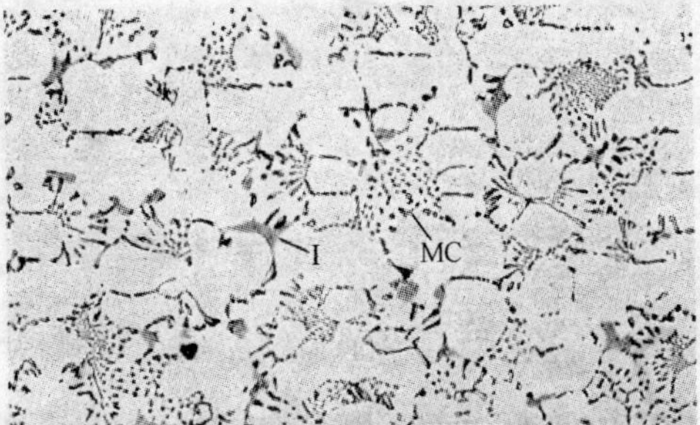

b

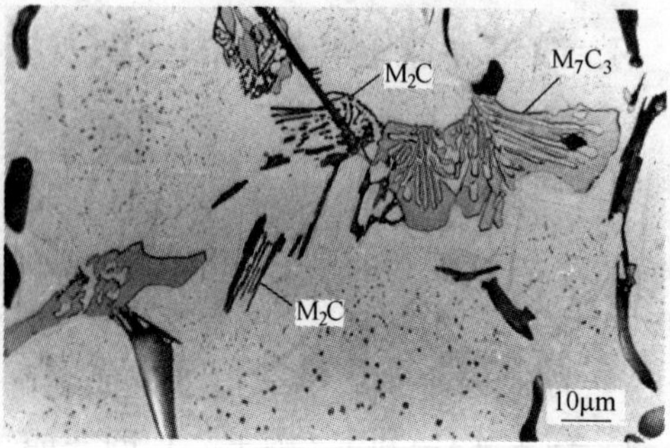

c

图 2-3 Fe-1.9C-5V-2Mo-2W-4Cr 的差热分析曲线(*a*)和以 0.15K/s 速率凝固后的低倍组织(*b*)与高倍组织(*c*)[14]
(图 *b* 中“I”表示晶间的 M_2C 和 M_7C_3 型共晶碳化物)

93. 钒和凝固速率对高速钢轧辊的共晶碳化物有什么影响?

增加高速钢轧辊中的钒含量，含钒量高的 MC 型碳化物数量明显增加，对 M_2C 型碳化物数量影响不明显，但含钒量较少的 M_7C_3 型碳化物明显减少，另外，增加凝固冷却速率，MC 和 M_2C 型碳化物数量略有增加，而 M_7C_3 型碳化物则被抑制析出，见图 2-4。

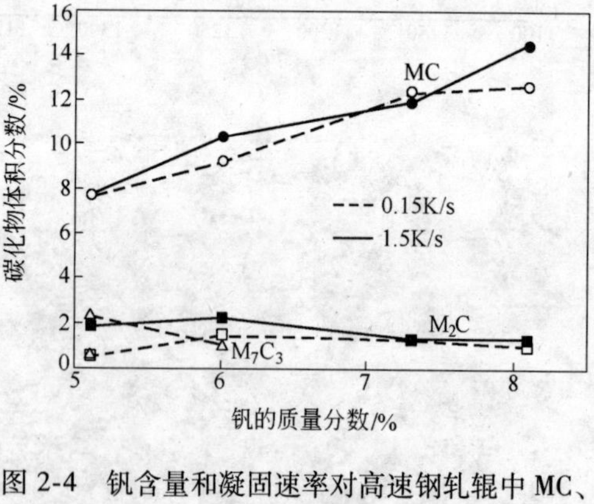

图 2-4 钒含量和凝固速率对高速钢轧辊中 MC、M_2C 和 M_7C_3 共晶碳化物的影响

94. 合金元素对高速钢轧辊凝固组织有什么影响？

合金元素对高速钢轧辊的凝固组织影响较大，韩国学者 Hwang 等人[15]对 6 组高速钢轧辊的凝固组织进行了研究，轧辊成分见表 2-10，轧辊的铸态组织见图 2-5。图 2-6 是高速钢轧辊对应的 XRD 谱线，发现钨当量（W_{eq}）较高时，高速钢轧辊铸

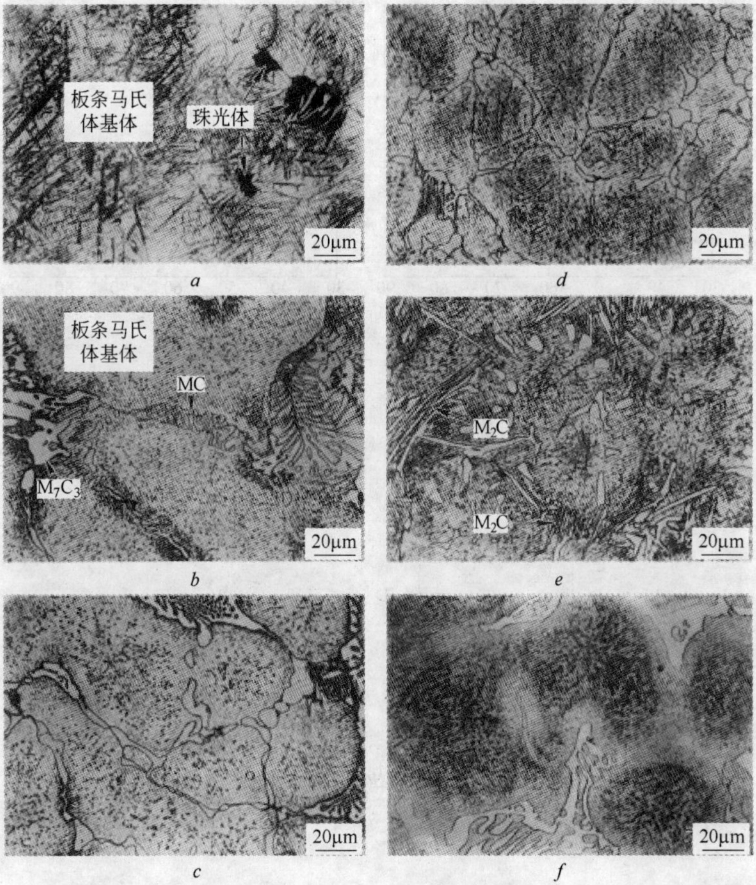

图 2-5　高速钢轧辊铸态组织

a—A 轧辊；*b*—B1 轧辊；*c*—B2 轧辊；*d*—C1 轧辊；*e*—C2 轧辊；*f*—D 轧辊

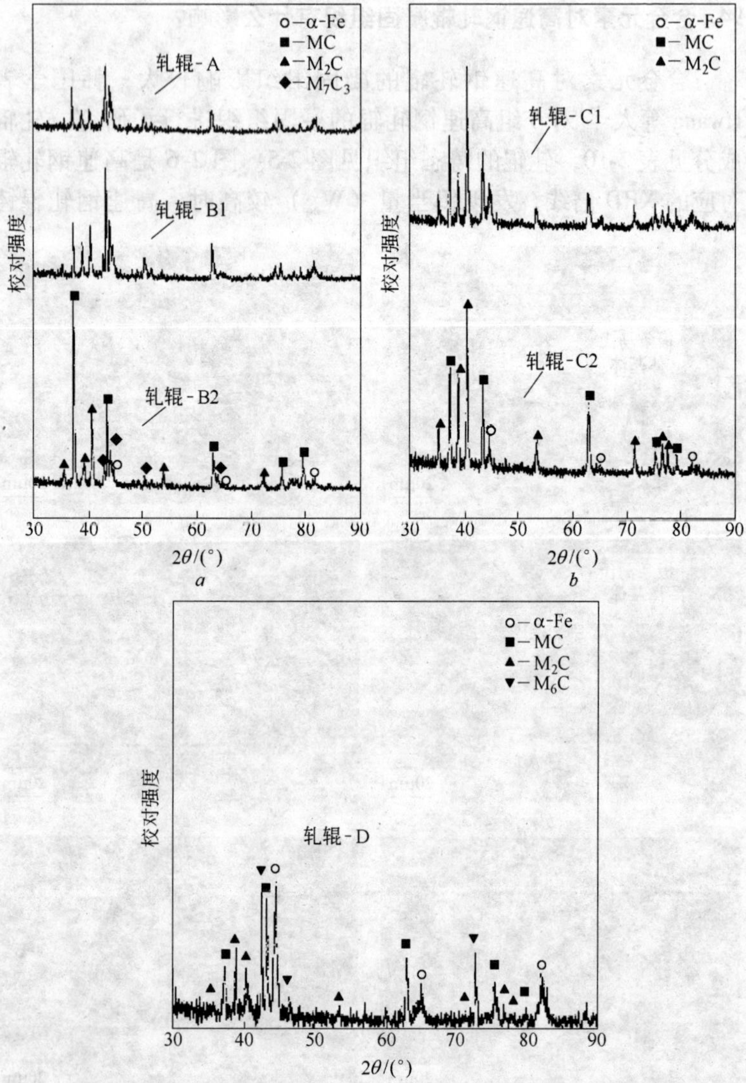

c

图 2-6　高速钢轧辊 XRD 谱线

a—轧辊 A，轧辊 B1 和 B2；*b*—轧辊 C1 和 C2；*c*—轧辊 D

态组织中 M_7C_3 型碳化物减少，甚至消失，而 M_2C 型碳化物数量增加，甚至出现 M_6C 型碳化物，表 2-11 是 6 组铸态高速钢轧辊的定量分析结果。

表 2-10 轧辊化学成分

轧辊牌号	元素成分(质量分数)/%								
	C	W	Mo	V	Cr	Si	Mn	Ni	W_{eq} ①
A	1.95	1.6	1.7	5.1	5.5	1.0	0.9	1.2	5.0
B1	1.95	2.0	3.0	3.6	9.0	1.0	0.9	1.2	8.0
B2	1.95	2.0	3.0	5.0	9.0	1.0	0.9	1.2	8.0
C1	1.90	5.0	2.5	5.0	5.0	1.0	0.9	1.2	10.0
C2	1.90	5.0	5.0	5.0	5.0	1.0	0.9	1.2	15.0
D	1.45	5.0	5.0	5.0	5.0	1.0	0.9	1.2	15.0

① $W_{eq} = W + 2Mo$，钨当量。

表 2-11 铸态高速钢轧辊定量分析结果

轧辊牌号	晶粒尺寸/μm	共晶碳化物体积分数/%					基体碳的质量分数/%	残余奥氏体体积分数/%
		MC	M_2C	M_6C	M_7C_3	总量		
A	95	4.4			4.7①	9.1	0.73	15.8
B1	84	2.2			15.4	17.6	0.48	6.3
B2	76	5.0			14.0①	19.0	0.42	3.5
C1	89	12.3	5.6			17.9	0.63	19.5
C2	91	10.0	14.0			24.0	0.62	16.6
D	110	7.7	4.5	5.6		17.8	0.35	4.8

① 包含少量 M_2C。

95. 高速钢轧辊中各种碳化物的成分如何?

表 2-12 列出了高速钢轧辊中各种碳化物的成分范围，很显然，MC 碳化物中含有较多的钒，而 M_2C 碳化物中则含有较多的钨和钼，M_7C_3 碳化物中铬含量较高，另外还含有很多的铁，而前两类碳化物铁含量则很低。

表 2-12 共晶碳化物的典型成分范围

碳化物	成分范围(质量分数)/%				
	V	W	Mo	Cr	Fe
MC	40 ~ 60	10 ~ 30	10 ~ 25	3 ~ 8	2 ~ 4
M_2C	7 ~ 13	10 ~ 40	30 ~ 50	8 ~ 15	4 ~ 15
M_7C_3	4 ~ 8	4 ~ 8	5 ~ 10	20 ~ 30	40 ~ 50

96. 高速钢轧辊中连续粗大的碳化物对使用有什么危害?

高速钢轧辊中粗大的碳化物有利于提高高速钢轧辊抵抗磨损能力，热轧辊使用过程中，易在连续粗大的碳化物上萌生裂纹，见图 2-7*a*，且裂纹易沿着碳化物扩展，见图 2-7*b*，碳化物越粗

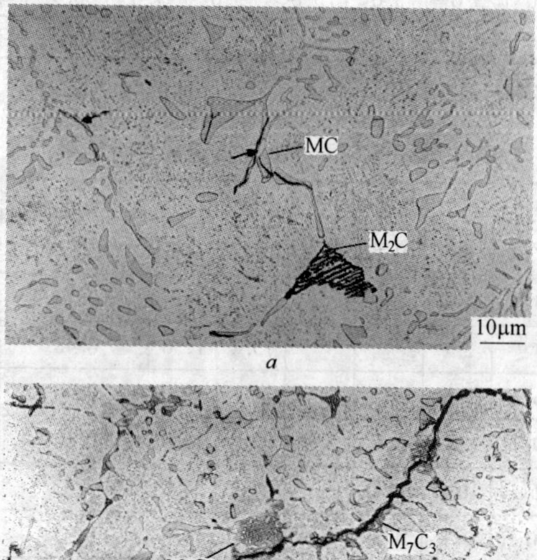

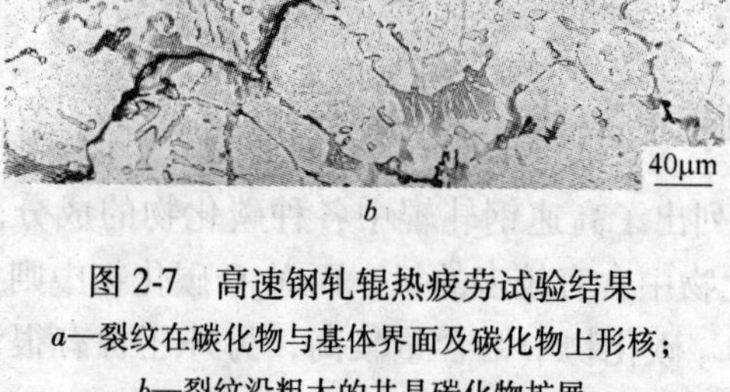

图 2-7 高速钢轧辊热疲劳试验结果

a—裂纹在碳化物与基体界面及碳化物上形核；

b—裂纹沿粗大的共晶碳化物扩展

大、连续，裂纹扩展越快，导致轧辊因热疲劳裂纹而失效。因此，在高速钢轧辊凝固过程中，加入微合金元素变质处理，对于细化共晶碳化物，并使其孤立分布，从而提高其抵抗裂纹萌生与扩展能力，进而延长其使用寿命是非常有效的。

97. 什么是变质处理？

变质处理是有意地向液态金属中加入一些细小的形核剂（又称为孕育剂或变质剂），使它在金属液中形成大量分散的人工制造的非自发晶核，以细化晶粒和改善组织，达到提高材料性能的目的。变质处理是目前工业生产中广泛使用的方法。

98. 稀土对高速钢轧辊凝固组织有什么影响？

在高速钢中加入稀土元素进行变质处理，能改善高速钢铸锭的铸态组织，从而改善高速钢的热塑性。一些研究指出，在 W18Cr4V 高速钢中加入 0.015% ~ 0.03% 的钇、铈、镨、钕等，可提高钢的强度和切削性能；加入铈可提高钢的红硬性。在 M2 高速钢中加入铼，经 1240℃ 淬火，560℃ 二次回火，与不加铼的钢相比，抗弯强度分别为 3460MPa 和 2860MPa，冲击韧性分别为 36J/cm^2 和 21J/cm^2，硬度分别为 HRC 68 和 HRC 63，耐磨性相应为 40min 和 25min，这种钢可用于切削难加工材料。研究还发现，稀土降低 MC 碳化物的共晶温度，促进 M_6C 的形成。近年来，将稀土用于处理高速钢轧辊，也获得了很好的效果。宋延沛等人[16]的研究结果发现，稀土复合变质剂能细化高碳高速钢轧辊组织，变质后单位面积的晶粒数由 1200 增加到 1600，改善碳化物和夹杂物的形态和分布，碳化物由变质前的针片状和连续网状变为变质后的不连续网状和颗粒状，变质前夹杂物以Ⅱ类硫化物为主，加上少量Ⅰ类和Ⅲ类夹杂物，并且这些夹杂物在晶界聚集分布。变质后主要以Ⅰ类球状夹杂物为主，加上少量块状夹杂物，其尺寸细小、分布均匀、数量有所增加，消除了沿晶界聚集分布的Ⅱ类硫化物夹杂。变质后高碳高速钢轧辊在硬度不变的情况下，冲击韧性提高了73.6%。这是因为稀土元素与硫和氧有很强的亲和力，能形成高熔点的硫、氧复合夹杂物，在钢液凝固过程中，这些夹杂物可作为非自发结晶的核心，使晶粒细化；另一方面，稀土为表面活性元素，易富集在结晶前沿，阻止晶粒长大，使铸态晶粒细化。同时稀土元素沿晶界富集，抑制了奥氏体晶粒的长大，使晶粒进一步细化。

笔者前期研究发现[17]，采用稀土处理高速钢轧辊后，凝固组织发生了明显的变化，奥氏体晶粒和共晶组织细化，共晶组织中片层状碳化物变短、变细。热处理后，共晶碳化物大部分变成团球状且分布均匀。稀土变质处理高速钢轧辊的硬度和红硬性略有增加，冲击韧性提高37.81%，达到10.17J/cm²。

张新庄等人[18]的研究也发现，在含9.20%V和2.71%C的高钒高速钢轧辊中，加入稀土硅镁铁合金后，组织发生了明显变化，未经变质处理的试样（图2-8*a*），*A*处初生碳化钒为开花状，较为粗大，分布不均匀，*B*处碳化物极少，而经变质处理的试样（图2-8*b*），碳化钒呈孤立分布的团块状，碳化物边缘的光洁程度明显提高，碳化物的尺寸也明显减小，分布均匀性增强。同时，初生碳化钒的形态多为离散分布的团块状，共晶组织减少呈离散分布的短杆状与细小的团球状，如图2-8*b*中的*C*处，因

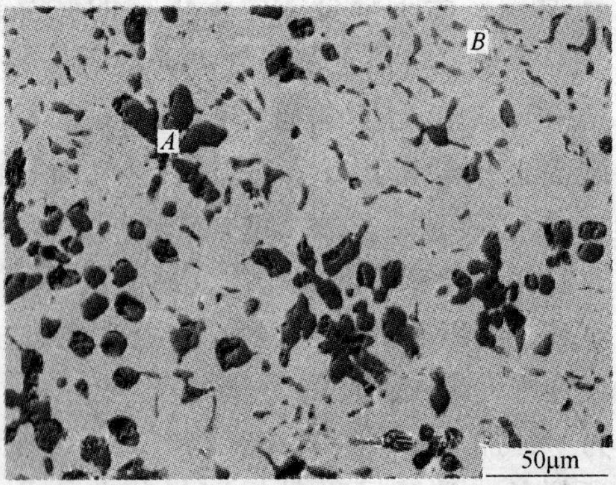

a

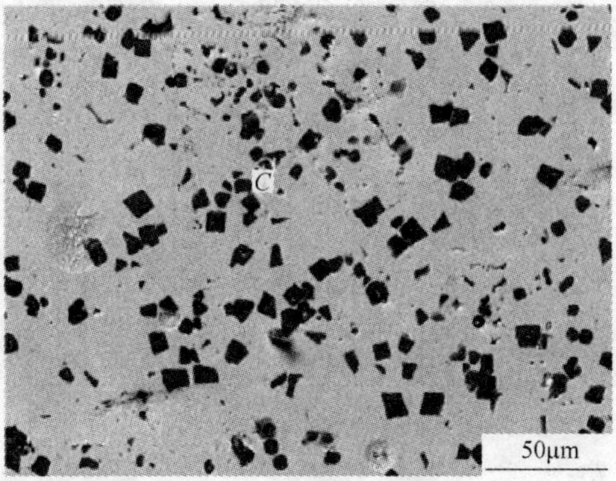

b

图 2-8　高钒高速钢轧辊稀土硅镁铁合金变质处理前(*a*)、后(*b*)的碳化钒微观形貌[18]

此，在高钒高速钢轧辊中加入稀土硅镁铁合金变质处理，效果是显著的。

99. 铋对铸造高速钢的组织和性能有什么影响?

铋是一种表面活性元素，加入铸造高速钢中，有利于改善高速钢的组织和性能。Chaus[19] 研究了不同铋加入量对 W6Mo5Cr4V2(AISI M2)和 W6Mo5Cr4V2Co5(AISI T30)两组高速钢显微组织和性能的影响，随着铋的加入，高速钢凝固组织细化，碳化物从连续网状分布转变为断网状分布，使高速钢的韧性明显增加，特别是加入 0.1% 的铋时，提高幅度最大，M2 钢由 0.11MJ/m^2 提高至 0.19MJ/m^2，而 T30 钢也由 0.10MJ/m^2 提高至 0.17MJ/m^2，见图 2-9*a*。铋加入后，对高速钢硬度影响不大，见图 2-9*b*。铋的加入，使高速钢的磨损失重明显减少，耐磨性大幅度提高，见图 2-9*c*。

100. 钛对高速钢轧辊凝固组织有什么影响?

由于高速钢轧辊中含有较多的碳和合金元素，普通铸造

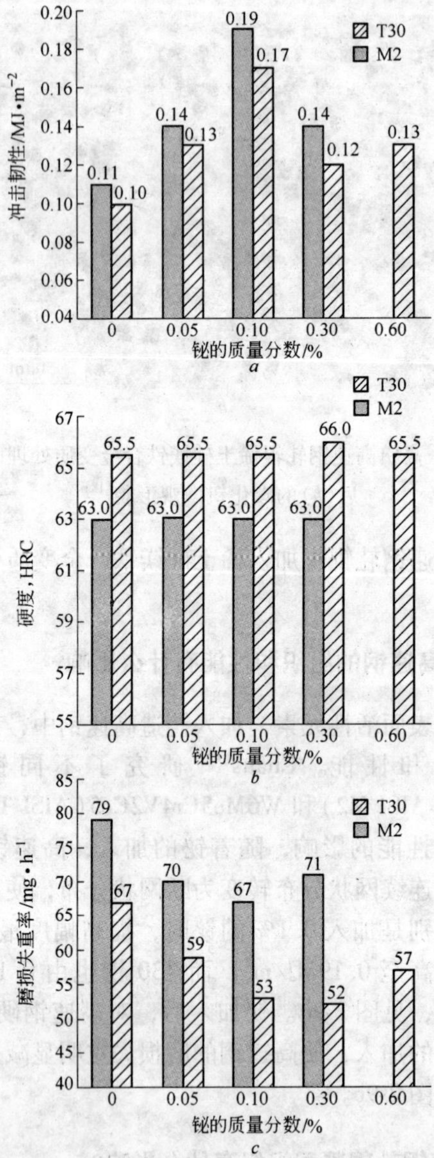

图 2-9 铋对铸造高速钢冲击韧性(a)、硬度(b)和磨损失重率(c)的影响

条件下高速钢轧辊组织粗大，共晶碳化物呈网状、片状分布，脆性大，热疲劳抗力低，耐磨性差。改善高速钢轧辊组织，提高力学性能的研究已引起了国内外的重视，并获得了较好的效果。笔者在深入分析高速钢轧辊凝固过程基础上，探讨了钛变质处理对高速钢轧辊组织和性能的影响。高速钢轧辊用 500kg 中频感应电炉熔炼。钢水熔清后用铝脱氧，钢水出炉温度 1600 ~ 1640℃，将钢水分别采用两种工艺注入浇包，第一种工艺是浇包内不加钛铁，其对应的编号为 T_0。第二种工艺是浇包内加入 0.8% 的钛铁，其对应的编号为 T_1，高速钢轧辊成分见表 2-13。将钢水浇入离心机上的铸型内，铸件尺寸 ϕ300mm × 500mm，铸件壁厚 110mm，高速钢轧辊淬火工艺：1030 ~ 1060℃ × 2h，风冷；回火工艺：520 ~ 580℃ × 4h，空冷。

表 2-13　高速钢轧辊的化学成分（质量分数，%）

编号	C	V	Cr	W	Mo	Co	Nb	Si	Mn	Ti
T_0	>2.0	4.0 ~ 6.0	4.0 ~ 6.0	4.0 ~ 7.0	3.0 ~ 5.0	1.0 ~ 3.0	1.0 ~ 3.0	<1.2	<1.0	—
T_1	>2.0	4.0 ~ 6.0	4.0 ~ 6.0	4.0 ~ 7.0	3.0 ~ 5.0	1.0 ~ 3.0	1.0 ~ 3.0	<1.2	<1.0	适量

如图 2-10 所示的 Fe-5% Cr-5% W-5% Mo-3% ~4% V-C 相图可知，高碳高速钢轧辊的凝固过程不同于普通高速钢，由于高碳高速钢轧辊中碳含量高，凝固过程中发生了如下反应：

$$L \longrightarrow \gamma \tag{2-2}$$

$$L \longrightarrow \gamma + MC \tag{2-3}$$

$$L \longrightarrow \gamma + M_2C \tag{2-4}$$

$$L \longrightarrow \gamma + M_7C_3 \tag{2-5}$$

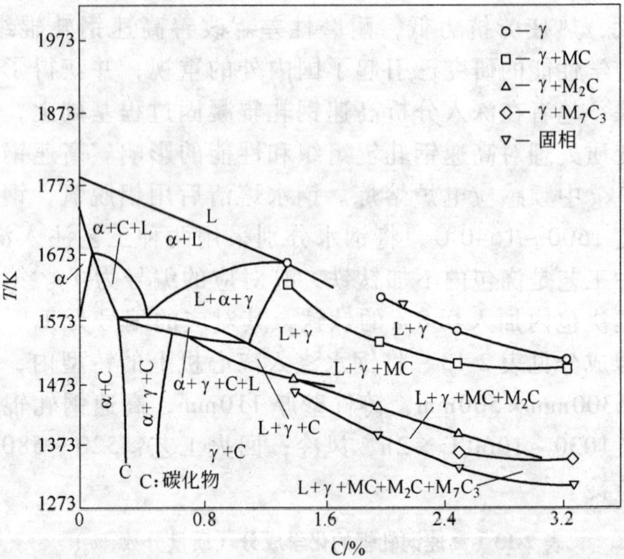

图 2-10 Fe-5% Cr-5% W-5% Mo-3% ~4% V-C 相图[20]

高碳高速钢轧辊凝固过程是首先析出初晶 γ，由于 V、W、Cr、Mo 和 C 等元素在 γ 相的分配系数小于 1[20]，因此随后 γ 一边向液相中排出 C 和合金元素，一边长大。由于 V 的分配系数最小，被排出量最多，因此液相成分中 V 首先达到共晶成分，在和 γ 初晶相接的残留液相中发生 γ + MC 的共晶反应。随着 γ + MC 共晶凝固的进行，残留液相中 V 含量减少，W 和 Mo 含量增加，当 W +2Mo 达到约 33.5% 时，γ + M_2C 共晶结晶开始，随着 γ + M_2C 凝固进行，Mo 及 W 量减少，Cr 量增加，当 Cr 量接近 20% 时，从富集 Cr 的残留液相中开始 γ + M_7C_3 的共晶凝固[20]。

铸造高速钢轧辊是一种亚共晶组织，见图 2-11，共晶组织以片层状和网状分布为主，还有少量块状碳化物，组织粗大。由于冷却较快，基体组织主要由马氏体、奥氏体和珠光体组成。经 X 射线衍射分析（图 2-12），铸造高速钢轧辊共晶碳化物为 MC、M_2C 和 M_7C_3。高速钢中 V 主要分布在 MC 碳化物中，W 和 Mo 主要分布

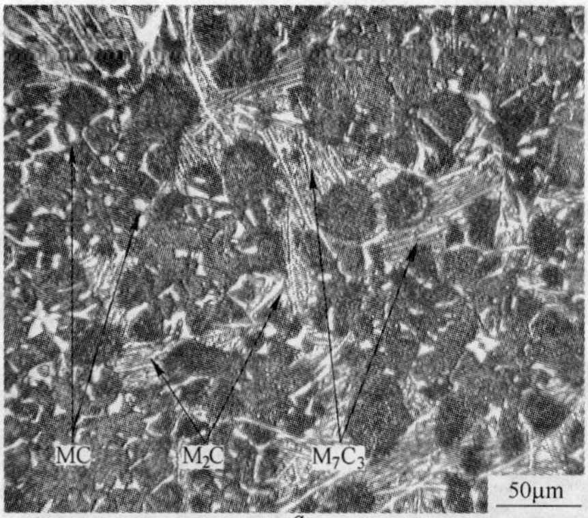

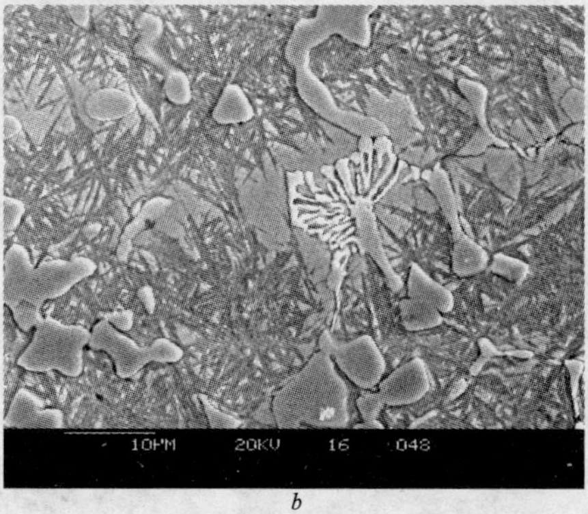

图 2-11　铸造高速钢轧辊的金相组织(a)和扫描电镜组织(b)

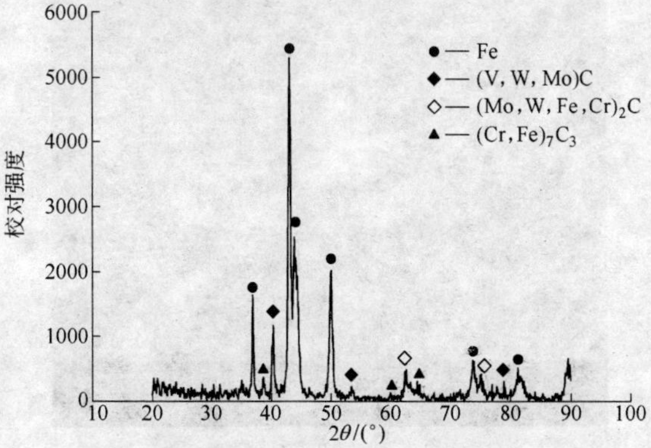

图 2-12　铸造高速钢轧辊 X 射线衍射分析

在 M_2C 碳化物中，而 Cr 主要分布在 M_2C 和 M_7C_3 碳化物中。

钛变质处理高速钢轧辊的凝固组织见图 2-13，与图 2-11 对比发现，未变质高速钢轧辊晶界上分布着粗大的碳化物网，而随着钛元素的加入，高速钢轧辊组织中奥氏体晶粒和共晶组织均发生明显细化，共晶组织中片层状碳化物变短、变细，而且共晶碳化物出现了明显颈缩和断网现象。这是因为钛在钢液中常以 TiC

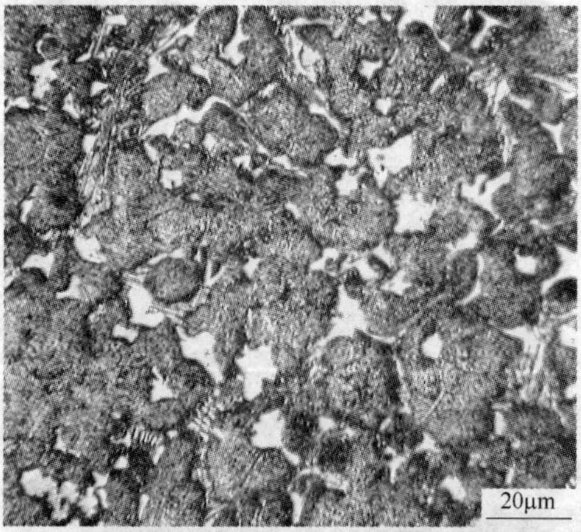

a

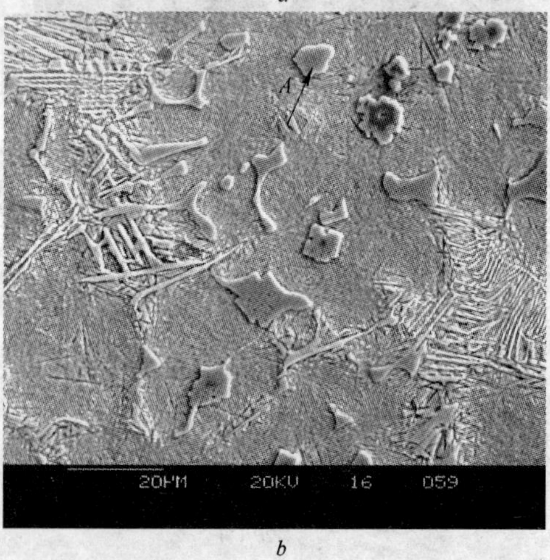

b

图 2-13 钛变质高速钢轧辊金相组织(*a*)和扫描电镜组织(*b*)

形式存在[21,22]，TiC 形成自由焓 ΔG_{TiC} 随着凝固分数的增加以及温度的降低而降低，TiC 与奥氏体都是面心立方晶格。a_{TiC} = 0.433nm，a_{γ} = 0.360nm，计算表明，沿某些结晶方向，两晶格原子间的距离差不超过 1.5%，例如 $[001]_{TiC} /\!/ [110]_{\gamma\text{-}Fe}$ 和 $[110]_{TiC} /\!/ [111]_{\gamma\text{-}Fe}$。所以 γ-Fe 能够以 TiC 为异质核心生核长大，钛可增加奥氏体形核率，细化初生奥氏体，进而细化碳化物[23]。另外，TiC 在高速钢熔液中可以优先于 MC 碳化物形成，而 TiC 和 MC 均为面心立方晶格，在它们结晶时[100]晶向是其最优生长方向，因此当结晶结束时，晶体将被（111）晶面所包围，a_{MC} = 0.415nm，当 MC 以 TiC 的（111）晶面作为形核界面时，可以计算出二维晶格错配度 δ = 4.1%，MC 和 TiC 之间的晶格错配度很小，TiC 可以作为 MC 碳化物形核的有效异质核心，促使 MC 碳化物细化[24]。图 2-14 的能谱分析结果显示，钛变质高速钢轧辊凝固组织中出现了钛含量高的 MC 型复合碳化物，其质量分数是：44.17% V、18.52% Ti、7.92% Mo 和 14.05% W。

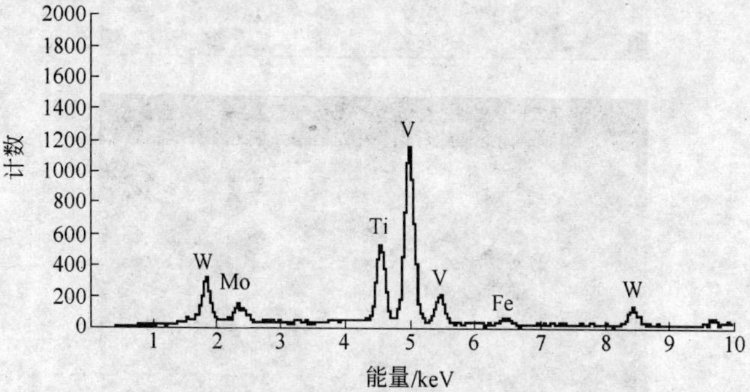

图 2-14　钛变质高速钢轧辊块状碳化物能谱分析图
（图 2-13*b* 中 *A* 点）

101. 钛对高速钢轧辊热处理组织有什么影响?

未变质高速钢轧辊的加热温度低于 1000℃，共晶碳化物的形态和分布变化甚小，加热温度达到1200℃时，碳化物才会变成团球状，但组织明显粗化。钛变质高速钢轧辊加热温度至1050℃左右时，碳化物为细小的颗粒状和团球状分布，见图2-15。高速钢轧辊高温热处理时共晶碳化物由网状向断网状和孤立状转化是热力学发展的必然趋势。共晶碳化物在高温分解时是以碳化物的溶解、碳原子的扩散和析出方式进行的。因为碳化物尖角或细薄弱处溶解较快，而平面或均匀粗厚处溶解较慢，所以

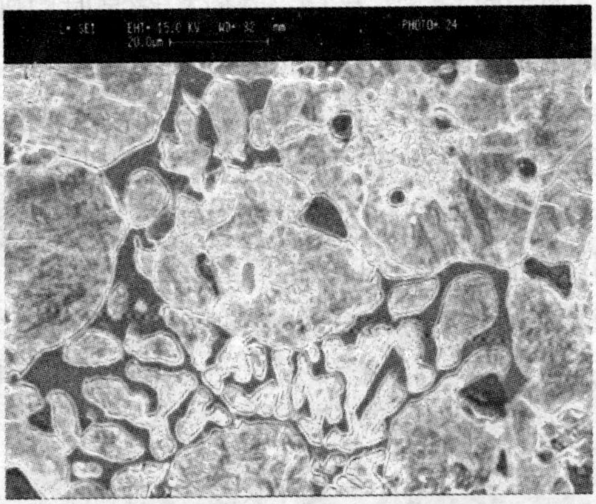

a

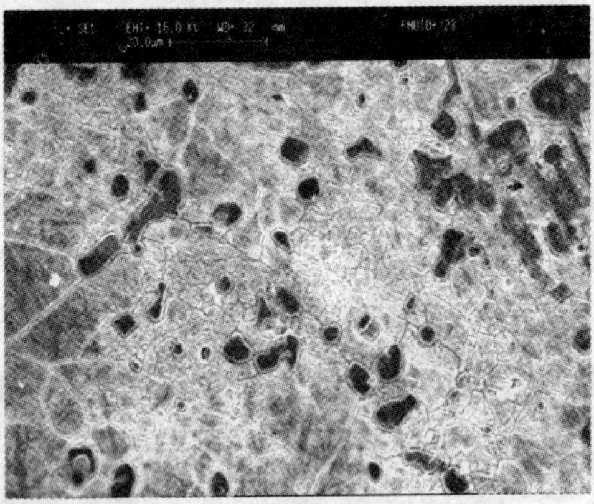

b

图2-15　钛变质前(*a*)、后(*b*)高速钢轧辊在1050℃加热后的显微组织

网状碳化物通常在网的薄弱连接处断开。钛元素的加入使共晶碳化物网局部出现颈缩连接甚至断开，增加了网状碳化物连接中的薄弱部位，促进了高温热处理时碳化物的孤立。

102. 钛对高速钢轧辊性能有什么影响?

钛变质处理提高高速钢轧辊的强度和韧性，特别是冲击韧性明显提高，但对硬度影响不大，见表2-14。未变质处理的高速钢轧辊，共晶碳化物粗大，裂纹易于沿着碳化物传播，因此韧性较低；经钛变质后，共晶碳化物分布均匀，碳化物变成颗粒状和团球状，因此裂纹不易传播，韧性相应提高。

表 2-14　钛变质高速钢轧辊的力学性能

编　号	硬度/HRC	抗拉强度/MPa	断裂韧性/MPa · $m^{1/2}$	冲击韧性/J · cm^{-2}
T_0	64.5	826	22.1	7.4
T_1	65.0	972	27.8	10.3

钛变质处理对高速钢轧辊耐磨性的影响见图2-16*a*。随着磨损载荷的增加，高速钢轧辊的磨损失重增加，耐磨性降低，在相同磨损载荷下，钛变质高速钢轧辊的磨损失重少，耐磨性好。钛变质处理细化了高速钢基体组织和共晶碳化物，提高了高速钢韧性，减缓磨损时疲劳裂纹的形成和扩展，从而提高耐磨性。钛变质处理对高速钢轧辊热疲劳裂纹萌生与扩展的影响见图2-16*b*，未变质高速钢轧辊不仅热疲劳裂纹的萌生次数少，而且热疲劳裂纹的扩展速率大，钛变质处理明显改善了高速钢轧辊的抗热疲劳性能。由于碳化物脆性大，在循环热应力作用下容易破碎，且一旦出现裂纹即迅速扩展，因此材料的热疲劳抗力主要取决于碳化物的形态。未变质高速钢轧辊的共晶碳化物粗大且分布不均匀，热疲劳裂纹扩展速率大，热疲劳抗力低。钛变质处理后，碳化物变成颗粒状和团球状，裂纹沿碳化物扩展时常常被基体阻隔，裂纹必须穿过基体，从一个碳化物颗粒扩展到相邻的碳化物颗粒，而基体组织的强韧性远远大于

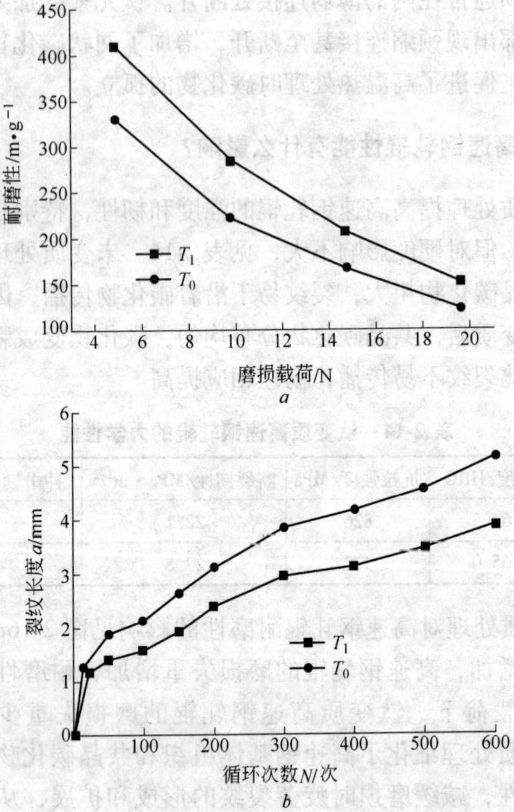

图 2-16　钛变质对高速钢轧辊耐磨性(*a*)和热疲劳裂纹(*b*)的影响

碳化物，对裂纹扩展阻力大，因此钛变质处理高速钢轧辊具有较高的热疲劳抗力。

103. 钾和钠对高速钢轧辊凝固组织有什么影响?

近几十年来，为提高各种铸造合金的性能，人们进行了多种尝试，其中效果最明显的莫过于在铸造合金中加入稀土、镁、钙、钛、锆、硼等元素，对其进行变质处理。通过变质处理，可改善铸造合金的微观结构、使用性能和工艺性能。然而应用前景十分广阔的碱金属元素尚未在铸造生产中得到广泛应用，究其原因是像钾、钠这样的碱金属元素易氧化、熔点低、密度小，难于直接加入到铸造合金中。20世纪80年代初，山东工业大学首先研究了钾、钠在铸铁材料中的作用，发现钾、钠在改善铸铁性能方面效果明显，对钾、钠加入铸铁中的形式、作用机理及其应用效果进行了初步的研究，之后国内其他单位也开展了这方面的研究，显示出钾、钠在铸造生产中有良好的应用前景。钾、钠非常活泼，极易氧化和挥发，密度小，不易直接加入金属液中，而且纯的钾、钠价格高，直接加入铸造合金经济上也不合理。因此，只能用钾盐或钠盐通过适当的还原剂来制成合金或某种化合物。从含氧的钾盐或钠盐提取钾、钠很困难。用金属热还原法制取含钾、钠的合金是可行的。山东工业大学已开发成功含钾、钠的变质剂，这些变质剂采用稀土镁作还原剂，制成的合金带有银色光泽，加入金属液中很平稳，不像含镁的合金那样产生沸腾和大量烟雾、闪光。这些变质剂的合金含量大多为6%～7%。钾、钠有强烈地促进共晶碳化物成球状的作用。钾、钠加入铁水后，初晶结晶温度和共晶结晶温度下降，说明钾、钠变质处理后的铁水在液相线和共晶区已过冷，有利于共晶领先相碳化物的形成，使晶核数增加。另外，钾、钠是表面活性元素，共晶结晶时选择性地吸附在共晶碳化物择优生长方向的表面上，形成吸附薄膜，阻碍铁水中的铁、碳等原子长入共晶碳化物晶体，降低了共晶碳化物[010]择优方向的长大速度，导致[010]方向长大减慢，而[001]、[100]方向长大速度增大，形成不规则团块状碳化物。钾、钠还易促进碳化物的孪晶形成，导致碳化物形态的团块化。近来研究发现，钾、钠对高速钢轧辊的组织和性能，特别是对铸造高速钢轧辊共晶碳化物形态的改善效果较好。通常，高速钢轧辊凝固后，经过晶粒的形核与长大，会形成枝晶组织，使合金元素在枝晶间产生偏析，这种偏析会严重影响高速钢轧辊的力学性能及使用性能。图2-17是高速钢轧辊经钾、钠变质前后

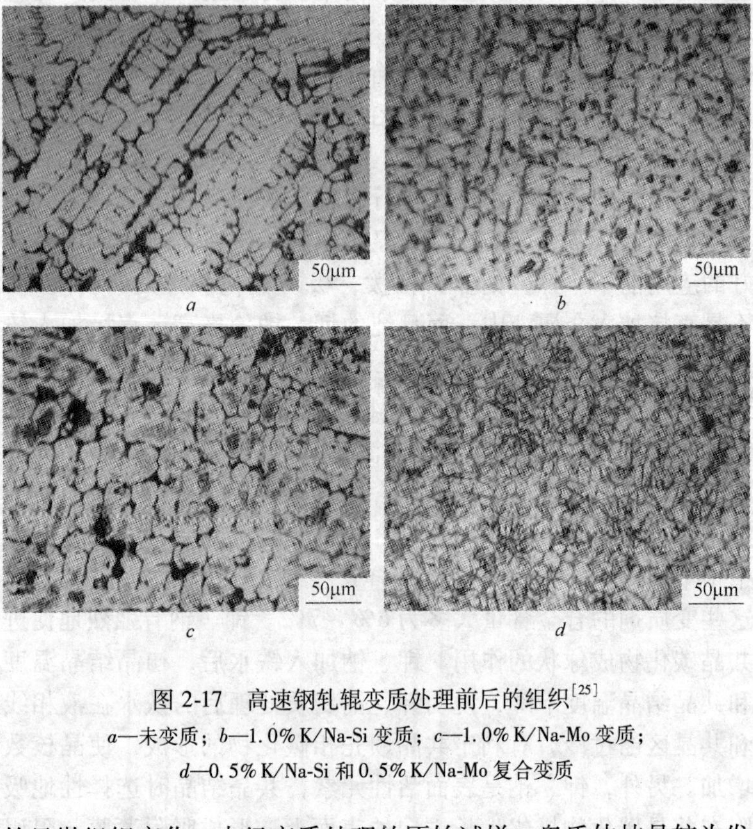

图 2-17 高速钢轧辊变质处理前后的组织[25]

a—未变质；*b*—1.0% K/Na-Si 变质；*c*—1.0% K/Na-Mo 变质；
d—0.5% K/Na-Si 和 0.5% K/Na-Mo 复合变质

的显微组织变化。未经变质处理的原始试样，奥氏体枝晶较为发达，组织粗大，且碳化物呈网状。分别经 K/Na-Si 及 K/Na-Mo 变质后，组织得到改善，由于变质剂起了外来晶核的作用，形核率大大增加，初生奥氏体由粗大树枝晶向细小等轴晶转变，枝晶减少且明显断开，但是碳化物仍然以网状分布在晶界上。经 K/Na-Si 和 K/Na-Mo 二次复合变质后，不但晶粒进一步细化，共晶碳化物网也发生了断裂。

104. 镁对高速钢轧辊凝固组织有什么影响?

高速钢轧辊用镁进行变质处理，也是改善其组织的重要手段之一。研究发现，用 0.1% Mg 对高速钢轧辊变质处理后，晶粒没有明显细化作用，晶粒尺寸在 30 ~ 60μm 之间，而网状碳化物明显细化，网状碳化物处在 10 ~ 25μm 之间，镁还可以减少奥氏体和共晶碳化物的数量，增加马氏体的含量，并使其分布有所改善[26]。这主要是因为镁在基体中分配系数很小，大部分镁富集在共晶区，减轻了合金元素的偏聚，使得基体组织中合金元素含量增加，导致共晶碳化物数量明显减少。而加入 1.4% RE-Ti-Mg 复合变质剂后，几种元素的综合作用显著改善了碳化物的分布，晶粒粒径减小至 10 ~ 40μm，网状碳化物的横向长度为 5 ~ 15μm，组织细小且均匀，绝大部分晶界碳化物呈现断网状分布。MC 型碳化物增加且分布更加弥散和均匀。

105. 钒对高速钢轧辊凝固组织有什么影响?

高速钢轧辊采用孕育处理，也可明显细化凝固组织，提高轧辊综合性能。Zhang 等人[27]研究了钒铁孕育剂对离心铸造高速钢轧辊显微组织和力学性能的影响，对于高碳高钒系高速钢，采用钒铁进行孕育处理，可有效地改善碳化物分布状态，消除典型的网状组织，见图 2-18*a*、*b*，经淬火及回火后，碳化物形态进一步改善，见图 2-18*c*、*d*，促使高速钢轧辊力学性能明显提高，特别是钒铁孕育量增至 1.0% 时，高速钢轧辊硬度保持在 HRC 60 前提下，冲击韧性由 3.3J/cm^2 提高至 6.5J/cm^2，提高幅度近 1 倍。

106. 碳对高钒高速钢轧辊凝固过程有什么影响?

在固定钒、铬、钼、硅和锰等元素的含量条件下，邵抗振等人[28]在自制的 Bridgman 法定向凝固试验装置上进行了高钒高速钢轧辊材料的定向凝固-液淬试验，研究了碳含量对高钒高速钢定向凝固过程的影响。试验材料的化学成分见表 2-15。高钒高速钢凝固过程中，初生相的析出与碳含量有关。若碳含量低于 1.64%，

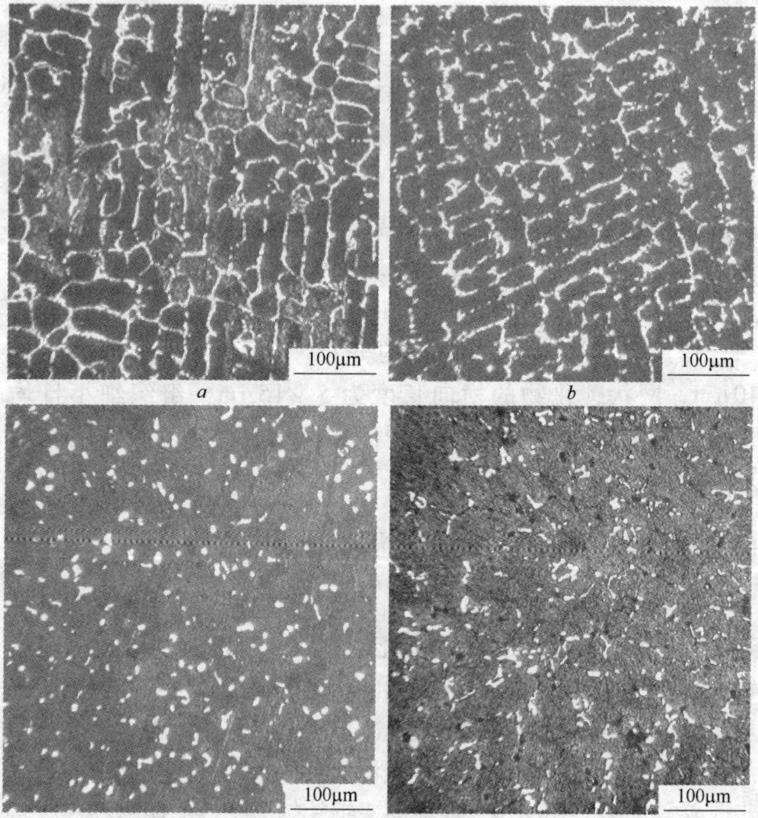

d

图 2-18 钒铁孕育对高速钢轧辊组织的影响[27]

a—铸态未孕育；*b*—铸态加 1.0% V-Fe 孕育；

c—热处理未孕育；*d*—热处理加 1.0% V-Fe 孕育

首先从液相中析出单一铁素体；碳含量位于 1.64% 和 2.09% 之间时，首先从液相中析出 δ + VC；碳含量大于 2.09% 时，首先从液相中析出 VC。另外，碳化物的形态随着碳含量的增加逐渐变为圆球形，离异共晶时碳化钒的形态容易成球形，共生共晶时不易成球形，主要有椭圆形、方形、菱形和多角形等。

表 2-15　试样化学成分（质量分数，%）

试样号码	C	V	Cr	Mo	Si	Mn	S、P
1	1.15	9.0～12.0	3.8～4.5	2.8～3.2	0.4～0.6	0.5～0.8	<0.05
2	1.64	9.0～12.0	3.8～4.5	2.8～3.2	0.4～0.6	0.5～0.8	<0.05
3	2.09	9.0～12.0	3.8～4.5	2.8～3.2	0.4～0.6	0.5～0.8	<0.05
4	2.50	9.0～12.0	3.8～4.5	2.8～3.2	0.4～0.6	0.5～0.8	<0.05
5	2.97	9.0～12.0	3.8～4.5	2.8～3.2	0.4～0.6	0.5～0.8	<0.05

107. 碳对高钒高速钢轧辊性能有什么影响？

碳不仅影响高速钢轧辊组织，同时对其性能影响较大，Wei 等人[29]在固定钒、铬、钼和镍等元素条件下，通过改变碳含量，使 V/C 比发生改变，研究了碳含量对高钒高速钢轧辊性能的影响，其中主要元素的组成如下：10% V，4% Cr，3% Mo，0.8% Si，0.9% Mn，0.6% Ni。随着碳含量增加，VC 数量略有增加，从 17.96%（碳含量为 1.56% 时）增至 20.34%（碳含量为 3.15% 时），基体硬度明显提高，从 HV 247.6（碳含量为 1.56% 时）增至 HV 734.2（碳含量为 3.15% 时），宏观硬度明显提高，见图 2-19*a*，磨损失重明显减小，耐磨性明显改善，见图 2-19*b*，但冲击韧性变化不明显，碳含量过高，因碳化物数量太多，冲击韧性还有降低的趋势。

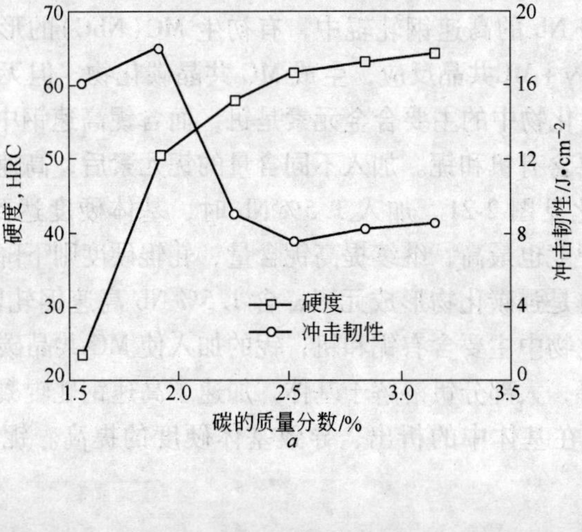

a

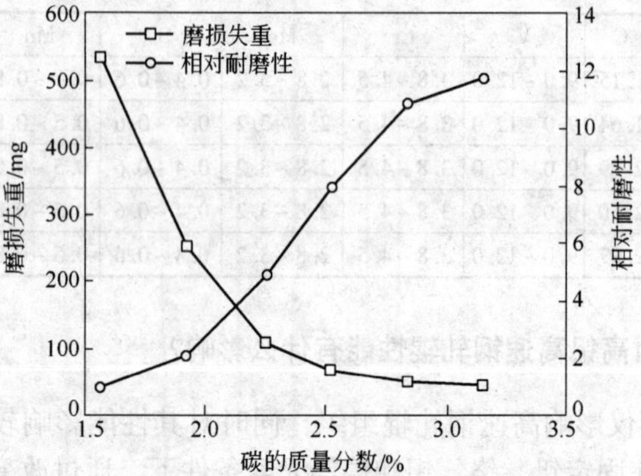

b

图 2-19 碳含量对高钒高速钢轧辊力学性能(*a*)和耐磨性(*b*)的影响[29]

108. 铌对高速钢轧辊显微组织和性能有什么影响?

Fe-2C-6Cr-1.5W-3Mo-4V-*x*Nb 高速钢轧辊的显微组织见图 2-20。无铌高速钢轧辊的碳化物在晶界处形成。铌的加入使奥氏体区减小，晶粒尺寸也减小，促进了 MC 碳化物的形成，MC 碳化物数量增加，而晶界处形成的 M_7C_3 型碳化物则减少。含 3% Nb 和 5% Nb 的高速钢轧辊中，有初生 MC(NbC)的形成，也发生$L \longrightarrow \gamma + MC$共晶反应，生成 MC 共晶碳化物，但无铌高速钢中 MC 碳化物中的主要合金元素是钒，而含铌高速钢中的 MC 碳化物主要含有钒和铌。加入不同含量的铌元素后，高速钢轧辊的硬度变化见图 2-21。加入 1.5% Nb 时，基体硬度达到最高值，且整体硬度也最高，继续提高铌含量，轧辊硬度则下降。铌同钒一样，也是强碳化物形成元素，含 1.5% Nb 高速钢轧辊中，MC 共晶碳化物中主要含有铌和钒，铌的加入使 MC 共晶碳化物中钒含量下降，大部分钒溶解于基体，加速了高速钢轧辊凝固过程中细小 VC 在基体中的析出，导致基体硬度的提高。铌含量达到

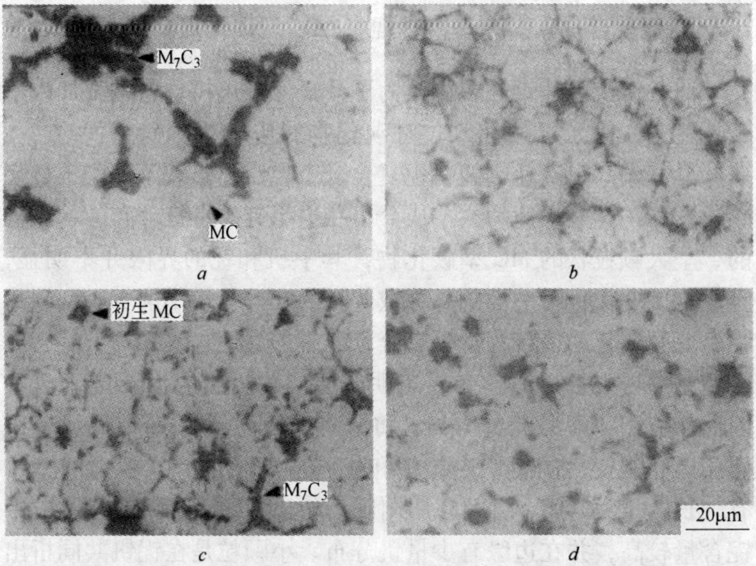

图 2-20　Fe-2C-6Cr-1.5W-3Mo-4V-xNb 高速钢轧辊的显微组织

a—0% Nb；*b*—1.5% Nb；*c*—2.0% Nb；*d*—5% Nb

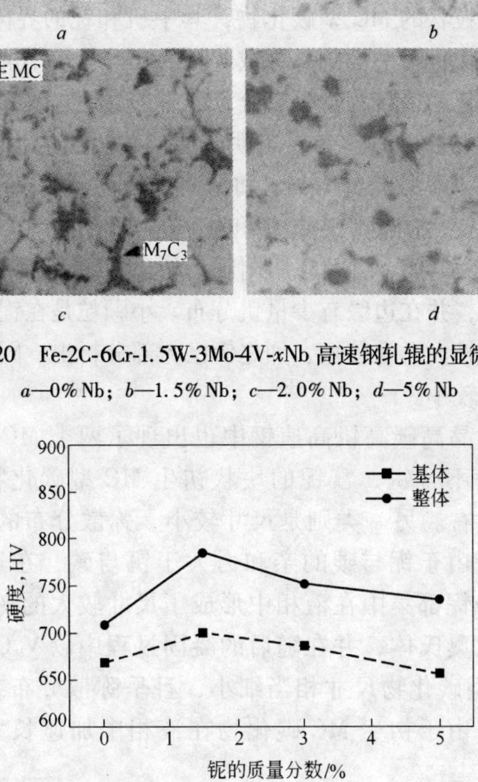

图 2-21　铌对高速钢轧辊硬度的影响

3% 和 5% 时，由于初生 MC(NbC) 在熔体中的析出，导致共晶 MC 碳化物中的铌含量降低，钒含量增加，基体中细小 VC 数量减少，反而使基体硬度下降。

109. 钒铌复合加入对高速钢轧辊中 MC 型碳化物有什么影响?

离心铸造高速钢轧辊中，为了减轻元素偏析，通常都加入适量铌元素，铌元素的加入，对碳化物影响较大。研究发现[30]：亚共晶高碳高钒高速钢经钒铌复合合金化后，出现了两类 MC 型碳化物，一类是以铌为主要成分，在边缘有少量钒分布的、孤立的、呈大颗粒状的 MC 型碳化物，其中钒和铌的界限并不明显，且呈梯度变化；另一类则是弥散分布的、尺寸较小的 MC 型碳化物，此类碳化物以钒为主要成分，含有少量铌，钒铌均匀混合没有明显的界限。热力学分析表明，NbC 的析出温度要高于 VC，因而在液相和高温奥氏体相区将只有 NbC 析出，而在低温奥氏体相区和相变后的组织内，铌和钒将同时析出。先析出的 NbC 有较长的长大时间，并可以吸附随后析出的钒，因此在大颗粒中铌含量较高，并在边缘有少量钒分布。小颗粒是在铌钒共同析出时形成的，长大时间较短，加之铌已大部分析出，因而钒含量较高，且尺寸较小。

在过共晶高碳高钒高速钢中也出现了两类 MC 型碳化物，一类是几乎不含钒、富铌的块状初生 MC 型碳化物，尺寸可达 30μm 左右。另一类则是尺寸较小、弥散分布的 V_8C_7 型碳化物。这是由于铌与碳的亲和力大于钒与碳，在过共晶高速钢中大部分铌都集中在液相中形成了尺寸较大的初生碳化物，迫使钒溶入奥氏体，并在随后的凝固过程中以 V_8C_7 型析出所致。V_8C_7 型碳化物尺寸相当细小，且呈弥散分布，有利于提高耐磨性。由于初生 MC 碳化物在液相中加速长大，因而其尺寸较大。

对高钒高速钢轧辊进行热处理后，发现 VC 分解为 VC + 针状 M_6C 型碳化物的现象，而采用钒铌复合加入的高速钢中则未发现 NbC 的分解，这说明 NbC 的稳定性要高于 VC，在热处理过程中不易发生分解，有利于提高钢的常温和高温硬度，从而提高高速钢轧辊的性能。

110. 半固态铸造对高速钢轧辊组织有什么影响?

高速钢轧辊中抗磨硬质相碳化物体积分数增加，对于耐磨性的提高起着有利的作用，但是如果在组织中存在粗大的碳化物，会使其韧性显著降低，耐磨性在一定条件下会下降，从而限制了其在实际工况中的应用。Shirasaki 等人[31]采用倾斜冷却体法获得半固态高碳高钒高速钢浆料，其成形温度介于液-固温度之间。冷却体角度分别为 10°、15°、17.5°。高碳高钒高速钢半固态铸造过程示意图如图 2-22 所示。高碳高钒高速钢不同铸造条件下

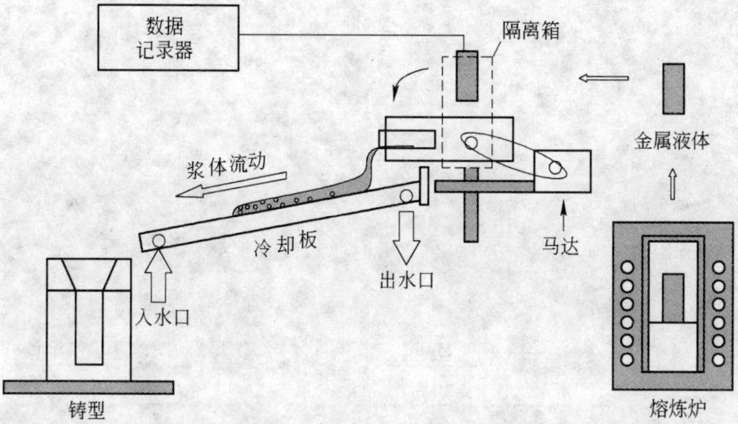

图 2-22　高碳高钒高速钢半固态铸造过程示意图

边缘和中心部位的显微组织见图 2-23，传统砂型铸造试样，边缘因铸型的激冷作用，碳化物细小，而中心部位碳化物粗大，且分布不均匀。采用半固态浇注的试样，无论是边缘还是芯部，碳化物都非常细小，且呈球状均匀分布，尤其是冷却体角度分别为 10°和 15°时，效果较好。碳化物的细化、球化和分布均匀化，将促进高碳高钒高速钢力学性能的提高和耐磨性的改善。

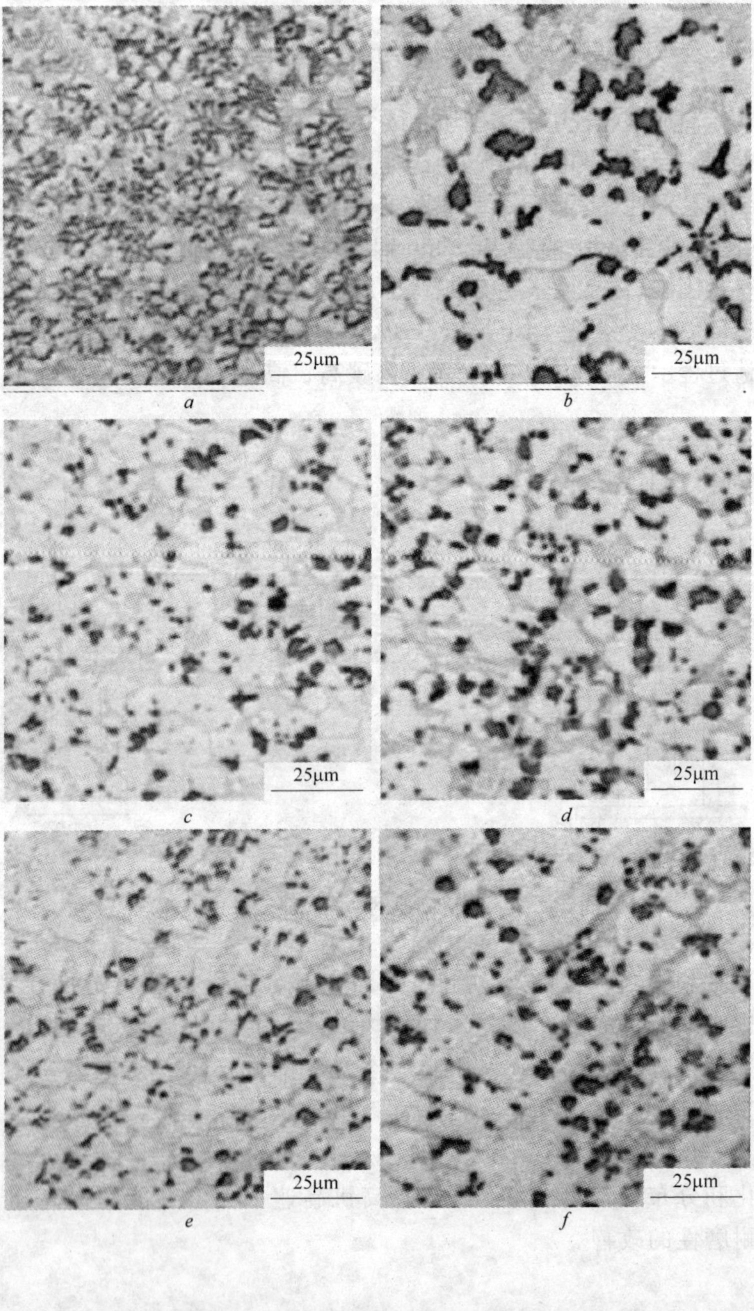

a　*b*　*c*　*d*　*e*　*f*

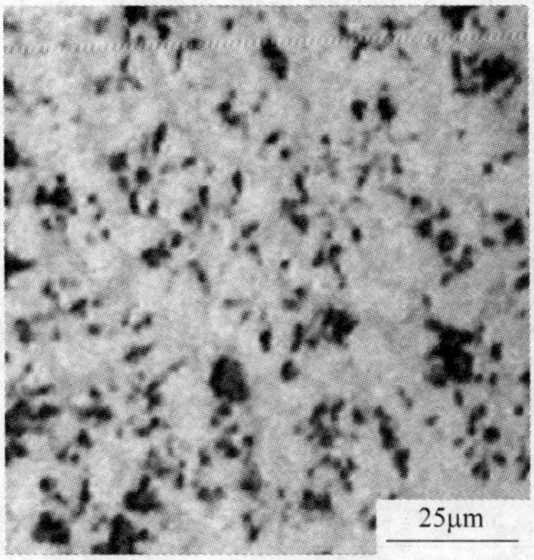

g

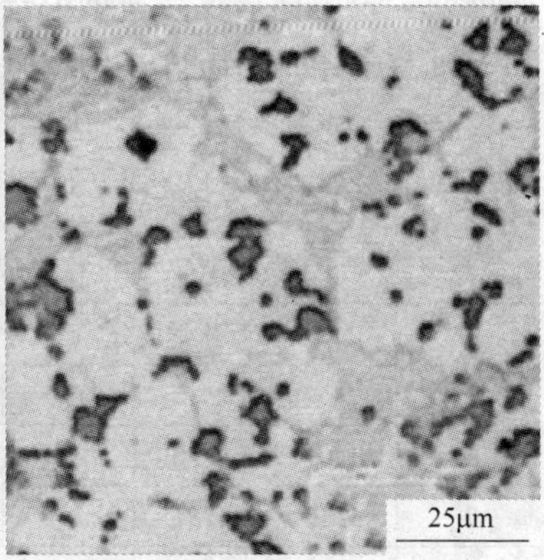

h

图 2-23 高碳高钒高速钢不同铸造条件下的凝固组织
a—砂型铸造边缘取样；*b*—砂型铸造芯部取样；*c*—冷却体角度 10°的半固态铸造边缘取样；*d*—冷却体角度 10°的半固态铸造芯部取样；*e*—冷却体角度 15°的半固态铸造边缘取样；*f*—冷却体角度 15°的半固态铸造芯部取样；*g*—冷却体角度 17.5°的半固态铸造边缘取样；*h*—冷却体角度 17.5°的半固态铸造芯部取样

111. 不同钒碳含量高速钢的凝固相组成是什么？

钒、碳含量对高速钢轧辊的组织和性能影响巨大，因此，研究不同钒、碳含量的高速钢的凝固相组成具有重要意义。周宏[32]采用电解铁和金属铬以及中间合金 Fe-3.5% C，V-Fe，Mo-Fe 和 W-Fe 为原料，配成 Fe-Cr-Mo-W-V-C 合金共 22 种，先将各种原料按所要求的配比装入石英管中，在碳管炉内氮气保护下熔化，注入直径为 15mm 的金属模中，合金成分列于表 2-16，以此作为母材，每次取 20g 装入直径为 20mm 的石英管内，氮气保护下重新熔化，待温度高于熔点 100K 后以 10K/min 的速度冷却并记录热分析曲线之后，在对应于凝固过程热分析曲线上各特征温度下立即将试样水淬，用着色腐蚀法观察其显微组织，用 X 射线衍射法分析碳化物相的组成，22 种试样中碳化物种类的分析结果列于表2-16。在高速钢中合金成分及冷却条件不同时，M_2C 和 M_6C 结晶的比例不同，增加钒、碳含量及钼或钨的量促使 M_2C 结晶，增加冷却速度也助长 M_2C 的析出，在 No. 1 和 No. 2 两试样中没有钒，且碳含量低，故只结晶出 M_6C 型碳化物。

表 2-16 试样化学成分和碳化物类型[32]

试样编号	化学成分(质量分数)/%					碳化物类型
	C	Cr	V	W	Mo	
1	1.01	4.32		5.20	4.98	M_6C
2	1.29	4.57		5.18	4.95	$M_6C+M_7C_3$
3	1.39	4.23	3.03	4.77	4.90	$MC+M_2C$
4	1.87	4.53	6.45	5.35	4.80	$MC+M_2C$
5	1.93	4.41	8.52	5.34	4.90	$MC+M_2C$
6	1.99	4.16	3.06	4.30	4.94	$MC+M_2C$
7	2.02	5.09	6.24	4.78	4.98	$MC+M_2C$
8	2.07	4.82	11.13	4.62	4.77	$MC+M_2C$
9	2.11	5.00	8.48	5.09	4.64	$MC+M_2C$
10	2.48	5.17	5.31	4.73	5.27	$MC+M_2C$
11	2.50	4.49	3.13	5.05	5.21	$MC+M_2C+M_7C_3$
12	2.57	4.38	6.93	5.02	4.83	$MC+M_2C$
13	2.91	5.09	7.17	4.42	5.28	$MC+M_2C$
14	3.27	4.06	3.42	4.85	5.06	$MC+M_2C+M_7C_3$
15	3.76	4.64	3.26	5.10	4.96	$MC+M_2C+M_7C_3$
16	3.81	4.54	3.24	4.84	4.80	$MC+M_2C+M_7C_3$
17	4.13	4.68		4.81	4.88	$M_3C+M_7C_3$
18	4.16	4.69	3.44	5.02	4.50	$MC+M_2C+M_7C_3$
19	4.16	4.61	3.77	4.64	4.82	$MC+M_2C+M_7C_3$
20	4.31	4.57		4.77	4.90	$M_3C+M_7C_3$
21	4.31	4.63	1.22	5.39	4.83	$M_3C+M_7C_3$
22	4.35	4.62	3.40	5.60	4.83	$MC+M_2C+M_7C_3$

四、高速钢轧辊性能

112. 高速钢轧辊的断裂韧性如何?

高速钢轧辊中含有数量较多的高硬度碳化物，且基体是高硬度的马氏体，经两次回火处理后，残留奥氏体数量极少，具有高硬度和良好的耐磨性。但断裂韧性低于高铬白口铸铁轧辊，与高镍铬无限冷硬铸铁轧辊相当。表 2-17 中列出了高速钢轧辊和其他轧辊的成分，表 2-18 列出了各种轧辊的断裂韧性值和硬度值。

表 2-17　5 个高速钢轧辊试样的化学成分表(质量分数,%)[33]

轧辊	CE①	W_{eq}②	V	Cr	Mn	P	S	Ni	C	Si	Mo
A	1.92	10.36	5.68	4.0~6.0	0.2~0.5	≤0.05	≤0.05	0.5~1.0	—	—	—
B	1.98	9.82	6.26	4.0~6.0	0.2~0.5	≤0.05	≤0.05	0.5~1.0	—	—	—
C	1.89	13.34	6.10	4.0~6.0	0.2~0.5	≤0.05	≤0.05	0.5~1.0	—	—	—
D	2.28	10.59	6.26	4.0~6.0	0.2~0.5	≤0.05	≤0.05	0.5~1.0	—	—	—
E	2.01	11.64	3.95	4.0~6.0	0.2~0.5	≤0.05	≤0.05	0.5~1.0	—	—	—
Hi-Cr	—	—	—	15.6	1.07	0.034	0.017	1.28	2.8	1.0	1.27
Ni-Cr	—	—	—	1.93	0.68	0.048	0.016	3.6	3.2	0.83	0.32

① CE（碳当量）=C+1/3Si；

② W_{eq}（钨当量）=W+2Mo。

表 2-18　5 个高速钢轧辊试样的断裂韧性值和硬度值[33]

轧　辊	基体硬度，HV	整体硬度，HV	断裂韧性/$MPa \cdot m^{1/2}$
A	647	675	28.2
B	637	656	22.4
C	632	658	27.6
D	715	751	25.8
E	726	756	21.4
Hi-Cr	513	527	35.6
Ni-Cr	525	566	29.5

113. 高速钢轧辊力学性能如何?

常用高速钢轧辊力学性能见表2-19。

表2-19 常用高速钢轧辊的主要力学性能

部 位	项 目	轧辊材质（外层）		
		无限冷硬铸铁	高铬铸铁	高速钢
外 层	硬度，HV	70~85	70~90	80~90
	抗拉强度/MPa	400~600	700~900	700~1000
	抗压强度/MPa	1900~2500	1700~2200	2500~3200
	破坏韧性值/MPa·$m^{1/2}$	18~25	21~34	25~28
结合层	抗拉强度/MPa	300~500	300~400	500~700
芯 部	抗拉强度/MPa	300~500	400~500	700~1000

114. 高速钢轧辊物理性能如何?

常用高速钢轧辊物理性能见表2-20。

表2-20 常用高速钢轧辊的主要物理性能

制造方法	材质（外层/内层）	热导率/W·$(m·K)^{-1}$	比热容C/J·$(kg·K)^{-1}$	密度ρ/kg·m^{-3}	线膨胀系数α/K^{-1}	杨氏模量E/MPa	泊松比ν
CPC	高速钢/合金锻钢	25.5/42.0	0.50/0.50	7700/7850	13.0×10^{-6}/14.0×10^{-6}	23.5×10^4/20.6×10^4	0.27/0.29
CF	高铬铸铁/球墨铸铁	20.0/27.0	0.59/0.59	7600/7200	13.0×10^{-6}/12.0×10^{-6}	22.0×10^4/20.5×10^4	0.30/0.30
CF	冷硬铸铁/球墨铸铁	23.5/27.0	0.54/0.59	7500/7200	8.0×10^{-6}/12.0×10^{-6}	17.5×10^4/20.5×10^4	0.27/0.30

115. 碳化物分布对高速钢轧辊使用性能有什么影响？

通过对进口和国产高速钢轧辊的使用效果及组织分析发现[34]，碳化物分布影响高速钢轧辊的使用性能，在晶界处分布的大块未溶共晶碳化物，对于高速钢轧辊的抗冷热疲劳性能及耐磨损性能具有较大的负面影响。在冷热疲劳循环中，未溶共晶碳化物容易导致基体中裂纹的萌生甚至发生未溶共晶碳化物的碎裂、脱落现象，并且能够加速裂纹的扩展。同样，在磨损过程中，也容易发生未溶共晶碳化物的碎裂、脱落现象。可见晶界处分布的未溶共晶碳化物，会大大降低高速钢轧辊的抗冷热疲劳性能及耐磨损性能，进而导致轧辊的使用性能大大降低。晶界处分布的 M_2C 及 M_6C 等类型的碳化物，对于裂纹的扩展有一定的促进作用，若这些碳化物联结成网状，则会大大增加裂纹的扩展速率，但与晶界成一定角度的 M_2C 型碳化物对于改变裂纹方向和阻碍裂纹扩展具有很大作用。不同类型碳化物在基体中弥散分布对于提高其耐磨性能具有很大作用。因此，为了提高高速钢轧辊的耐磨性，高速钢轧辊的组织应当保证在晶内 MC 型碳化物弥散分布，在晶界处有少量的 M_2C 和 M_6C 等类型的碳化物，且不能联结成网状，同时 M_2C 在晶界处尽可能与晶界成一定角度分布，这样可使高速钢轧辊具有较好的抗冷热疲劳和耐磨损性能，进而具有较高的使用及抗事故性能。

116. 各种典型工作辊的硬度和碳化物数量是多少？

热轧带钢精轧机架应用较多的工作辊材质主要有：激冷铸铁、无限冷硬铸铁、高铬铸铁、高铬钢和高速钢等，热轧辊的磨损与碳化物的类型和含量密切相关，而轧辊硬度对轧辊的磨损影响并不是太大，各种典型工作辊的硬度和碳化物数量见图2-24。

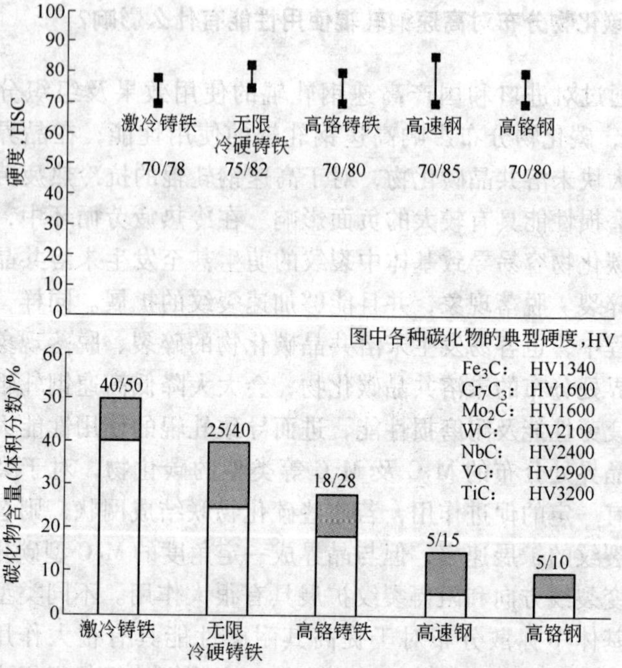

图 2-24 各种典型工作辊的硬度和碳化物数量

五、高速钢轧辊成形方法

117. 高速钢轧辊的成形方法有哪些?

近年来，国外轧钢业为了提高轧材质量和降低成本，在热连轧技术方面，采用了低温、大压下量、小辊径轧制等降低能耗措施；为控制板形和提高板材质量，采用了六辊、双交叉、双重弯辊、小辊径轧制技术，使辊身接触应力增加 1 ~2. 5 倍，弯曲应力增加 2 ~3 倍，接触频率增加数倍。因此，迫切需要提高轧辊的耐磨性、韧性和抗表面粗糙性。在这种背景下，国外开发了具有高耐磨性、高抗表面粗糙性的高碳高钒型高速钢轧辊，研究了离心复合、连续复合(CPC)、热等静压(HIP)、电渣熔铸、喷射成形(osprey)等轧辊复合技术[35]，并先后研发了热连轧粗轧、精轧前架和后架轧辊、H 型钢轧辊、高速线材预精轧轧辊（或辊环）等，很好地满足了新的轧制技术对轧辊性能的要求。

118. 铸造高速钢轧辊的成形方法有哪些?

铸造高速钢轧辊制造技术的改进主要围绕提高钢的纯净度和均匀性，提高轧辊强度和轧辊外层与辊芯的冶金结合。目前工业生产中较常见的铸造高速钢轧辊制造方法有离心铸造法、连续浇注外层成形法、电渣重熔法和液态金属电渣熔接法。不同的轧机，同一轧机的不同机架，对轧辊性能的要求不同，可以根据所需的轧辊性能、轧辊规格和生产成本选择合适的制造方法。

119. 高速钢轧辊熔炼时各元素的加入顺序是什么?

高速钢熔炼时各元素加入顺序是根据熔炼过程中各元素的氧化还原反应的能力来决定的，根据冶金过程热力学中自由能 ΔF 的大小来判断。一般来说，元素与氧的亲和力越大，ΔF 就越小，越是在最后加入。根据金属对氧的化学亲和力强弱关系可知，高速钢中各元素在 1500℃时与氧的亲和能力如下：Al > Si > Nb > V > Mn > Cr > C > Fe > Mo > W > Ni，其中 C 是个特例，随着温度的升高，它和氧的亲和力越来越大。由上述得知，高速钢轧辊熔炼时，各元素（铁合金）加入顺序如下：先加钨铁和镍板，并置于坩埚底部，再加高速钢废料、石墨块和废钢，待全部熔清后，依次加入钼铁、铬铁、锰铁、硅铁，随后是钒铁、铌铁，最后用铝做终脱氧剂。特别是用锰铁和硅铁进行沉淀脱氧时，应先放入锰铁、后放入硅铁，这样钢中夹杂物较少。如果先放入硅铁，则易形成 SiO_2 饱和的硅酸盐质点，细小地分散在钢液中，不易上浮而残留在钢液中。另外，钒铁和铌铁的 ΔF 尽管大于硅铁的 ΔF，但由于钒、铌是作为主要合金元素加入的，且价格昂贵，不易进入钢液，所以应在锰铁、硅铁预脱氧后加入，有利于提高钒和铌的收得率。

120. 高速钢轧辊熔炼时怎样脱硫和磷?

硫、磷在高速钢中多以低熔点夹杂物的形式聚集于晶界，在高温加热过程中易出现局部熔化，降低钢的强度和塑性，因此高速钢轧辊中的硫、磷含量应严格控制，通常规定硫含量≤0.025%，磷含量≤0.030%。但是，目前国内多数高速钢轧辊制造企业采用普通感应电炉熔炼，原料是普通铁合金，个别企业为了降低生产成本，还加入较多的高速钢废料，导致高速钢轧辊中硫、磷含量易超标，严重时造成轧辊报废。

由于高速钢中合金元素含量多，要对它进行脱磷困难比较大，另外，钢中磷活度低，去磷难度大。研究发现[36]，采用 $BaO\text{-}BaCl_2\text{-}CaF_2$ 渣系对高速钢脱磷效果较好，特别是渣中 BaO 含量达到 50% 时，脱磷率最高，因为 BaO 是渣中的主脱磷剂，随着 BaO 含量增加，渣系的脱磷能力也随之提高，但是，BaO 含量太高时，又使熔渣流动性变差，不利于脱磷反应的进行。作为助熔剂加入的 $BaCl_2$ 和 CaF_2 不仅起助熔作用，而且参与脱磷形成复合磷酸盐($Ba_5Cl(PO_4)_3$、$Ba_{10}F(PO_4)_6$)，降低脱磷产物活度，促进脱磷。因此在 BaO 含量达到 50% 左右时，熔渣既具有较高的磷容量，又有良好的流动性和稳定性，其脱磷率达到最高值。但是，对于 $BaO\text{-}BaCl_2\text{-}CaF_2$ 渣系，当钢液初始钒含量较高时，熔渣基本上不脱磷，当初始钒含量低于 0.8% 时，开始有一定的脱磷率，当钒含量低于 0.55% 时，才有明显的脱磷效果。因此高速钢轧辊应在加钒合金以前进行脱磷处理。高速钢轧辊脱硫工艺比较简单，最常用的是直接将碳化钙或氧化钙均匀加入到钢液流中或直接加入到钢包内进行脱硫处理，脱硫率超过 60%，也可以采用加入稀土合金的方法进行脱硫处理，稀土合金除了对钢液起脱硫作用外，并可形成球状稀土硫化物，可以消除钢中Ⅱ类硫化锰的有害影响。

121. 高速钢轧辊用钇基稀土代替铈基稀土的主要原因是什么?

高速钢轧辊体积大，凝固时间长，铸件组织粗大，且碳化物易沿晶界呈网状分布，严重削弱材料的强韧性，且难以用热处理方法消除。稀土加入高速钢轧辊中具有脱硫、除气的作用，同时稀土与液态金属反应生成的细小粒子，具有加速凝固的形核作用，表面活性稀土元素在流动的晶体表面形成吸附原子薄膜，降低流动离子的速度，稀土元素的这些特性能细化高速钢轧辊的晶粒，限制树枝晶偏析，提高轧辊力学性能、抗氧化性和耐磨性。但加稀土的副作用是带来夹杂，为了既能充分发挥稀土的有益作用，又能克服上述副作用，建议用钇基重稀土取代常用的铈基轻稀土。采用钇基重稀土可获得密度较小的脱氧、脱硫产物，以利于其上浮，铈稀土的脱氧、脱硫产物以 Ce_2O_2S 计，其密度为 6.00g/cm^3，钇稀土的脱氧、脱硫产物以 Y_2O_2S 计，密度为 4.25g/cm^3，按 Stokes 公式计算夹杂物的上浮速度 v 为:

$$v = \frac{2}{9} \cdot \frac{r^2 g(\rho_{液} - \rho_{杂})}{\eta} \tag{2-6}$$

式中，v 为夹杂物上浮速度，m/s；r 为夹杂物半径，m；$\rho_{液}$ 为金属液体的密度，N/m^3；$\rho_{杂}$ 为夹杂物的密度，N/m^3；η 为液体的动力黏度，N·s/m^2；g 为重力加速度，9.8m/s^2。

可见后者的上浮速度较前者增大 1 倍，这是使用钇稀土获得洁净组织对高速钢轧辊污染少的重要原因。

122. 高速钢钢液怎样进行净化处理?

轧辊内在质量与钢液纯净度有很大的关系，钢水中的非金属夹杂物可导致轧辊性能恶化、内在品质下降，同时非金属夹杂物有助于气孔的形成，降低轧辊的致密度。提高高速钢钢液纯净度主要集中在两方面:

(1) 尽量减少钢中杂质元素的含量;

(2) 严格控制钢中的夹杂物，包括夹杂物的数量、尺寸、分布、形状、类型。

减少钢中溶质元素的含量主要是通过对各种钢水预处理以及炉外精炼设备中创造最佳的冶金反应动力学和热力学条件实现的，钢中夹杂物的控制主要是减少其生成、对其进行改性、促其上浮。炉外精炼工艺的基本手段有五种：真空、喷吹、加热、渣洗以及搅拌，其他炉外精炼方法都是上述五种工艺手段的不同组合。目前，我国大型炼钢企业生产的钢水普遍采用了炉外精炼工艺，但铸钢企业采用炉外精炼工艺并不多见。目前国外纯净铸钢及其精炼工艺已经普遍应用和不断发展。涉及到的精炼工艺主要有 AOD、VOD、VODC、LF、PLF、VILF、Ar 气净化、钢包 Ca-Al 线射入净化、过滤技术和电渣熔铸技术等。由于受生产条件和成本的限制，高速钢轧辊多数采用普通感应炉在大气环境下熔炼，易产生多种夹杂物，损害轧辊的力学性能和耐磨性能。笔者开发了钢包底部安装透气塞吹入氩气工艺，通过陶瓷透气塞向钢液中吹入氩气可净化钢水。透气塞装在钢包底部，见图 2-25。

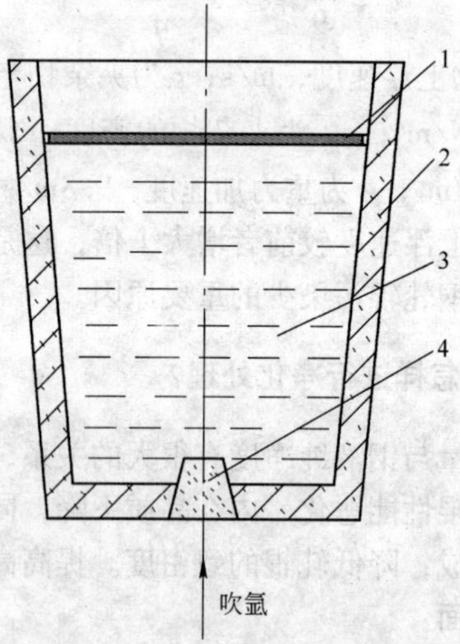

图 2-25　吹氩工艺示意图

1—渣层；2—钢水包；3—钢水；4—多孔透气塞

研究发现,吹氩除能搅动钢水外,由于氩气泡小而分散,具有除气作用,从而减少气体和夹杂物含量。供气速率范围较灵活,包底耐火材料很少磨损,吹气可中断而不会有钢水渗漏,安装简便。钢包氩气净化主要优点是:使合金元素和脱氧产物分布均匀,除气去夹杂效果好,温度均匀。实践表明,采用吹氩净化法,由于钢液净化和温度均匀,钢水在浇注轧辊时钢包无黏包、结瘤等现象出现。

123. 怎样选择铸造高速钢轧辊的冷型材质?

铸造高速钢轧辊的冷型材质一般选用铸铁和铸钢,个别企业选用锻钢冷型。因锻钢冷型的造价太高,只有在轧辊批量大的情况下才可考虑选用。经验表明,铸钢冷型的寿命比铸铁冷型长,但容易变形。目前国内一些轧辊厂都有自己的电弧炉和铸钢设备,它们一般都使用铸钢冷型。另外,生产小型高速钢轧辊,一般可选用铸铁冷型,生产 ϕ550mm 以上的高速钢复合轧辊,一般宜选用铸钢冷型。

124. 怎样确定离心铸造高速钢轧辊的冷型厚度?

为了提高高速钢轧辊的冷却速度,得到细小、致密的组织,同时为了延长冷型使用寿命,并确保冷型使用安全、可靠,冷型壁厚大于一般金属铸型的厚度,通常采用如下经验公式计算:

$$\delta = (0.16 \sim 0.19)D + 100 \tag{2-7}$$

或

$$\delta = (0.3 \sim 0.4)D \tag{2-8}$$

式中,δ 为冷型壁厚,mm;D 为轧辊外径,mm。

125. 离心铸造高速钢轧辊的成形有什么特点?

离心铸造轧辊的主要特点是将液态外层材料和芯部材料以一定的时间间隔浇入铸型内。离心旋转时间、辊芯金属液浇注间隔时间、浇注温度及防止外层元素偏析和内外层材料界面氧化是此方法制造轧辊成败的关键。研究发现离心机转速对轧辊使用性能有明显影响,随着离心机转速的增加,轧辊组织致密,硬度提高，磨损量减少，耐磨性不断改善，但转速过高，轧辊耐磨性提高不明显，反而增加了动力消耗和加剧合金元素偏析。

126. 怎样使用斜式离心铸造机浇注高速钢复合轧辊？

斜式离心铸造机如图 2-26 所示，斜式离心机和水平面呈 15°～35°的斜度，带有自动调整装置，靠托轮摩擦传动，铸型一般做成整体式，在锻钢或铸钢的外套中把下辊颈砂型、辊身冷型和上辊颈砂型全部装配好后，在离心机上进行浇注，外层高速钢和芯部金属的浇注均在离心机上进行。离心浇注高速钢复合轧辊的芯部材料为灰铸铁或球铁。离心铸造所用的铸型通常是锻钢、铸铁或球铁，内表面涂挂耐火涂料，浇注时预热至 150～250℃。

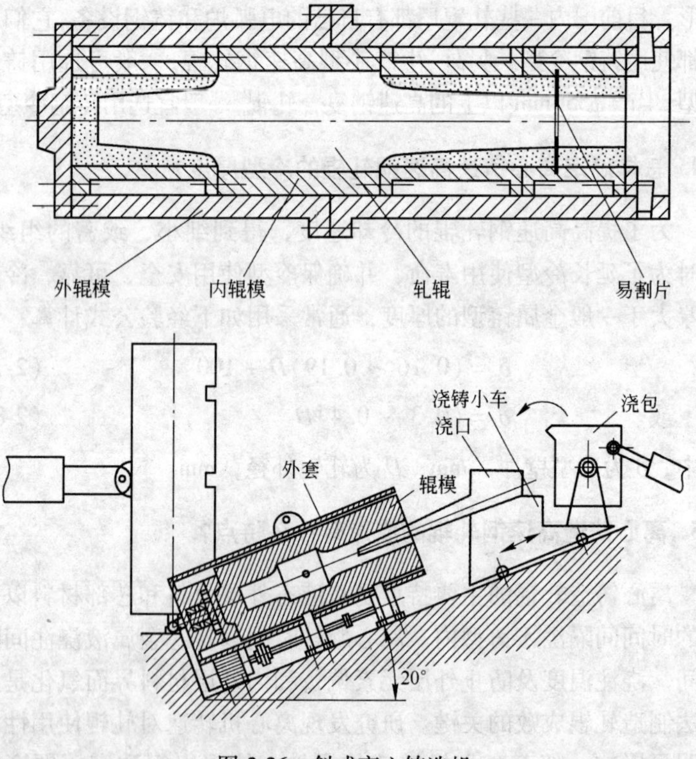

图 2-26 斜式离心铸造机

上下辊颈及冒口用干砂型，钢液熔炼一般用感应炉，经各种处理和合金化后浇入铸型内，同时加入防氧化玻璃渣，防止离心高速钢钢液内表面被氧化。离心旋转时间和芯部铁液浇注温度是此类轧辊成败的关键。外层材料是高速钢，其液相线温度为1270～1320℃，随着温度的下降，金属凝固时要出现共晶凝固区域温度，此温度持续一段时间后，外层钢液基本凝固完成，选择在此温度以下10～30℃开始停机较好。一般希望早些停机，因为外层钢液内表面的温度越高，越有利于外层与芯部的熔合，界面结合越好。但是停机过早，外层钢液尚未完全凝固，离心铸型减速时，钢液发生塌落，导致浇注失败。芯部铁液有使已凝固的外层金属内表面重熔的作用，因此芯部铁液温度应高于外层金属的液相线温度，但不可过高，否则恶化芯部的性能，一般芯部铁液的浇注温度确定为1330～1390℃。

127. 离心铸造高速钢轧辊为什么易出现偏析？

离心铸造高速钢轧辊易出现偏析的主要原因是高速钢轧辊中含有较多的钨、铬、钼和钒等元素，这些元素及其形成的碳化物密度差大（见表2-21），由于离心力的作用，密度大的元素及其所形成的碳化物富集于轧辊外层，而密度小的元素及其所形成的碳化物富集于轧辊内层，导致轧辊中的元素偏析严重，通常轧辊外层富集较多的钨、钼元素及含钨、钼的碳化物，而轧辊内层富集较多的钒元素及含钒碳化物，使轧辊性能在轧辊径向出现明显波动，降低轧辊的耐磨性。

表2-21　高速钢中常见元素和碳化物的密度

碳化物	W_2C	WC	Mo_2C	NbC	VC	Fe_3C
密度/$kg\cdot m^{-3}$	17200	15800	9100	7900	5700	7200
元　素	W	Mo	Nb	Fe	Cr	V
密度/$kg\cdot m^{-3}$	19300	10200	8600	7900	7200	6100

128. 怎样消除离心铸造高速钢轧辊偏析？

偏析是离心铸造高速钢轧辊的常见缺陷，严重影响轧辊耐磨性。研究发现，离心铸造高速钢轧辊偏析主要是一次结晶 VC 的偏析，因 VC 与钢水的密度相差较大所致。为解决碳化物偏析问题，日本专利公报特开平 4-365836 中公开了一种碳化物偏析少的轧辊材料，其化学成分（质量分数）是：1.5% ~ 3.5% C，5.5% ~ 12.0% Cr，2.0% ~8.0% Mo，3.0% ~ 10.0% V，0.6% ~7.0% Nb，<1.5% Si，<1.2% Mn，<5.5% Ni。美国专利 US6095957 中也公开了一种碳化物偏析少的热轧用轧辊材料，其化学成分（质量分数）是：2.4% ~2.9% C，12.0% ~18.0% Cr，3.0% ~9.0% Mo，3.0% ~ 7.0% V，0.5% ~ 4.0% Nb，< 1.0% Si，< 1.0% Mn，<1.0% W。主要特征是采取添加铌元素提高 MC 型碳化物密度，并限制添加密度高的钨元素，结果由于生成密度较大的 MC 型复合碳化物（V、Nb 系碳化物），密度与钢水密度相接近，使 VC 减少，有效地控制了离心铸造高速钢轧辊的碳化物偏析。

但铌提高钢的淬火温度，降低二次硬化峰值出现的温度，此外高速钢铸造成形过程中铌系的 MC 型碳化物比钒系的 MC 型碳化物粗大，导致轧辊使用中易发生剥落。同时钨含量低的高速钢红硬性差，高温硬度低，高温耐磨性差，降低高速钢轧辊的使用寿命。为了减少离心铸造高速钢轧辊的偏析，中国发明专利 CN1559725 公开了电磁离心铸造高速钢复合轧辊方法，该电磁离心铸造方法是先将高速钢在熔炼炉中加热，当温度达到 1600℃ 时，脱氧出钢，进行浇注，在浇注时，先在离心铸造设备外面加上外加磁场，其磁场强度≥0.2T，同时启动离心铸造设备，加外力使其以 600 ~2000r/min 的速度高速旋转，从而产生离心旋转力，用稳恒磁场与离心旋转力相结合进行电磁搅拌，促进柱状晶组织向等轴状晶组织转变及减少了高速钢凝固过程中合金元素以及碳化物的宏观偏析。但是，在离心铸造中加入电磁场搅拌，易使轧辊出现疏松，降低轧辊的力学性能和耐磨性。

笔者最近也发明了一种低偏析高速钢轧辊及其制备方法[37]。采用高碳高速钢制造复合轧辊的辊身，辊芯采用低合金球墨铸铁，辊身在离心铸造条件下成形，辊芯采用顶浇法与辊身实现冶金结合。其主要特点是高碳高速钢液体出炉时，先在浇包内加入稀土-镁-钛复合变质剂，对钢水进行复合变质处理，有利于细化凝固组织；在此基础上，在高碳高速钢液体的离心浇铸过程中，加入铁粉悬浮剂，有利于加速钢液的凝固，减轻元素偏析；钢水浇注完毕后，对铸型喷水，实现强制冷却，可以进一步加速钢水的凝固，细化凝固组织，减轻元素偏析，提高高速钢轧辊力学性能和耐磨性。

129. 添加铌元素能减轻离心铸造高速钢轧辊偏析吗？

在普通离心铸造条件下，高速钢轧辊元素偏析严重。日本川崎制铁公司[13]分析了离心铸造高速钢轧辊偏析主要是 MC 型碳化物的偏析，严重影响轧辊的耐磨性，研究发现 MC 型碳化物主要是一次结晶 VC 的偏析，因 VC 与钢水的密度相差较大所致。防止 VC 偏析方法是采取添加铌元素提高 MC 型碳化物密度，并限制添加偏析元素钨和钼，选择基本成分 2.0% C-6.0% V-7.0% Cr-2.5% Mo，添加 1.0% ~1.5% Nb 进行试验，其结果生成密度较大的(V,Nb,Mo)C 型复合碳化物，密度与钢水密度接近，使 VC 减少，有效地控制了离心铸造高速钢轧辊的碳化物偏析。由此可见，单纯加铌只能减轻钒元素偏析，如果加铌和去钨降钼结合使用，可明显减轻高速钢轧辊的元素偏析。

130. 离心铸造中引入电磁场能减轻高速钢轧辊偏析吗？

离心铸造高速钢轧辊偏析的主要原因是高速钢中存在与金属熔液密度不同的原子簇团，在离心力作用下，密度大的原子簇团向辊面移动，密度小的原子簇团向轧辊芯部移动[38]。而原子簇团产生的主要原因是高速钢轧辊中各种元素的物理和化学性质不同。影响离心铸造高速钢轧辊偏析的主要因素有：离心机转数、金属液凝固冷却速度和原子簇团性质，转速越高，凝固冷却速度越小，偏析越严重，反之偏析减轻。相同体积和密度的原子簇团，呈团块状或条状，比呈球形时的空间伸展尺度大，有利于减轻偏析[39]。在此基础上，作者研究了离心铸造中引入电磁场对高速钢轧辊偏析的影响，发现电磁场在金属熔液中产生电磁力，其切向分量与熔液运动方向相反，迫使固液界面前的溶液产生流动，引起元素分配系数 k 的变化，有利于减轻高速钢轧辊元素偏析[40]。电磁力的作用还会促使金属熔体对固-液界面和枝晶端部产生强烈冲刷作用，造成晶体从铸型壁脱落和枝晶折断，促进等轴晶的形成，有利于宏观偏析减轻。高速钢轧辊电磁离心铸造中，磁场作用还导致先析出相、原子簇团与金属溶液之间因其导电性及密度差异而产生运动状态的相异性，这种作用对于高速钢轧辊凝固过程中溶质再分配及最终的成分偏析也有重要影响。

清华大学[41]发明了电磁离心铸造高碳高钨高速钢复合轧辊方法（CN100999804），轧辊的主要成分是 2.0% ~ 3.0% C，6.0% ~18.0% W，2.0% ~4.0% V，1.0% ~3.0% Mo，3.0% ~9.0% Cr，<1.2% Si，1.2% Mn。其制备过程是，首先将高碳高钨高速钢加热到 1580 ~ 1620℃ 后脱氧；在 1400 ~ 1500℃ 浇铸，同时对离心铸型施加 0.05 ~ 0.25T 的稳恒磁场，并以 600 ~ 1800r/min 转速旋转至成形。宝钢股份公司[42]也发明了一种电磁离心铸造高速钢复合轧辊工作层材质(CN101274359)，其成分质量分数为：1.8% ~2.5% C，3% ~10.0% W，2% ~4% Mo，4.0% ~7.0% Cr，0.5% ~2% V，0.03% ~0.5% RE，≤1% Si，≤1% Mn。在轧辊离心浇注和凝固过程中，施加磁感应强度为 0.21 ~0.30T 的电磁场，不仅消除了铸造组织的宏观偏析，有效控制 MC 碳化物均匀分布，而且明显改善了高速钢复合轧辊的使用性能。

131. 磁场对离心铸造高速钢轧辊组织有什么影响?

高速钢轧辊离心铸造过程中，引入电磁场，除了可减轻元素偏析外，还对轧辊组织产生明显影响。范永祥等人[43]对 1.8% C-3.5% Mo-1.5% W-5% V-5% Cr 高速钢轧辊离心铸造过程中，分别引入磁场强度为 0.05T、0.12T 和 0.15T 的电磁场，从试样深腐蚀后的衍射图谱（见图 2-27）可以看出，$B=0$ 的试样中碳化物类型是 M_7C_3、M_2C 和 MC。随着磁场强度的增加，碳化物类型发生了改变，从图谱中可以看到 $B=0.05T$ 和 0.12T 试样中的碳化

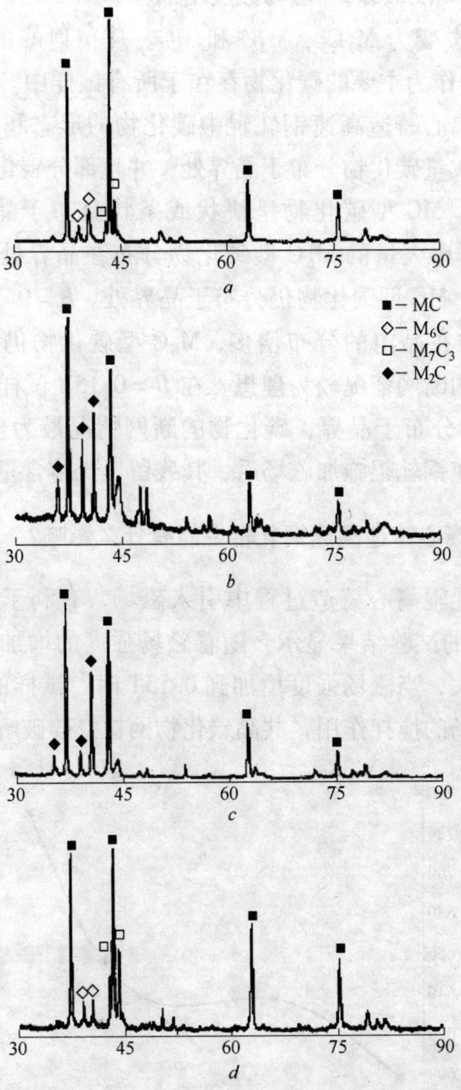

图 2-27　引入不同磁场强度离心铸造高速钢轧辊深腐蚀后的 XRD 衍射谱[43]

a—*B* = 0；*b*—*B* = 0.05T；*c*—*B* = 0.12T，*d*—*B* = 0.15T

物类型是 M_6C 和 MC。当磁场强度增加至 0. 15T 时，试样中的碳化物类型再次变为 M_7C_3、M_2C 和 MC。从衍射峰的强度分析，MC 型碳化物作为主要的碳化物存在于所有试样中。磁场强度的变化还影响离心铸造高速钢轧辊中碳化物的形态和分布，$B=0$ 的试样中有大量碳化物分布于晶界处，并且部分碳化物在晶界处连接成网状，MC 型碳化物呈块状或条状分布于晶界处。$B=0.05$T 的试样中大量的 M_6C 型碳化物分布在晶界处，且联网情况受到抑制，MC 型碳化物仍分布于晶界处。$B=0.12$T 试样中，MC 型碳化物在晶内的分布增多，M_6C 型碳化物仍分布在晶界处，碳化物的断网情况较为理想。在 $B=0.15$T 试样中，大部分 MC 型碳化物分布于晶界，碳化物的断网情况最为理想。另外，离心铸造高速钢轧辊施加磁场后，其残留奥氏体含量明显减少。

132. 磁场对离心铸造高速钢轧辊性能有什么影响?

高速钢轧辊离心铸造过程中引入磁场，有利于提高轧辊硬度，图 2-28 的试验结果显示，随着磁场强度的增加，试样的硬度值逐渐增大，当磁场强度增加到 0. 15T 时，试样的硬度最大。这是由于磁场的搅拌作用，共晶碳化物网被打碎破解成碳化物与

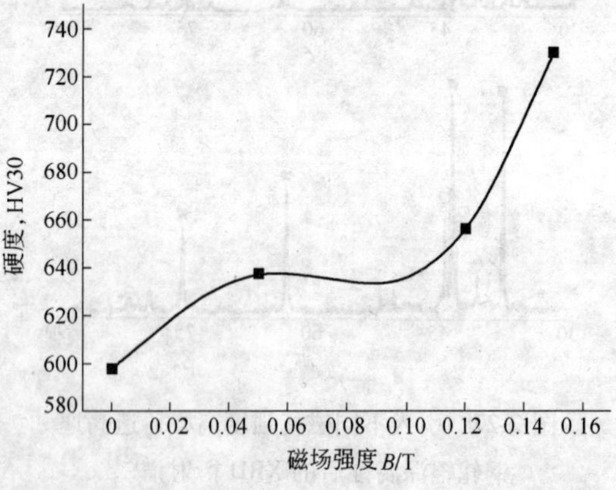

图 2-28　离心铸造高速钢轧辊磁场强度对轧辊硬度的影响[43]

基体相间的结构，碳化物分布更加弥散，这有利于宏观硬度的提高。同时随着磁场强度的增加，MC 型碳化物在晶界处的分布减少，在晶内的分布增加，这也有利于硬度提高。此外，未施加磁场的离心铸造轧辊中初生 MC 型碳化物和共晶碳化物的大小和分布都不利于提高轧辊的耐磨性和抗冷热疲劳性能。施加磁场后，MC 型碳化物分布由晶界转向晶内，尺寸小且分布分散，有利于提高耐磨性。碳化物断网有利于避免裂纹的萌生扩展和碳化物脱落，有利于提高抗冷热疲劳性能。

133. 怎样消除离心铸造高速钢轧辊裂纹？

由于高速钢轧辊凝固温度范围宽，热裂抗力低，加之在离心铸造过程中受离心压力和离心机振动而产生的机械应力的双重作用，离心铸造高速钢轧辊极易出现裂纹。轧辊使用条件苛刻，性能要求高，工作面不允许焊补，裂纹的出现导致轧辊直接报废。因此，消除高速钢轧辊裂纹是极其重要的。采用降低碳和合金加入量的措施，尽管可以减轻高速钢轧辊裂纹倾向，但损害了轧辊的耐磨性。笔者研究发现[44]，在高速钢中加入较多提高抗热裂性能的元素，在此基础上，加入稀土-钾-镁复合变质剂，细化高速钢基体组织并改善碳化物的形态和分布，进一步提高其抗热裂能力。另外，还采用了变速离心铸造技术、变流量浇注工艺和铸型变速凝固冷却技术，可以调整铸型与轧辊内的温度场和应力场分布，使之有利于钢水的充填和凝固，消除离心铸造高速钢轧辊裂纹，提高轧辊生产合格率，降低轧辊生产成本。

134. 立式离心机铸造高速钢复合轧辊有什么优点？

复合轧辊的结合层质量是一个轧辊厂和轧钢厂都十分重视的问题，不管是无限冷硬铸铁复合轧辊、高铬铸铁复合轧辊还是高速钢复合轧辊，在轧制过程中，最常见的轧辊失效是从结合层部位剥落，其中部分是使用上的问题，如果排除使用上的问题，那么结合层质量就是最大的原因。对于离心复合浇注轧辊来说，结合层质量最大的问题是表层和芯部两种成分相差很大的材料之间的结合。加入中间层尽管可以改善高速钢轧辊的结合层质量，但是，只有让外层内表面的保护渣和夹杂能顺利浮到最上面并且内外材质达到有效的冶金结合，才会明显改善结合层质量。一般来说结合层质量主要分以下几个方面：

（1）外层材质和芯部材质之间的结合质量；

（2）外层合金向芯部扩散；

（3）结合层部位的组织变化。

影响结合层质量的因素很多，例如中间层浇注温度、保护渣流动性、离心机转速、界面温度、结合层组织。这些因素造成的一些宏观和微观上的缺陷有夹渣（杂）、假象结合、组织异常等。卧式离心铸造复合轧辊辊身端面结合层部位易残留保护渣，损害轧辊结合层强度。立式离心浇注复合轧辊的整个过程都是在动态的情况下浇注，也就是说在离心旋转时浇入中间层和芯部铁水，而且立式离心机具有很高的转速来保证它的线速度，在双重作用下，保护渣和夹杂都能顺利地上浮，以保证三层间的冶金结合，因此，立式离心铸造比卧式离心铸造在排渣和结合方面更胜一筹。另外，采用立式离心机浇注高速钢复合轧辊还具有操作简便、安全、可靠等优点。

135. 离心机转速对高速钢轧辊性能有什么影响?

高速钢轧辊离心铸造过程中，离心机转速对轧辊使用性能有明显影响。研究发现，随着离心机转速的增加，轧辊组织致密，硬度提高，磨损量减少（见图 2-29），耐磨性不断改善，但转速过高，轧辊耐磨性提高不明显，反而增加了动力消耗和加剧合金元素偏析。

136. 怎样选择离心铸造高速钢轧辊铸型转速?

选择合适的转速是保证离心铸造高速钢轧辊质量的首要条

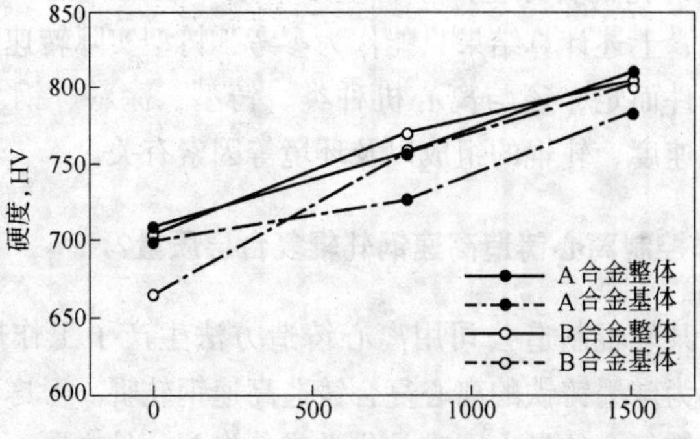

a

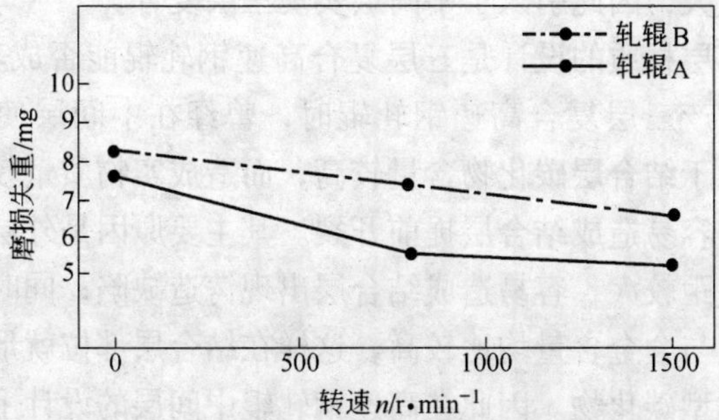

b

图 2-29　离心机转速对高速钢轧辊硬度(*a*)和磨损失重(*b*)的影响[45]

轧辊 A：Fe-2% C-6% Cr-1.5% W-3% Mo-4% V；

轧辊 B：Fe-2% C-6% Cr-1.5% W-3% Mo-4% V-1.5% Nb

件，一般根据轧辊内径，按式 1-3 所示的 5520 值公式计算选择铸型转速。此外，还可以根据重力倍数(G)来确定铸型转速，其中重力倍数是高速钢轧辊在旋转时的离心力和正常重力之比，$G = mr\omega^2/mg = 0.112(n/100)^2 r$，以重力倍数为基础上的铸型转速($n$)计算公式为：

$$n = 229\sqrt{G/r} \quad (2\text{-}9)$$

高速钢轧辊实际生产中，重力倍数一般控制在 80～120 之间。但是，上述计算结果只能作为参考，铸型实际转速应根据具体生产条件而定，还与离心机种类、铸型、涂料、钢水浇注温度、浇注速度、轧辊的组成以及环境等因素有关。

137. 怎样控制离心铸造高速钢轧辊复合层质量？

国内某轧辊制造公司用离心铸造方法生产了工作层为高速钢、芯部为球墨铸铁的离心复合铸造高速钢轧辊。考虑到高速钢和球墨铸铁复合的最大困难是化学成分失配，且主要表现在熔点的差异较大，因此引入了中间层实现三层复合。

中间层材质的设计是三层复合高速钢轧辊能否成功的关键。在以往生产三层复合高速钢轧辊时，曾经在中间层使用球墨铸铁，但由于结合层碳化物含量较高，而造成实物质量较差，在使用过程中容易造成结合层提前开裂。其主要原因是外层与中间层碳当量差距较大，容易造成结合层出现铸造缺陷；同时由于结合层碳含量与合金含量均比较高，这样在结合层部位就形成了大量的莱氏体型碳化物。因此在高速钢轧辊中间层的设计上可借鉴卧式离心铸造高铬铸铁轧辊中间层的材质采用石墨钢材质。对于芯部铁液的化学成分，国际上有的厂家采用过半钢或石墨钢，大多数厂家一般均采用高强度的球墨铸铁。该公司生产 ϕ 860mm × 2400mm 的三层复合高速钢轧辊时，采用表 2-22 所示的成分，中间层与高速钢外层和芯部均实现了组织和成分上的良好过渡，中间层与充芯球墨铸铁熔点搭接实现了局部熔化的冶金结合，整体过渡层表现出良好的力学性能[46]。

表 2-22 高速钢复合轧辊的成分（质量分数，%）

部 位	C	Si	Mn	Cr	Ni	Mo	V
外 层	1.8～2.5	0.5～1.0	0.2～1.0	4.0～6.0	0.2～0.8	5.0～7.0	5.0～7.0
中间层	1.1～1.8	1.5～2.5	0.6～1.0	≤0.5	≤0.5	≤0.5	≤0.5
芯 部	3.2～3.6	2.0～2.5	0.4～0.6	≤0.5	0.6～1.0	≤0.5	≤0.5

138. 离心铸造高速钢复合轧辊浇注后怎样保护？

高速钢轧辊铸造过程中，为了防止外层高速钢凝固后在其内表面形成氧化皮，需要在浇注外层高速钢后期随之加入防氧化的保护渣，并借助离心力使其均匀涂敷在高速钢的内表面，使高速钢与空气隔绝防止氧化。当充填芯部铁水时，保护渣将熔化浮集于冒口，从而使内、外层达到良好的冶金结合。表 2-23 是防氧化剂 O 形玻璃渣的组成和物理性能，其加入量一般为 2.7 ~ 3.3kg/m^2。

表 2-23　防氧化剂 O 形玻璃渣的组成和物理性能

组成(质量分数)/%						颜色	密度 /kg · m^{-3}	熔点 /℃	软化点 /℃
SiO_2	B_2O_2	R_2O	RO	$Al_2O_3 + Fe_2O_3$	$CaF_2 + Na_2SiFe$				
40 ~ 60	5 ~ 15	20 ~ 40	2 ~ 15	5 ~ 15	1 ~ 6	黄色	2500	<1200	574

139. 怎样防止铸造高速钢轧辊出现冲混缺陷？

高速钢轧辊浇注过程中，芯部铁水冲刷外层高速钢材料的现象称为冲混。此类缺陷易发生在规格尺寸小的辊身轴肩处、下端外层与芯部结合层上，由于其内腔直径小，组装后的铸型轴心不垂直水平线或水口杯不通畅，铁水流下时偏离轴心，下落 4 ~ 5m（上辊颈箱 + 辊身铁模高度）极易冲刷到辊身下端外层，造成外层局部冲刷严重，被多熔掉一部分材料，致使局部工作层厚度不均。这种冲混缺陷的危害程度不容忽视，由于材料不同，性能不一致将导致轴肩耐磨程度不同，在使用中就会影响轧辊辊面精度和辊形，进而影响轧制产品质量，给用户带来不可弥补的损失。因此针对缺陷产生的机理，可采取相应的措施，严防此类冲混缺陷的产生，主要预防措施如下：

（1）组装辊颈箱时要用水平尺严格找好水平，箱底要坐实；

（2）水口杯制作要垂直，每次浇注前要清除干净，保证通畅；

（3）铁水上的浮渣要清理干净，防止铁水渣影响水口槽的流速，引起铁水流分叉；

(4)组装时要避免晃动,力求平稳,保证铸型轴心垂直水平线。

140. 离心铸造高速钢复合轧辊辊颈缩松缺陷是怎样形成的?

离心铸造生产高速钢球芯复合轧辊的方法是用冷型在离心机进行高速旋转时浇注一定厚度的高速钢作为轧辊外层材料，在外层凝固后将冷型垂直立起，浇注铸铁芯部，通过合理的化学成分和浇注温度使后浇注的芯部铁液熔蚀一定厚度的外层来保证外层与芯部的良好冶金结合。离心铸造浇注芯部时都采用顶注方式进行填芯。但是，由于轧辊体积大，凝固时间长，辊颈易出现缩松，使辊颈强度下降，使用中易发生断辊事故，影响轧钢正常生产。为了获得高强度的辊颈，离心铸造高速钢复合轧辊辊颈一般选用球墨铸铁。但是，球墨铸铁凝固过程中易出现缩松缺陷，反而降低辊颈强度，增大轧辊使用中断辊的危险。辊颈缩松是金属在液体和凝固期间冷却时，铁水补缩不足和体积减少这样一种自然过程的结果。此时金属在液体状态下的收缩之和大于同一时期内轧辊辊颈外部直径尺寸收缩之和。

球墨铸铁较之普通灰口铸铁有许多特殊的结晶凝固特性：球墨铸铁扩大了共晶凝固区间；球墨铸铁具有同时凝固的特性，它不像灰铸铁那样由表面向中心逐层结晶，所以球墨铸铁区域自行补缩能力很低；球墨铸铁收缩前的膨胀约比灰铸铁大 3 ~ 4 倍，具有很大的缩孔与缩松的总体积。

一般球墨铸铁轧辊按其化学成分为亚共晶球铁，按照它的冷却速度和化学成分，是奥氏体-石墨-渗碳体共晶结晶，并且与灰铸铁一样，结晶从树枝状过剩奥氏体的晶体生核和成长开始。高速钢复合轧辊辊颈浇注中，辊颈铁水沿着铸型旋转上升，铁水上升到冒口后，温度已经很低，所以冒口型腔附近很快形成了向着液相的奥氏体枝状晶的结晶层（即硬皮层），并有了一定的抗收缩强度，在里边液体金属逐渐凝固收缩时，硬皮层阻止了表面收缩的发展。与此同时，内部液体金属过剩奥氏体的晶体以枝状晶开始生核长大，它的共晶团核心亦开始析出并在奥氏体包围中长大。共晶体在冒口的断面呈海绵状结晶，增加了液体金属的黏度，使补缩金属流动很困难。因此，热铁水补缩不了较早凝固层在收缩时形成的缩松。球铁辊颈缩松的产生主要与化学成分和浇注温度等有关。研究发现，轧辊辊颈缩孔的体积，特别是缩孔的分布状态与合金的结晶范围有关。凝固范围小和流动性高的共晶合金易形成集中缩孔。反之，则形成缩松。因此，增加铁水的碳、硅含量可以减少缩松。加入强反石墨化元素，显著增大铸铁的结晶间隔，恶化了铸铁轧辊的铸造性能，辊颈缩松尤其显著。减少反石墨化元素，辊颈缩松则会相应有所减轻。轧辊辊颈缩孔和缩松与残留镁量有很大关系，随着残留镁量的增加，轧辊的收缩显著增大，缩孔和缩松变得更严重，见图 2-30。此外，磷易形成低熔点的磷共晶，促进辊颈缩松的产生。

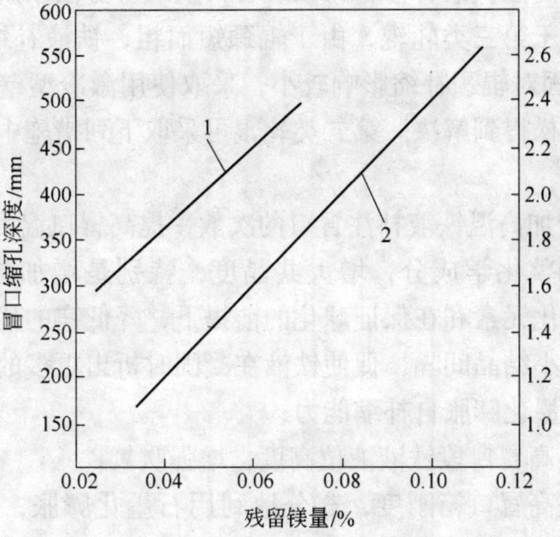

图 2-30　轧辊收缩与残留镁量的关系
1—冒口缩孔深度；2—辊颈直径收缩率

球墨铸铁辊颈的浇注温度过低，恶化了铁水凝固过程中的补缩条件，将使缩松和分散性缩孔增加。提高浇注温度对于缩松的影响表现在两个方面：随着浇注温度的提高，轧辊的收缩量增加；提高浇注温度，液体金属的流动性增加，收缩时的补缩条件得到改善。生产实践证明，对于辊颈缩松缺陷来说，提高浇注温度利多害少。浇注温度对于球铁辊颈的缩孔和缩松的分布有很大影响，高温浇注时，多半形成集中的缩孔；低温浇注时，形成缩松和分散性缩孔。

141. 怎样防止离心铸造高速钢复合轧辊辊颈缩松缺陷？

离心铸造生产高速钢复合轧辊规格品种较多，针对不同规格的轧辊，应该采取不同的方法控制辊颈缩松。以冒口直径 D 与冒口有效长度 L 的比值（D/L 值）将轧辊分为三类：第一类 $D/L<0.2$；第二类 $0.2\leqslant D/L\leqslant 0.3$；第三类 $D/L>0.3$。第一类轧辊辊颈细长，由于辊颈直径小，长度长，铁液补缩困难，可采用激冷砂箱和采取高温铁液补注冒口以及冒口吹氧等方法来解决辊颈缩松问题。对于第三类轧辊，由于辊颈短而粗，铁液补缩通道短，“糊状”凝固对辊颈补缩影响较小，采取使用激冷型壁铸型及吹氧后表面缩松得到解决。第二类轧辊可采取下列措施中的几种来综合控制[47]：

（1）增加高温铁液补注冒口的次数，提高冒口温度；

（2）调整化学成分，增大共晶度，特别是增加碳的含量，减少反石墨化元素和在保证球化的前提下，降低镁的残留量，使液体金属缩小结晶间隔，促使铁液在凝固时析出更多的石墨，提高铁液的石墨化膨胀自补缩能力；

（3）提高冒口段铁液液位高度，增强吹氧；

（4）提高冒口箱刚度，充分地利用石墨化膨胀，增强自补缩能力；

（5）通过调整铁液的孕育量，确保石墨化充分，使铁液自补缩能力增强，与此同时，适当控制铁液中的残留镁量，避免镁量过高阻止石墨化，使辊颈缩松倾向加重；

（6）采用冷模挂砂（挂砂厚度为 15 ~25mm）铸型，可以消除上下辊颈的缩松缺陷。

142. CPC高速钢轧辊的成形原理是什么？

传统的复合轧辊生产主要采用离心法。但在制造高碳、高钒型高速钢轧辊时，因碳化物与钢液有密度差，在离心力下容易出现碳化物偏析；并且辊芯部分是特厚大断面凝固，铸造组织粗大，辊芯强度无法大幅度提高。日本新日铁公司在早期镶铸法的基础上，结合连续浇铸技术，于20世纪80年代末开发了CPC成形高速钢轧辊工艺和设备，它是集材料、工艺、设备、自动控制于一体的高新技术，目前世界上只有新日铁和日立两家公司成功用于工业化生产。该方法与传统轧辊生产方法完全不同，是一次革命性的创新。采用连续复合法生产轧辊，辊芯是预先制好的，可以根据强度要求选择钢制辊芯材料。其工作原理是以锻钢或铸钢作为复合轧辊的辊芯，在其表面涂上一层一定厚度的硅系玻璃保护膜，防止辊芯表面氧化。将熔融的复合轧辊工作层高速钢液体浇注到垂直安装的辊芯和水冷结晶器之间，并在钢液表面覆盖上一定厚度的渣层，以减少氧化，同时对浇铸后的钢液保温。熔融的外层高速钢液体与辊芯熔合的同时而凝固，然后通过拉拔机构将轧辊向下拉。不断浇入的钢液在水冷结晶器的冷却作用下随之不断凝固，并不断向下拉出，最终制成复合轧辊。为使浇铸的外层高速钢与辊芯完全熔合，用电磁感应加热装置对钢液和辊芯进行补热和预热。在结合过程中，辊芯表面应出现微熔，使辊芯和外层高速钢金属实现坚固的冶金结合，提高结合强度。实际操作中需要严格控制辊芯熔化的金属量，否则外层高速钢会被稀释，轧辊性能有所下降。

143. CPC高速钢轧辊的结合机理是什么？

CPC高速钢轧辊的成败关键在于两种金属的复合界面结合质量的好坏，传统层状金属复合材料的生产方法分为两种：固-固复合法和液-固复合法，前者包括爆炸复合、轧制复合、挤压复合和扩散焊接等；后者包括铸造复合法和钎焊法等，CPC 高速钢轧辊属于液-固铸造复合法。在液-固结合条件下，高速钢复合轧辊的界面结合机理可以分为以下两类：

（1）熔合结合。熔合结合的界面形成过程为：钢液与芯材接触，芯材表面发生细微的熔化后又迅速凝固，接触的界面处高速钢钢液也紧随着迅速凝固，钢液以很快的速度沿径向方向生长，在短暂的方向性生长之后外层钢液开始正常的凝固。

（2）扩散结合。扩散结合的界面形成过程为：钢液与芯材相接触，接触钢液凝固，形成激冷凝固层，在热作用下，外层材料通过激冷凝固层向芯材扩散，促进芯材组织中珠光体组织的形成。外层钢液以激冷凝固层为基底开始形核结晶，并开始凝固。

熔合结合时的液固作用时间相对较长，提高钢液温度有利于熔合结合。扩散结合则是通过在双金属复合材料制备过程中的热作用，导致材料外层与芯材原子扩散来获得界面结合的，延长热作用时间有利于扩散结合。CPC 高速钢复合轧辊的界面结合是由这两种结合机理综合作用的结果。

144. CPC 法制造高速钢轧辊有什么特点？

CPC 法制造高速钢轧辊与普通离心铸造高速钢轧辊相比，具有以下特点[48]：

（1）熔融的金属自下而上凝固，有利于液体金属的补缩；

（2）因为特殊的铸造方法没有密度偏析，轧辊外层可以采用高碳高钨高钒高速钢，具有高的红硬性和优良的高温耐磨性；

（3）轧辊外层在水冷结晶器中凝固，以获得细小的凝固组织，改善轧辊的强韧性和热疲劳抗力；

（4）使用锻钢为芯部材料，具有较高强度，轧钢时芯部没有断裂的危险，并且提高了轧辊的弯曲负载，从而使轧制钢板获得比较好的板型；

（5）轧辊内外层材质选择范围宽、结合强度高，使以前用离心铸造法不能生产的材料，如过共晶材料和颗粒增强高速钢基复合材料的生产成为可能；

（6）在外层与芯部之间的过渡层，由于金属扩散结合得很好，这种复合轧辊的外层具有高的残余压应力，可防止轧辊表面上的裂纹向芯部渗入而导致轧辊剥落；

（7）CPC 工艺不仅可用于制备新轧辊，也可以修复旧轧辊，生产成本较低，比电渣重熔堆焊法低 1/2，比埋弧焊堆焊法低 2/3；

（8）在实际生产应用中，辊耗明显下降，换辊次数显著减少，轧辊研磨量减少，轧钢生产能力提高，CPC 复合轧辊性能比离心轧辊性能可提高约 20% ~ 40%，燃料和动力消耗降低，有助于降低轧制成本和提高带钢质量。

145. 国内 CPC 高速钢轧辊研究情况怎样？

以钢铁研究总院为主的课题组，在国内首次进行了 CPC 高速钢轧辊的研究，建起了一套工艺试验装置，并成功进行了工艺试验。在断续拉坯中实现芯棒与外层冶金结合，还解决了防氧化涂料、芯棒预热器结构、钢液保温坩埚结构、感应加热频率匹配、钢液补充等一系列技术问题。CPC 高速钢轧辊的热疲劳性能比离心高速钢轧辊提高 20% ~ 30%，比高铬铸铁和高镍铬铸铁分别提高 1.9 和 1.6 倍。界面结合强度达到 440MPa，硬度达 HRC 60 ~ 66。应用于高速线材轧机上，CPC 高速钢轧辊的使用寿命是贝氏体轧辊的 4 ~ 6 倍[49]。武汉理工大学还对 CPC 高速钢复合轧辊连续铸造温度场进行了有限元模拟及参数优化设计[48]，可为复合工艺的制订提供参考和指导。

146. 离心铸造高速钢轧辊和 CPC 高速钢轧辊主要区别有哪些？

高速钢轧辊的制造工艺主要有 CPC 和离心铸造法两种，前者的合金设计自由度大，轧辊中可富含较多耐磨性极佳的硬质 VC 和 M_2C（或 M_6C）等碳化物。离心铸造法虽在成本方面有压倒性优势，但在凝固过程中存在固、液相分离现象。为了避免上述情况的发生，需限制其化学成分，如去钨、降钒、加铌等。另外，采用离心铸造法制造的高速钢轧辊，与 CPC 法制造的高速钢轧辊相比，其热裂纹深，也易产生细微的碎裂。

147. 高速钢复合轧辊怎样采用电磁连续铸造工艺生产？

东北大学的王俊刚[50]根据 CPC 法制造高速钢复合轧辊原理，设计了装配有电磁水冷结晶器的用于制造高速钢复合轧辊的连续铸造设备，其与 CPC 法最大的不同是在结晶器中添加了电磁补热设备，在下部外置有电磁搅拌设备，该试验装置的整体结构示意图如图 2-31 所示。该铸造设备的水冷结晶器为双电磁水

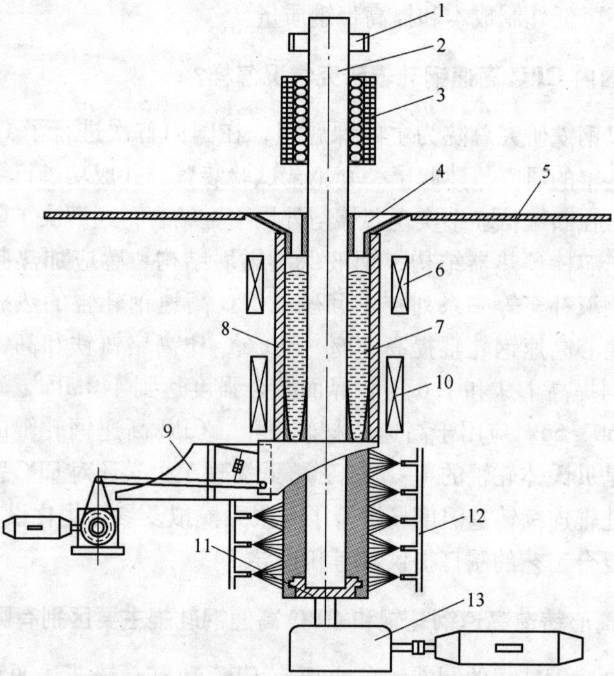

图 2-31　电磁连续铸造高速钢复合轧辊示意图[50]

1—辊芯定位架；2—辊芯；3—感应预热炉；4—注流槽；5—操作平台；6—感应补热器；7—轧辊工作层金属液；8—双电磁水冷结晶器；9—结晶器振动系统；10—电磁搅拌器；11—定位引锭头；12—二次冷却系统；13—拉坯机

冷结晶器，感应预热炉中安装了保护性气体充入圆环，结晶器的下端设有结晶器振动系统。由于采用双电磁水冷结晶器，使得金属液及辊芯的温度在浇注时保持在最佳温度，利于双金属复合，而且可有效提供补缩金属液，提高轧辊工作层致密度，改善轧辊表面质量；在浇注过程中加入低频搅拌电磁场，促使金属液流动，细化晶粒，促进夹杂物上浮等，同时使金属液温度场均匀化，进一步提供补缩金属液，消除偏析和内部缩孔，提高轧辊的致密度等。

其工艺流程是：现将预制好的辊芯由上往下装入电磁水冷结晶器中，通过下部的定位引锭头和上部的托钢定位架将辊芯定位，再将定位引锭头升至感应预热炉的下部位置，启动感应预热炉将辊芯预热到合适温度，然后将定位引锭头向下拉至电磁水冷结晶器的下端，快速封堵定位引锭头的边缘，安放好注流槽，将熔炼好的轧辊工作层高速钢熔液通过注流槽注入到双电磁水冷结晶器中，再依次启动感应补热器、二次冷却系统、结晶器振动系统、电磁搅拌器和拉坯机，使钢液在电磁水冷结晶器中逐渐凝固并连续拉出，待辊坯出结晶器后喷水冷却，如此连续地可制出合格的高速钢复合轧辊。

148. 怎样采用电渣熔铸方法制造高速钢复合轧辊？

电流通过液态熔渣产生的电阻热将金属电极熔化，熔化的金属汇聚成滴，穿过渣层进入金属熔池，然后在水冷结晶器内凝固成铸件的方法称为电渣熔铸。通常是金属自耗电极在形成铸件的水冷结晶器腔内，电极插入液态导电渣层内适当深度，通电后，边熔化（自耗电极）边凝固，最终形成与水冷结晶器内腔形状相同的铸件。电渣熔铸将金属熔化、净化和浇注完美地结合在一起，既省去了浇注系统，又创造了良好的顺序凝固条件，还容易得到洁净、细小的铸造组织，使铸件力学性能明显提高。

电渣熔铸复合轧辊是电渣熔铸工艺的创新，是日本日立公司应用于生产表层为耐磨高速钢、芯部是高韧性合金锻钢的复合轧辊的一项新技术[51]。其生产工艺过程是：将作为芯部材料的圆柱状高强度合金锻钢周围放置同心水冷铸模，并在合金锻钢和铸模之间放置由高速钢或半高速钢制成的自耗电极，自耗电极熔化后作为外层材料连续填充此空间，而且可以通过采用不同的自耗电极制成具有梯度分布的结合界面，以改善界面特性。另外，采用电渣熔铸复合轧辊时，芯部材料和铸型沿一定方向旋转，这样易于获得同心率很高的复合层和合格的外层。电渣熔铸复合轧辊的主要特点如下：

（1）外层厚度均匀；

（2）外层与辊芯为冶金结合，过渡区宽度约 2mm，结合部位无偏析和裂纹；

（3）结合层有高的强度；

（4）外层组织细小、致密；

（5）可以根据轧辊使用所要求的性能，在很大范围内选择芯部和表层材料的钢种组合；

（6）外层纯净度高，随着纯净度提高，轧辊抗剥落性能改善，有利于延长使用寿命。外层为 1% C、4% Cr、1% V(Mo,W) 半高速钢，芯部为 0.9% C、3% Cr 锻钢的 ϕ320mm 复合冷轧工作辊，经喷水淬火和深冷处理后，其残余拉应力的峰值在深 45mm 的芯部（外层厚为 35mm），芯部是有高韧性的锻钢，因而可承受水淬而不开裂。轧辊表面压应力约为 700MPa，使表面有高的硬度。电渣熔铸 ϕ250 ~ 630mm 半高速钢复合冷轧工作辊由日立公司生产并在串列式轧机初始机架上轧制低碳钢，毫米轧制量为常规锻钢辊的 5 倍。川崎制铁用半高速钢复合轧辊轧制难加工材料，辊耗则减少 53%。

149. CPC 和电渣重熔高速钢轧辊的凝固过程有什么不同？

电渣重熔是一种常用的轧辊生产方法，尤其在冷轧辊生产中已获得广泛应用。CPC 与电渣重熔相比，轧辊的凝固过程是不同的，图 2-32 是上述两种工艺制造高速钢轧辊时的凝固过程示

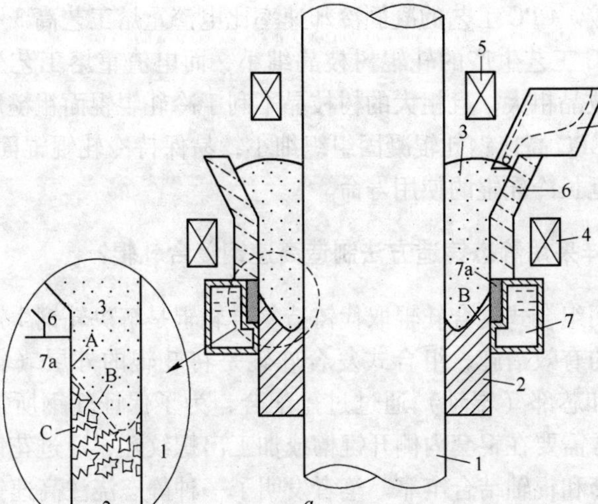

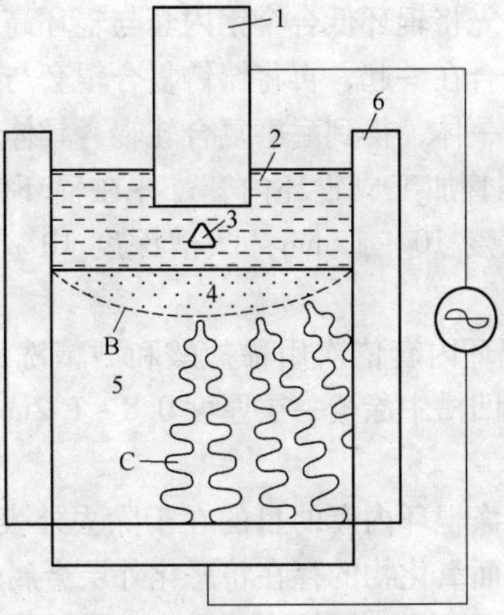

图 2-32 CPC 和电渣重熔高速钢轧辊的凝固过程示意图

a—CPC 工艺；*b*—电渣重熔工艺

图 *a* 中：1—辊芯；2—凝固外层；3—高速钢熔液；4—感应线圈（用于加热高速钢）；5—感应线圈（用于加热辊芯）；6—浇口杯；7—水冷却器；7a—石墨模；8—浇注包；A—凝固开始位置；B—固/液界面；C—树枝状晶体

图 *b* 中：1—电极；2—熔渣；3—熔滴；4—高速钢熔液；5—凝固部分；6—水冷却器；B—固/液界面；C—树枝状晶体

意图比较。CPC 工艺的凝固冷却速率比电渣重熔工艺高 3 ~5 倍，因此 CPC 工艺生产的轧辊树枝晶细小，而电渣重熔工艺生产的轧辊树枝晶粗大，且粗大的树枝晶不利于冷轧辊辊面粗糙度的维持。而 CPC 高速钢轧辊凝固组织细小，易保持冷轧辊辊面粗糙，有利于延长冷轧辊的使用寿命。

150. 怎样采用静态铸造方法制造高速钢复合轧辊?

采用组合式复合轧辊取代铸造复合轧辊是解决轧钢生产中轧辊断裂的有效措施，组合式复合轧辊是将轧辊的外层（辊套或辊环）和芯部（辊轴）通过过盈配合，为了保证轧钢所需的扭矩，通常需要在辊套内侧开键槽或加工出螺纹孔，通过花键或螺栓使辊套和辊轴结合牢靠。笔者发明了一种静态浇注高速钢复合轧辊方法，首先将辊环低合金钢内套与辊环高速钢耐磨外层通过镶铸方法而复合在一起，再将镶铸复合辊套与铸钢或锻钢辊轴通过过盈配合于一体，得到耐磨复合轧辊，具体步骤如下：

（1）将钢管加工成辊环内套，并在辊环内套的外表面上开凹槽，凹槽宽度 10 ~ 15mm，凹槽深度 10 ~ 12mm，凹槽间距 15 ~25mm。

（2）将辊环内套依次用稀盐酸和酒精洗涤，干燥后在辊环内套外表面和凹槽中涂覆一层厚度 0. 8 ~ 1. 2mm 的硼砂，晾干后置于铸型内。

其中，洗涤辊环内套的目的在于除去外表面杂质及氧化皮，辊环内套外表面氧化物的存在将恶化外层金属熔液与镶铸内套的润湿，同时还会阻碍金属熔液的渗入，最终影响镶铸质量。涂覆的硼砂可在浇注初期包裹辊环内套，减小氧化。另外，硼砂受热熔化后发生分解反应：

$$Na_2B_4O_7 \longrightarrow 2NaBO_2 + B_2O_3 \qquad (2\text{-}10)$$

反应产物 B_2O_3 可溶解辊环内套表面的氧化膜、净化其表面，提高其润湿能力。

（3）将外层耐磨金属熔液依次通过浇口杯、直浇道、内浇道进入金属型腔，得到镶铸复合辊套。

采用底铸方法浇注外层耐磨金属，可使金属熔液平稳充入铸型型腔，还有利于气体和夹杂物的排出。另外铸型选用铸铁加工而成的金属型，具有凝固快、铸件组织致密和生产效率高等特点。

（4）将镶铸复合辊套表面打磨后直接退火，而后粗加工，经淬火和回火处理后，进行精加工，最后与铸钢或锻钢辊轴通过过盈配合于一体，过盈量为 0. 10 ~ 0. 15mm，同时在镶铸复合辊套内侧开键槽，通过花键使辊套和辊轴结合牢靠，获得高强度组合式耐磨复合轧辊。图 2-33 是镶铸复合辊套浇注示意图；图 2-34是镶铸复合辊套结构示意图；图 2-35 是组合式高速钢复合轧辊示意图。

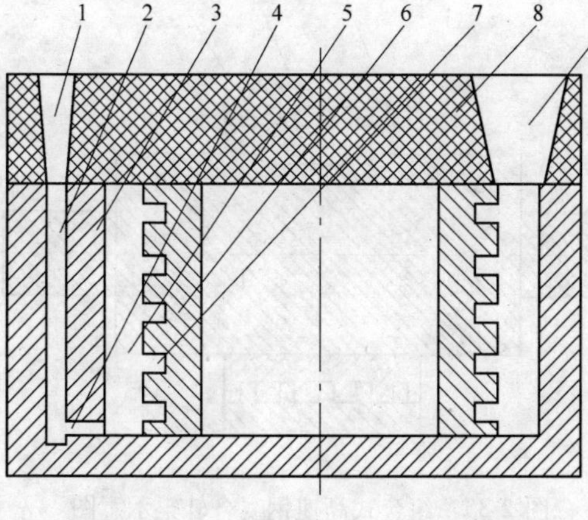

图 2-33　镶铸复合辊套浇注示意图

1—浇口杯；2—直浇道；3—铸铁金属型；4—内浇道；5—型腔；6—辊环内套；7—凹槽；8—上箱砂型；9—冒口

151. 静态铸造高速钢复合轧辊有什么优点？

静态铸造高速钢复合轧辊与现有技术相比具有以下优点：

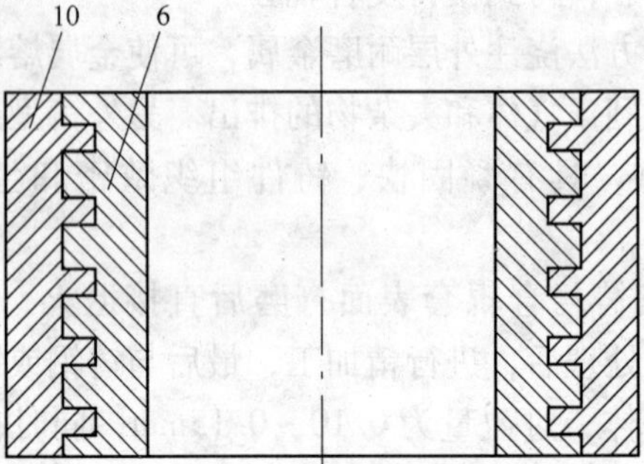

图 2-34　镶铸复合辊套结构示意图

6—辊环内套；10—外层耐磨高速钢

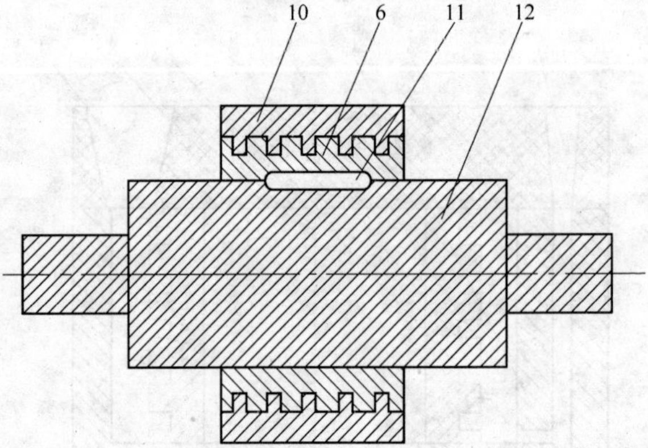

图 2-35　组合式高速钢复合轧辊示意图

6—辊环内套；10—外层耐磨高速钢；11—花键；12—辊轴

（1）静态铸造高速钢复合轧辊在金属铸型和重力条件下凝固，组织致密，元素不会出现偏析、轧辊不会出现开裂现象，静态铸造高速钢复合轧辊的辊轴与镶铸复合辊套通过过盈配合，同时镶铸复合辊套内侧开键槽，通过花键使辊套和辊轴结合牢靠，因此复合轧辊轴套与辊轴结合强度高。

（2）静态铸造高速钢复合轧辊的镶铸复合辊套采用耐磨铸造高速钢做外层，与钢管加工成的辊环内套通过镶铸方法复合在一起，且在辊环内套开了凹槽，并在辊环内套外表面和凹槽中涂覆一层厚度0.8～1.2mm的硼砂，可以明显改善内外层结合效果，提高结合强度，防止使用中结合面出现开裂。

（3）静态铸造高速钢复合轧辊的镶铸复合辊套加工性能好，辊套内层加工量少，加工效率高，比普通铸造复合辊套可缩短加工时间25%～30%。

（4）静态铸造高速钢复合轧辊外表层硬度高、耐磨性好，辊芯强度高、韧性好，辊套与辊芯、辊套外表层与辊环内套结合牢靠，复合轧辊使用安全，使用寿命比普通高速钢复合轧辊提高20%以上，生产成本比普通铸造高速钢复合轧辊降低30%以上。

152. 热等静压技术的发展情况怎样？

热等静压是在冷等静压基础上发展起来的。1913年，Madden获冷等静压技术的专利。1936年，美国应用冷等静压技术制造钨钼条材，1942年用于制造钨钼管材。随后德国应用冷等静压技术制造大型钨制品。热等静压技术始于1955年，美国Battele Columbus实验室的Daytonr等4名科学家建立了第一台实验室用热等静压机，其压力缸用304不锈钢锻成，以氦为工作介质。

20世纪60年代，热等静压技术应用领域扩大，并逐渐进入工业化生产。1965年，美国Kennametal公司与Battelle研究所合作，对硬质合金件进行致密化处理。1967年建立年产50t硬质合金的热等静压生产线。1969年，瑞典ASEA公司建立了第一台预应力钢丝缠绕结构的Quintus冷热等静压设备，成为以后等静压设备的主要结构形式。20世纪60年代末70年代初，美国坩埚公司和瑞典通用电气公司采用热等静压技术生产粉末高速钢，消除了合金元素的偏析，大幅度提高了合金元素的含量。

我国热等静压技术的开发始于20世纪60年代，1966年，中国科学院金属研究所首次采用螺旋式热等静压机制备稀有金属材料和连接核材料。1990年，钢铁研究总院开发了热区工作尺寸$\phi450mm \times 1000mm$、工作压力200MPa、工作温度2000℃的热等静压机。目前我国的热等静压设备已超过80台。我国对热等静压技术在粉末固结、扩散连接、烧结制品和钛合金铸件致密化等方面的应用进行了系统研究，并研制成功了多种新材料。

153. 怎样采用热等静压技术制造高速钢轧辊？

用热等静压(HIP)工艺生产高速钢轧辊，生产过程十分复杂，包括将液态高速钢雾化成粉，装套、抽真空、密封、冷等静压、热等静压，最后剥去外套进行锻造（最新一代热等静压高速钢轧辊可以不经锻造直接机械加工）。高速钢轧辊雾化成粉过程中，熔融金属液滴以相当大的冷却速度被冷凝(冷凝速度为$10^2 \sim 10^4 K/s$)，比一般铸锭的冷凝速度($10^{-2} \sim 10 K/s$)快几个数量级。这样得到的粉末具有以下优点：

（1）颗粒之间成分很相近，成分的偏析被限制在粉末颗粒尺寸($10 \sim 500 \mu m$)范围内。

（2）颗粒的显微组织细小，其中包含的第二相（例如碳化物相）分布较弥散均匀，用这种粉末生产的轧辊，可以消除铸锭材料难以避免的宏观偏析，从而改善了轧辊的组织和性能。

热等静压高速钢轧辊的主要特点是碳化物颗粒细小、分布均匀，因而具有下列优点：

（1）可磨削性好，为相同钢种的熔铸高速钢的2~3倍；

（2）韧性好，制成的轧辊有良好的抗开裂、剥落能力；

（3）质量均匀，不受轧辊断面尺寸影响；

（4）热处理时变形小，尺寸稳定性好；

（5）耐磨性好，制成的轧辊寿命比铸造高速钢轧辊提高1~3倍；

（6）合金化范围宽，可不受高合金材料铸造性能差的限制，可进一步提高高速钢轧辊中的合金含量（如高钒、高碳、高钨等）。

受设备限制，HIP 工艺还只能生产小直径的高速钢轧辊，不适合生产大中型轧辊。

154. 喷射成形技术的发展情况怎样?

喷射成形(spray forming)或称雾化沉积(osprey)，是制造金属材料的一种新技术。喷射成形技术是将液态金属雾化（快速凝固）与雾化熔滴沉积结合，在一步冶金操作中直接将液态金属转化为一定形状的、具有快速凝固组织、整体致密（相对密度可高达 99.5% ~99.8%）的高性能材料成形坯或半成形坯。图 2-36 是典型的喷射成形过程示意图。

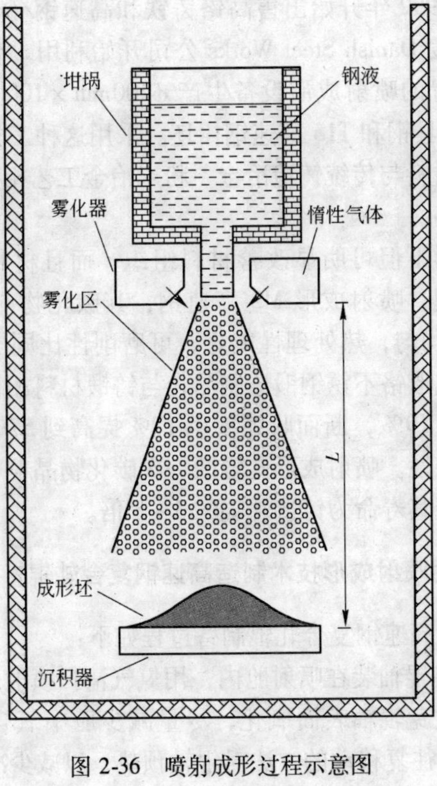

图 2-36　喷射成形过程示意图

1958 年，Brennanj 在美国申请了用金属喷射工艺生产半成品的专利。1968 年，英国 Swansea 大学的 Singer 则提出了喷射成形的概念。其原理是将雾化的金属液滴喷射在旋转的载体上，形成沉积坯料，随后热轧或冷轧成板坯。1974 年，经英国 Osprey Metals 公司进一步研究，发展成称为“Osprey Process”的喷射成形技术，用来制备棒坯和管坯。1980 年，英国 Aurora 钢铁公司发明“控制喷射成形法(CSD)”可一次雾化生产 2t 工具钢。1985 年后，美国麻省理工学院提出液相动态压实法(LDC)，以高压气雾化或超声气雾化细小液滴喷射成形，制取铝、镁等轻金属合金。随后许多公司认购了 Osprey 许可证，建立了生产棒、盘、板、管等合金型材的工厂。其中日本住友重工业公司喷射成形轧辊厂在 1992 年开始出售高铬铸铁和高速钢/碳钢复合轧辊。1997 年，丹麦 Danish Steel Works 公司开始利用 1 台带有接收器水平运动装置的喷射成形设备生产 ϕ400mm × 1000mm、重达 1t 左右的 D2 工具钢和 T15 高速钢棒坯。采用这种工艺生产的工具钢、高速钢材料与传统铸造冶金、粉末冶金工艺相比，各项性能指标明显提高。

喷射成形不但可明显改善材料组织，而且材料承受的污染少。研究发现，喷射成形 M2 高速钢，其碳化物晶粒细小(2 ~ 3μm)且分布均匀，热处理性能好，可磨削性比同类铸锭钢提高 60%。喷射成形铬不锈钢锻造制品，与铸锻材料相比，其伸长率由 7% 提高到 19%，断面收缩率由 17% 提高到 57%，并增强了材料的耐点蚀性。喷射成形轧辊的一次碳化物晶粒明显细化且弥散均匀分布，其寿命为铸造轧辊的 3 ~ 5 倍。

155. 怎样采用喷射成形技术制造高速钢复合轧辊?

喷射成形高速钢复合轧辊制备过程如下：

(1) 先将辊轴装在喷射舱内，用氮气清扫喷射舱；

(2) 为避免辊轴表面氧化，尽量减少舱中氧含量，并用辊轴在感应圈中往复移动的方法对辊轴预热，以减少冷却时喷射堆积层的收缩应力；

(3) 采用电炉熔化外层高速钢，当钢液达到要求的出炉温度时，辊轴的预热需达到规定的温度；

(4) 开启雾化器，用保护气体将液态高速钢雾化成细小液滴；

(5) 将雾化后的高速钢喷射到辊轴上形成堆积层制成复合轧辊；

(6) 当达到复合轧辊预定的辊身厚度时，停止浇注和喷射，机构关闭，将复合轧辊由舱中取出转入下道工序进行热处理和机械加工。

喷射成形高速钢复合轧辊时，喷射舱上方与金属熔炉及雾化器相连；作为复合轧辊芯部的辊轴装在喷射舱内与旋转和往复机构相接。喷射成形方法有多道次法与单道次法，其中，多道次法工作时辊轴在喷射流下一边转动一边沿轴线往复移动。经多次喷射达到要求的堆积层即轧辊外层厚度。此法用于生产外层厚但辊身短的轧辊，如单孔型轧辊或辊环等。单道次法的装置通常装有两个雾化器，工作时两股射流同时喷向辊轴，辊轴只做旋转运动，此法堆积层厚度受限制但可生产较长的轧辊，常用于生产带钢工作辊。

156. 喷射成形高速钢轧辊的特点是什么？

日本住友重工业公司从 1993 年开始利用一台带有接收器水平往复运动装置的喷射成形设备生产最大直径 ϕ800mm、重达 1t 的高铬铸铁、高碳高速钢轧辊辊套及高速钢/碳钢复合轧辊，用于各种型材的轧制。目前该产品已在市场上销售了近 10000 根。采用这种工艺生产的轧辊在实际使用中，寿命可比一般的粉末冶金高速钢轧辊提高 1.6 ~ 3 倍，比传统铸造高速钢轧辊提高3.6 ~ 10 倍，具有巨大的市场前景。1994 年，Osprey 公司已经授权 25 家公司或机构生产喷射成形产品和设备。Osprey Metals 公司和 Danspray 公司采用双雾化技术，其沉积速率比单雾化技术提高 1

倍，氮气用量减少 25%，产品直径由 ϕ200mm 增加到 ϕ400mm，可在 50min 内喷射沉积出尺寸为 ϕ400mm × 2400mm，质量 2t 的 D2 工具钢坯料。英国国家轧辊制造公司用喷射成形工艺生产 ϕ400mm × 1000mm 高速钢轧辊，组织比锻造组织细微得多，完全消除了粗大的共晶碳化物，在辊芯和喷射层之间是良好的冶金结合，轧辊疲劳性能提高，使用寿命达到传统铸造高速钢轧辊的 2 倍以上。喷射成形工艺的不足之处是轧辊组织不够致密，存在孔洞，而且生产成本较高、工艺复杂，目前仍不利于轧辊的大批量生产。喷射成形除了新型轧辊的制备外，旧轧辊的修复也是一个大有潜力的发展方向。目前的轧辊修复采用堆焊、热喷涂等方式进行，如果采用喷射成形技术对轧辊进行修复，速度快、成本低、可修复量大，显然将是一种可行的方法。

157. 喷射成形高速钢轧辊的碳化物类型和形貌是什么？

铸造高速钢轧辊组织中共晶碳化物多呈粗大骨骼状或树枝状。喷射成形技术的主要特点是快速凝固，在喷射成形过程中，雾化液滴获得很高的冷却速率（达 $10^3 \sim 10^4$K/s），可使钢铁材料的晶粒细化、化学成分均匀。另外雾化液滴在沉积时获得很高的速度（可达 10^3m/s），在撞击基板或沉积体表面时，其冲击动能可产生足够大的剪切速度和剪切应力，将已凝固形成的大量细小的枝晶打碎，形成非枝晶组织。在这种情况下，破碎的枝晶在随后的凝固过程中可成为新的晶核，沉积层中残余的少量液相将围绕这些新的晶核以相对缓慢的速度进一步凝固，最终形成大量细小、均匀的等轴晶组织。因此，喷射成形高速钢轧辊中的碳化物类型与形貌发生了明显的变化，显微组织是晶粒细小、分布均匀的等轴晶，组织中未见网状及粗大不规则的共晶组织，高速钢轧辊组织中含有 MC、M_6C 型碳化物，没有发现 M_2C 型碳化物，M_6C 型碳化物的三维形貌为骨骼状，沿晶界镶嵌在基体内，在碳化物上生长着尖锐的碳化物膜片；细小的笋状 MC 型碳化物由基体中长出，并弥散分布于晶粒内部，较大颗粒 MC 型碳化物的三维形貌为镶嵌在晶界交界处的圆球状。

158. 喷射成形高速钢轧辊的力学性能怎样?

与铸造高速钢轧辊相比，喷射成形高速钢轧辊除了具有组织细小、无偏析和碳化物分布均匀外，碳化物的形貌和类型也不同，Zhou 等人[52] 对含 0.9% ~ 1.1% C，0.35% ~ 0.45% Si，0.70% ~ 0.80% C，7.90% ~ 8.20% Cr，1.45% ~ 1.55% Mo，1.50% ~ 1.70% V 和 0.45% ~ 0.55% W 的高速钢轧辊材料进行了喷射成形试验，铸态组织中有大量共晶碳化物沿晶界分布，且碳化物多为 M_2C 和 M_6C。喷射成形试样中，在光学显微镜下，几乎观察不到明显的碳化物，只有在扫描电镜下才会观察到有部分 $(W,Mo)_2C$ 颗粒不连续地分布于晶界。此外，喷射成形高速钢轧辊还具有良好的拉伸性能，见图 2-37。在应变速率较高时（$1.0\times10^{-1}s^{-1}$），抗拉强度明显高于应变速率较低时（$3.33\times10^{-4}s^{-1}$）的抗拉强度，但前者的伸长率低于后者。加热温度 780℃的伸长率达到 96%，接近材料超塑性范围，喷射成形高速钢轧辊材料的塑性明显高于铸造高速钢轧辊，有利于提高高速钢轧辊的热疲劳性能并防止轧辊使用中出现裂纹和剥落，对延长高速钢轧辊的使用寿命是有益的。

159. 锻造高速钢轧辊有什么特点?

锻造高速钢的性能优于铸造高速钢，但锻造高速钢的性能除与钢的质量、成分及热处理有关外，还与碳化物不均匀度有关，随碳化物不均匀度增加急剧下降，见表 2-24。由表 2-24 可见，不均匀度为 2 级时，抗弯强度可以达到 2500MPa，7 级以上时降至 1000MPa 以下，与铸造高速钢处于同一水平，不能满足轧辊的需要。故锻造高速钢在轧辊生产中用途有限，只能用于制造小型冷轧辊。表 2-25 是几种常用锻造高速钢的性能，但需要强调指出的是表中数据都是用细棒料、小试样得出的。用于锻造成轧辊时，性能还有可能出现稍微下降。

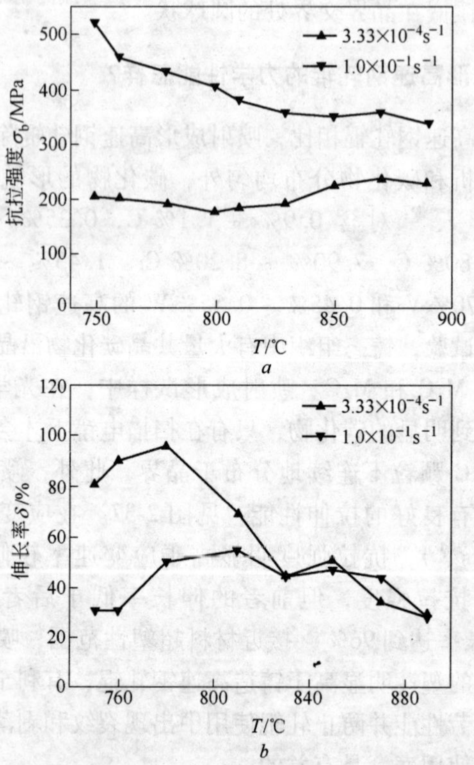

图 2-37　喷射成形高速钢轧辊材料在不同应变速率下的高温拉伸性能[52]

a—温度对抗拉强度的影响；*b*—温度对伸长率的影响

表 2-24　高速钢碳化物不均匀度对抗弯强度的影响

碳化物不均匀度/级	2	3	4 ~ 5	7 ~ 8
抗弯强度/MPa	3500	2200	1700	<1000

表 2-25　锻造高速钢性能

钢　号	硬度，HRC	抗弯强度/MPa	冲击韧度/J · cm^{-2}
T1	63 ~ 66	2500 ~ 3000	18 ~ 32
M2	63 ~ 66	3500 ~ 4000	41 ~ 46
M35	64 ~ 67	约 3500	约 25
M42	67 ~ 70	2700 ~ 3800	23 ~ 30

160. 半高速钢轧辊锻前加热有什么要求？

半高速钢属过共析钢，结晶温度范围宽。特别是铬、钼、钨、钒等合金元素的加入，使钢锭更容易产生成分偏析，需要增加高温均质化阶段。常用半高速钢轧辊的锻前加热规范见图2-38。为避免出现过热、过烧，钢的均质化加热温度必须低于过热温度，并且保温适当时间在炉内降至始锻温度。由于半高速钢中含有大量的强碳化物形成元素且碳含量较高，钢锭应缓慢加热以避免钢锭表面与中心部分温度差太大而产生裂纹。在加热至相变温度时要保温一段时间，使半高速钢的相变转变逐渐完成，在相变温度以上则可快速加热至锻造温度。

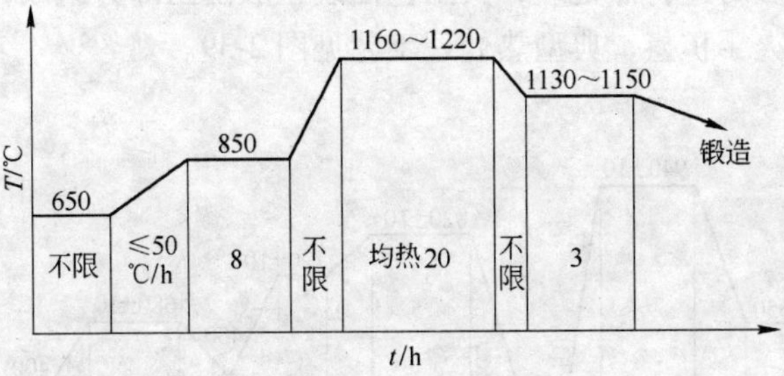

图2-38 半高速钢轧辊的锻前加热规范[53]

161. 怎样制订半高速钢轧辊锻造工艺？

半高速钢轧辊塑性低，变形抗力大，锻造时易产生裂纹且锻造温度范围窄，应适当增加锻造变形火次，根据轧辊尺寸，一般采用3～4火锻造。锻造半高速钢轧辊时，通常采取一支钢锭锻两支辊坯的生产方案[53]。为保证钢锭中的共晶碳化物能被有效击碎，在主变形阶段采用了“切分锻造法”，这种锻造方法既能保证锻透坯料芯部，又能保证锻比不过大，具体锻造工艺为：

两端压把→预拔长→切分→镦粗→拔长→成形

锻造时半高速钢轧辊时，采用轻→重→轻锻造法，即电渣锭状态时要保证轻打小变形，其作用是初步破碎铸造组织，焊合皮下气泡，完成第一火的预拔长任务。镦粗工序要保证镦粗比，击碎共晶碳化物，加大钢坯中心部位的金属流动，改善芯部金相组织。最后一火保留 1.5 的拔长比，拔长时压下量不要过大，但要保证芯部锻透。拔长过程中不要出现尖角，以免角上温度过低而开裂。

162. 怎样制订半高速钢轧辊锻后热处理工艺？

为了消除锻造过程中的残余应力、均匀组织、使碳化物球化、降低锻件硬度、提高加工性能和预防白点，半高速钢轧辊锻后需要及时进行热处理，其工艺曲线一般由三部分组成，正火 + 球化退火 + 扩氢，典型热处理工艺见图 2-39。

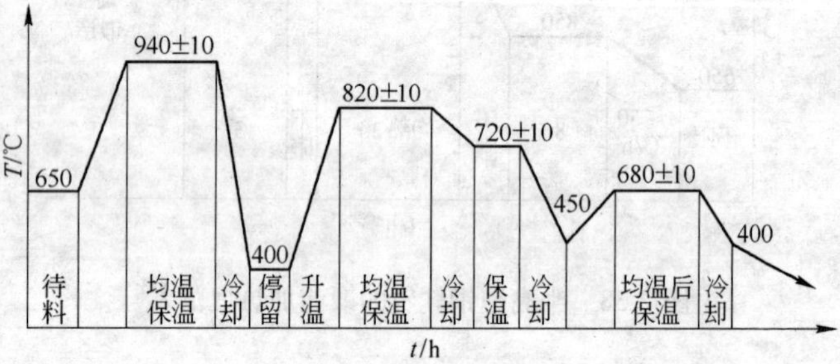

图 2-39　半高速钢轧辊的锻后热处理曲线[53]

163. 什么是轧辊激光表面处理？

激光表面处理技术包括激光淬火（又称激光相变硬化）、激光重熔、激光熔覆、激光合金化、激光非晶化、激光微晶化和激光冲击硬化等。激光相变硬化是以激光作为热源的淬火，热量被材料表面吸收后，迅速向内部传递，形成极大的冷却速度，金属发生马氏体转变，使表面硬化。激光重熔和激光熔覆都是利用高能量密度的激光束所产生的快速凝固过程，在材料表面形成与基体相互熔和的、具有相同或不同成分与性能的改性层。我国应用于生产中的激光表面改性技术主要是相变硬化处理。轧辊使用过程中可出现多种形式的表面损伤乃至破坏，如塑性变形、开裂、黏着、剥落等，降低轧辊寿命和轧材质量，为此常对辊表面进行强化处理。在众多辊表面强化方法中，激光表面强化因具有以下显著特点而得到应用：

（1）加热集中、热影响区小；

（2）强化区组织高度细化、强化效果好；

（3）利用点加工或线扫描加工方式可以获得软硬相间、强韧兼顾的离散强化表层。

从工艺角度来看，相变和熔化相对简单，合金化和熔覆涉及合金粉注入等外界因素，工艺相对复杂，但性能提高的幅度一般更大一些。国内部分钢厂轧辊激光表面强化后的使用效果见表 2-26。

表 2-26　轧辊激光表面强化后的使用效果[54]

材　质	技术方案	性能指标	应用效果
带钢中轧 75CrMnMo 轧辊	熔　凝	原始硬度 HSD 40 ~ 50，处理后硬度 HSD 70 ~ 85，强化深度 1 ~ 2mm	降低磨损，过钢量提高 1.5 倍
热轧螺纹钢铸钢轧辊	相　变	处理后硬度 HSD 80，强化深度 1mm	过钢量提高 58%
带钢粗轧 70Mn2 辊	熔　凝	原始硬度 HSD 37，处理后硬度 HSD 70，深度 3mm	过钢量提高 40%
中板 70Mn2 轧辊	相　变	原始硬度 HSD 38，处理后硬度 HSD 80，深度 1mm	过钢量提高 1.8 倍
重轨铸钢辊 60CrMnMo、方钢轧辊 60CrMnMo	熔　凝（+合金化）	处理后硬度 HRC55，深度 1.0 ~ 1.5mm	过钢量提高 1 倍，表面无龟裂

续表 2-26

材　质	技术方案	性能指标	应用效果
白口铸铁轧辊	激光熔凝	处理后 $HV_{0.5}$780，处理前 $HV_{0.5}$650	过钢量提高15.6%～23.4%，无裂纹、无剥落
白口铸铁轧辊	激光熔敷		过钢量提高18.7%～37.4%，无裂纹、无剥落
180CrNiMo 半钢辊	相　变	处理后 HRC 50～60，原始 HRC 40，深度 0.5mm	最大磨损处磨损量降低58%
MC5 锻钢冷轧辊辊颈	相变＋回火	HSD 53～62（原始 HSD 38），深度 0.3mm	

164. 激光表面处理对高速钢轧辊显微组织有什么影响?

高速钢轧辊采用激光表面处理后，显微组织发生了明显的变化。东北大学[55] 采用 JK13 型 2kWCO_2 横流激光器，对含 1.5%～2.0% C、0.6%～1.0% Si、0.2%～0.4% Mn、3.0%～6.0% Mo、4.0%～6.0% Cr、4.0%～6.0% V 和 0.1%～0.5% W 的高速钢轧辊进行激光表面处理，其试验时的工艺参数见表 2-27。高速钢轧辊的金相组织由马氏体＋合金碳化物＋少量残留奥氏体组成，且碳化物主要为富钒的 MC 及富钼的 M_6C 型碳化物，MC 型碳化物主要呈球块状弥散分布在基体中，M_6C 型碳化物呈细条状，在晶界处偏聚析出。高速钢轧辊试样经激光重熔后，主要由马氏体＋网状碳化物＋少量残留奥氏体组成。与非激光处理轧辊组织相比，激光重熔后析出的碳化物含量明显增多，在网状碳化物间有大量枝晶碳化物存在，能谱分析表明碳化物为富钒、钼的混合碳化物，网状碳化物及枝晶碳化物的存在会导致轧辊在使用过程中热裂纹的快速扩展，激光重熔后碳化物形貌的改变对轧辊使用性能的改善是不利的。表面激光相变硬化后的金相组织由马氏体＋球状或块状碳化物＋少量残留奥氏体组成。与非激光处理轧辊组织相比，高速钢轧辊激光相变硬化后，碳化物含量变化不大，碳化物主要呈球状孤立分布在基体中，并且分布比较均匀，球状碳化物可有效阻止轧辊在使用过程中热裂纹的扩展，因此激光相变硬化处理后碳化物形貌的改变对轧辊使用性能的提高是有利的。

表 2-27　激光表面处理试验工艺参数[55]

试样编号	激光功率/W	光斑直径/mm	扫描速度/mm · s^{-1}	试样处理性质
1	700	2	2	激光重熔
2	700	3	2	激光相变硬化
3	800	3	4	激光相变硬化
4	800	2	2	激光重熔
5	800	2	4	激光重熔

165. 激光表面处理对高速钢轧辊硬度有什么影响？

高速钢轧辊经激光重熔后，试样表面的硬度分别为 HRC 51. 8、HRC 50. 8 和 HRC 51. 7，与非激光处理轧辊硬度（HRC 59. 2）相比，降低较多[55]。这是由于激光重熔过程中在熔池中央的表层具有最高的加热温度，高温熔体和周围环境存在着极大的温差，此区域的熔体具有极高的冷却速度和凝固速度，熔体均匀形核、长大，成为成分偏析极小的片状枝晶组织，激光重熔后碳化物含量明显增多，呈网状分布在基体中，造成马氏体中碳含量降低，而马氏体基体的硬度随其碳含量的减少而下降，冷却过程中析出的碳化物越多，奥氏体所转变的马氏体的碳含量就越低，导致激光重熔后的高速钢轧辊表面硬度降低。

高速钢轧辊经激光相变硬化后，试样表面的硬度明显提高，分别达到了 HRC 68. 5 和 HRC 67. 5[55]。在激光相变硬化过程中，硬化区域被快速加热，发生奥氏体转变，由于加热速度快，仍保留了较多的碳化物，在高温下部分碳化物溶解，碳在奥氏体中溶解度提高，快速冷却后奥氏体转变成马氏体和残留奥氏体，其中残留奥氏体量较少，由于碳化物的部分溶解，使马氏体中碳含量高于原马氏体中碳含量，而马氏体硬度随碳含量的增加而提高，因此激光相变硬化后的高速钢轧辊表面硬度得以提高。由此可见，激光重熔处理无论从碳化物形貌还是硬度都不适于对高速钢轧辊表面改性；而激光相变硬化不但对高速钢材料碳化物形貌有利，而且使高速钢硬度得到显著提高，因此，采用激光相变硬化对高速钢轧辊进行表面改性是一种可行的方法。

166. 高能电子束照射能改善高速钢轧辊的组织吗？

大型铸造高速钢轧辊凝固时间长，粗大碳化物易在晶界析出，导致高速钢轧辊断裂韧性低，热疲劳抗力差。韩国研究人员对含1.65%C，5.5%Cr，5.3%V，3.3%Mo，1.7%Ni，0.9%Si和0.4%Mn的立式离心浇注高速钢轧辊先在1050℃进行高温奥氏体化，随后在600℃进行回火，最后在高速钢轧辊表面经高能电子束(1.4MeV)照射，电子束移动速度控制在2.5～25mm/s[56]。研究发现，经高能电子束照射的高速钢轧辊基体组织由回火马氏体变成奥氏体和马氏体的混合组织，且粗大的碳化物明显减少，导致高速钢轧辊的断裂韧性提高，热疲劳抗力明显改善。

167. 金属离子注入对高速钢轧辊性能有什么影响？

离子注入是现代表面技术的一种，理论上所有的元素都可用于离子注入。离子注入可实现平衡态所无法实现的强化功能。离子注入在提高金属耐磨性、耐蚀性及抗氧化性能等方面已获得了很好的效果。与其他表面处理技术相比显示了诸多优点，特别与物理和化学气相沉积相比，它的主要优点如下：

(1) 表面硬化层与基体结合强度高，抗机械、化学作用能力强，表层不易剥落；

(2) 离子注入过程中，不要求升高基体温度，从而可保持工件的不变形和尺寸精度；

(3) 工艺重复性好。对高速钢进行金属离子注入，可提高其硬度，并改善耐磨性。装甲兵工程学院[57]在W6Mo5Cr4V2高速钢中，分别进行了氮、硼离子注入，离子的注入剂量分别为 1.6×10^{17} ions/cm^2，3.2×10^{17} ions/cm^2，6.4×10^{17} ions/cm^2，9.6×10^{17} ions/cm^2 和 12.8×10^{17} ions/cm^2。硼、氮离子的注入，都可以提高高速钢基体硬度，特别是氮离子注入，基体硬度提高更为明显。从图 2-40 的磨损试验结果看，在不同磨损试验载荷下，氮、硼离子注入后，随着注入剂量的增加，高速钢磨损体积明显减少。另外，氮离子的注入对 W6Mo5Cr4V2 钢磨损体积的影响较小，而注硼及氮硼共注试样由于硼的存在而使磨损体积迅

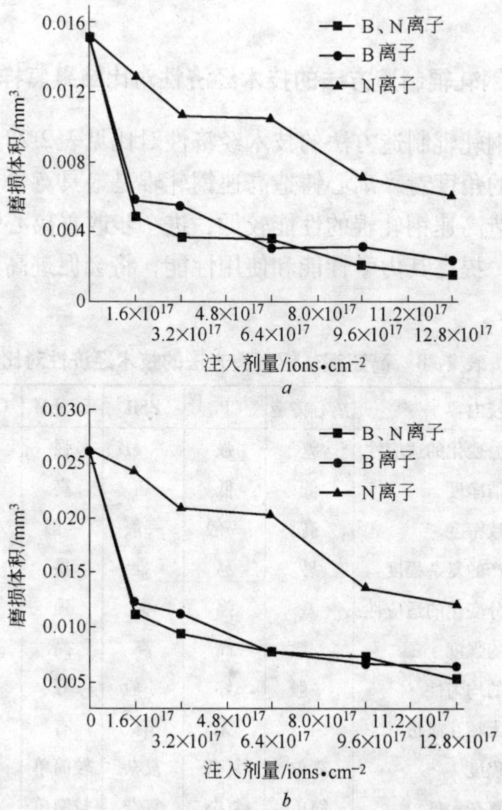

图 2-40　离子注入对 W6Mo5Cr4V2 高速钢磨损体积的影响[57]

a—载荷 30N；*b*—载荷 50N

速减小，在注入剂量范围内，注硼试样与氮硼共注试样的磨损体积差别不大。比较图2-40的试验结果发现，在30N载荷作用下，氮离子注入使相对耐磨性增加到2.5左右，硼离子注入使相对耐磨性增加到6.3左右，而氮硼共注可增加到10.1左右。50N载荷作用下，高速钢相对耐磨性的增加没有30N时显著，在注入剂量为$12.8\times10^{17}ions/cm^2$时，氮离子注入使相对耐磨性增加到2.16，氮硼共注使相对耐磨性增加到5.04。另外，钽、氮离子注入W18Cr4V高速钢后，也出现了硬度升高，耐磨性改善的现象。

168. 高速钢轧辊制造方法的技术经济性对比结果怎样?

高速钢轧辊制造方法的技术经济性对比见表2-28，显然，单纯从经济的角度看，离心铸造高速钢轧辊是最具竞争力的，但普通离心铸造高速钢轧辊的性能较低，进一步改善离心铸造高速钢轧辊组织，提高其力学性能和使用性能，将会促进高速钢轧辊的推广应用。

表2-28 高速钢轧辊制造方法的技术经济性对比

比较内容	离心铸造	CPC	ESR	ESSLM	Osprey	HIP
外层材料成分变化的适应性	差	强	一般	强	强	一般
外层材料的洁净度	低	低	高	高	低	低
外层材料的致密度	高	一般	一般	一般	低	一般
外层金属生产的复杂程度	易	易	难	易	难	难
芯部材料成分变化的适应性	差	强	强	强	强	强
内外层结合的强度	一般	高	高	高	低	一般
内外层厚度的均匀性	一般	好	一般	好	好	好
内外层间有无相互渗透	有	无	有	有	无	无
设备的复杂程度	简单	复杂	复杂	较简单	复杂	复杂
生产工艺的复杂程度	简单	复杂	复杂	较简单	复杂	复杂
生产率	最高	低	低	较高	低	低
成　本	最低	较低	高	较低	很高	很高

六、轧辊热处理方法

169. 轧辊高速钢与工具高速钢热处理的主要区别在哪里？

目前以高碳高速钢代替高铬铸铁制造轧辊已成为轧辊的主要发展方向之一。在高碳高速钢中增加钒含量，形成大量高硬度 MC 型碳化物，使高速钢轧辊的使用寿命比普通高铬铸铁轧辊提高数倍。高速钢轧辊的组织和性能与热处理工艺有直接关系。由于其与传统工具高速钢在成分、工艺条件等方面存在着较大的差别，所以高速钢轧辊的热处理工艺不能照搬工具高速钢材料的热处理工艺。传统工具高速钢碳和钒含量较低，且要求有高的红硬性，因此淬火温度通常高达 1200℃以上，这样有较多的碳化物溶解而进入基体，有利于提高基体红硬性。另外传统工具高速钢一般采用油冷淬火，因淬火冷却速率较高，淬火组织中通常含有较多的残留奥氏体，因此，传统工具高速钢的回火次数通常需要三次，个别甚至达到四次。轧辊高速钢因碳、钒含量较高，具有很好的淬透性和淬硬性，且对红硬性的要求没有工具高速钢高，加之轧辊体积大，因此淬火温度通常都控制在 1100℃以内，淬火冷却方式一般采用空冷、风冷或喷雾冷却，几乎不采用液态淬火介质。另外，因淬火冷却速率较低，淬火组织中残留的奥氏体相对较少，因此回火次数一般控制在两次以内，且回火温度通常都低于工具高速钢。

170. 淬火温度对高速钢轧辊显微组织有什么影响？

为了改善轧辊的性能，笔者曾对高速钢轧辊在不同淬火温度下显微组织的变化情况进行了研究，轧辊成分见表 2-29。

表 2-29　高速钢轧辊的化学成分（质量分数，%）

编　号	C	V	W + 2Mo	Cr	Nb
2009-1	2.0 ~ 2.8	4.0 ~ 8.0	8.0 ~ 14.0	4.0 ~ 7.0	1.0 ~ 3.0

淬火温度对高速钢轧辊显微组织的影响见图 2-41，高速钢轧辊经淬火处理后，基体组织都转变成了马氏体，且随着淬火温度的升高，基体中溶解的共晶碳化物数量增加，碳化物的尖角变得圆滑，薄弱区域断开。淬火温度超过 1100℃后，奥氏体中溶解的碳和合金元素量过多，*M*s 点下降，奥氏体稳定性增加，淬火组织中残留奥氏体增多。

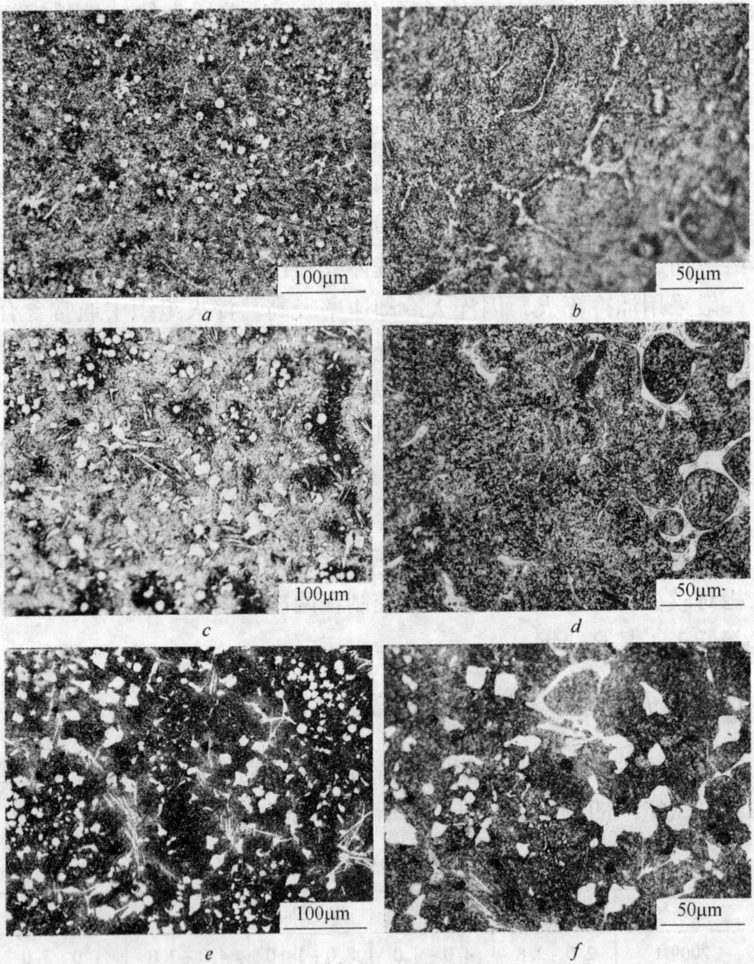

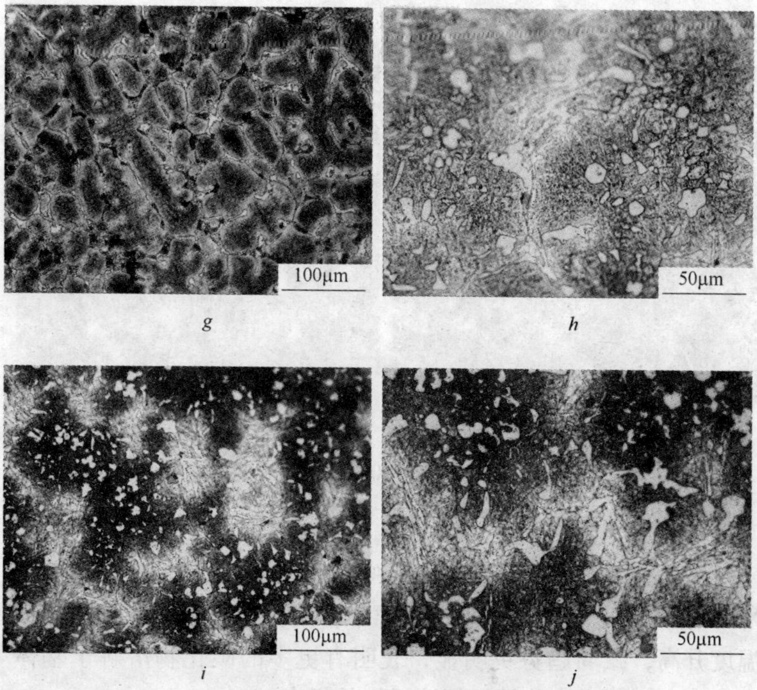

图 2-41　淬火温度对高速钢轧辊显微组织的影响

a—950℃淬火低倍组织；*b*—950℃淬火高倍组织；*c*—1000℃淬火低倍组织；
d—1000℃淬火高倍组织；*e*—1050℃淬火低倍组织；*f*—1050℃淬火高倍组织；
g—1100℃淬火低倍组织；*h*—1100℃淬火高倍组织；
i—1150℃淬火低倍组织；*j*—1150℃淬火高倍组织

171. 高速钢轧辊淬火热处理后碳化物是否发生分解？

高速钢轧辊中含有大量的 MC、M_2C 和 M_7C_3 等碳化物，具有良好的热稳定性，即使经高温加热后，也不会发生分解，但会出现碳化物溶解现象，且随着加热温度的升高，碳化物溶解量增大。图 2-42 是高速钢轧辊经 1050℃淬火后的扫描电镜组织，显微组织中不同类型的碳化物紧密结合在一起。

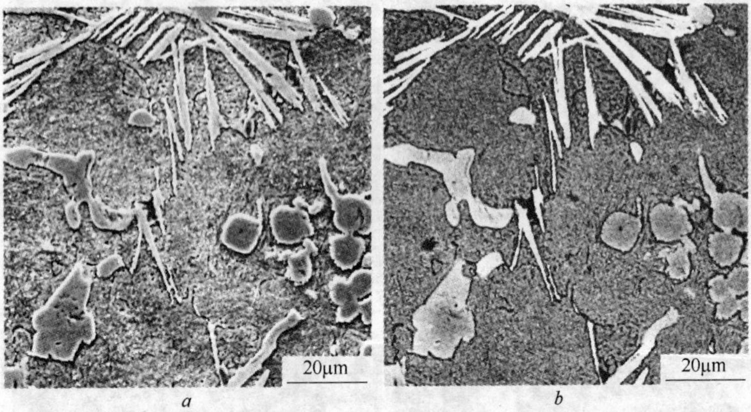

图 2-42　高速钢轧辊经 1050℃淬火后的电镜组织
a—扫描组织；*b*—背散射电子像

高速钢轧辊经淬火热处理后的 XRD 谱线见图 2-43。与铸态 XRD 谱线相比，淬火高速钢轧辊中，碳化物峰减弱，且随淬火温度升高，减弱趋势更明显，表明有更多的碳化物溶解于基体中，有利于促进高速钢轧辊淬透性的提高。

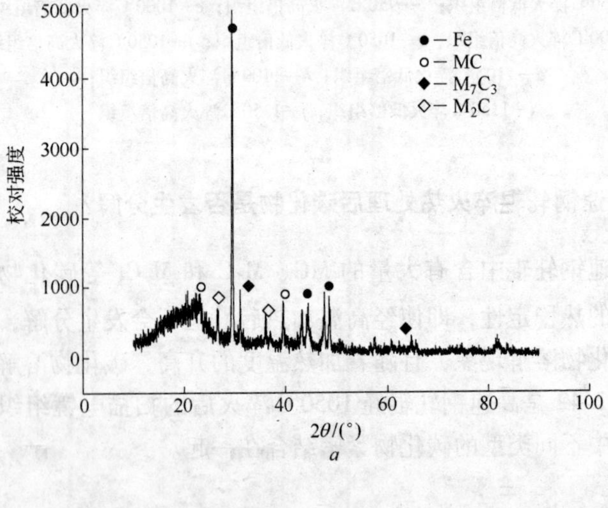

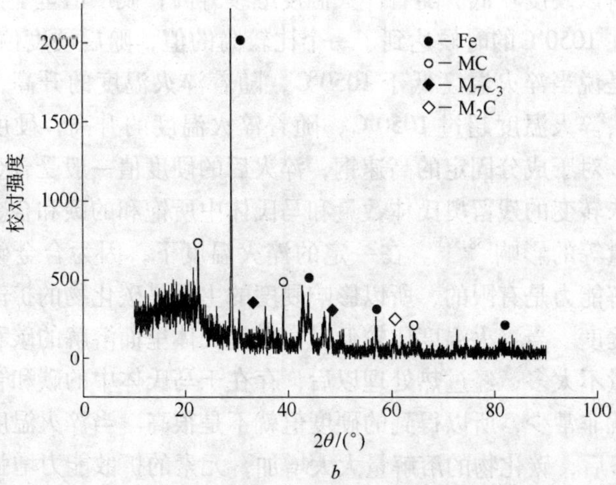

图 2-43　高速钢轧辊经不同温度淬火后的 XRD 谱线

a—950℃；*b*—1100℃

172. 淬火温度对高速钢轧辊硬度有什么影响?

淬火温度对高速钢硬度的影响见图 2-44。淬火温度比较低时，由于加热不足而出现珠光体组织，因为珠光体组织硬度不

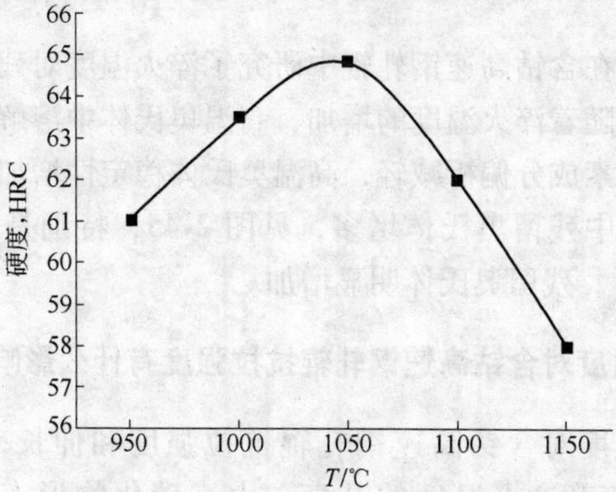

图 2-44　淬火温度对高速钢轧辊硬度的影响

高，所以硬度较低。随着淬火温度继续升高，硬度值呈上升的趋势，在1050℃的时候达到了一个比较高的值，随后硬度值降低，也就是说当淬火温度低于1050℃，随着淬火温度的升高，硬度升高；淬火温度超过1050℃，随着淬火温度的升高，硬度反而降低。对于成分固定的高速钢，淬火后的硬度值一般受合金的组织、未转变的残留奥氏体数量和马氏体中所饱和的碳和合金元素的含量等的影响[58,59]。在一定的淬火温度下，因为合金碳化物的溶解能力是有限的，所以影响硬度的主要是碳化物的扩散和分解的程度。当淬火温度比较低时，在奥氏体里面溶解的碳和合金元素量不太多，经过热处理以后，存在于马氏体中的碳和合金元素量就非常少，所以得到的硬度值就不是很高。当淬火温度超过1050℃后，碳化物的溶解量大大增加，元素的扩散能力增强，奥氏体中含有过多的碳和合金元素，增强了稳定性，在冷却时向马氏体转变就变得比较困难，使高速钢组织中残留奥氏体的量增多，因此降低了硬度。在1050℃时，高速钢中碳化物溶解程度和合金元素的扩散程度达到一定的值，这个时候马氏体中所溶解的碳和合金元素与残留奥氏体的含量达到了一个合适的程度，因此在这个温度得到了硬度的峰值。

173. 淬火温度对含钴高速钢轧辊残留奥氏体有什么影响?

笔者还在含钴高速钢轧辊中研究了淬火温度对残留奥氏体含量的影响，随着淬火温度的增加，高温奥氏体中溶解的碳化物数量增多，元素成分偏析减轻，高温奥氏体稳定性增加，导致随后的淬火组织中残留奥氏体增多，见图2-45，特别是淬火温度超过1050℃后，残留奥氏体明显增加。

174. 淬火温度对含钴高速钢轧辊抗拉强度有什么影响?

淬火温度对含钴高速钢轧辊抗拉强度和伸长率的影响见图2-46。随着淬火温度的升高，由于碳化物形态不断改善，因此强度提高。淬火温度超过1050℃后，尽管淬火组织中出

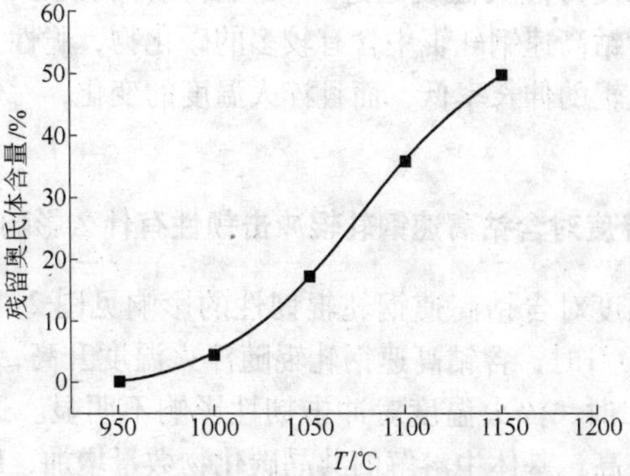

图 2-45 淬火温度对含钴高速钢轧辊残留奥氏体含量的影响

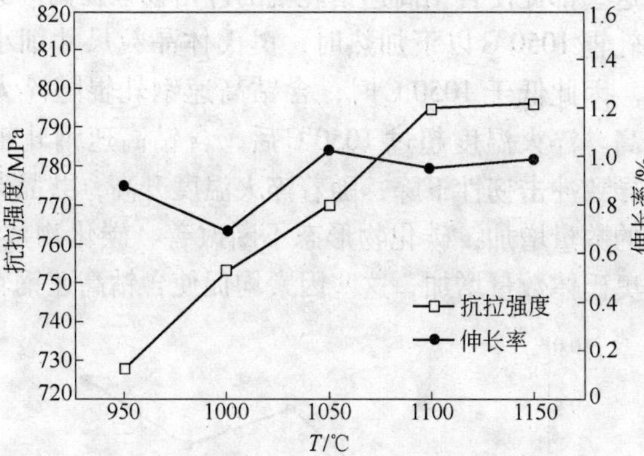

图 2-46 淬火温度对含钴高速钢轧辊强度和伸长率的影响
（250℃回火 240min）

现较多残留奥氏体而导致含钴高速钢轧辊的强度下降，但因淬火温度升高，碳化物形态和分布不断改善，而且淬火温度升高后基体中固溶的碳和合金元素增加，基体的固溶强化效果更加明显，综合作用的结果，导致抗拉强度继续提高。淬火温度超过 1100℃，尽管碳化物形态的改善会促进强度的提高，但含钴高速钢轧辊的组织粗大，将降低钢的强度，综合作用的结果使得淬火温度超过1100℃后，材料的强度变化不明显。由于含钴高速钢轧辊中含有较多的碳化物，脆性大，因此含钴高速钢轧辊的伸长率低，而且淬火温度的变化，对伸长率影响不明显。

175. 淬火温度对含钴高速钢轧辊冲击韧性有什么影响?

淬火温度对含钴高速钢轧辊韧性的影响见图 2-47。淬火温度低于 1050℃时，含钴高速钢轧辊随淬火温度升高，韧性提高，超过 1050℃时，淬火温度对冲击韧性影响不明显。这是因为随淬火温度升高，基体中溶解的共晶碳化物数量增加，碳化物尖角处变得圆滑，薄弱区域断开。而且残余奥氏体量随淬火温度升高而增加，这些都促使含钴高速钢轧辊的冲击韧性提高。另外，含钴高速钢轧辊 1050℃以下加热时，奥氏体晶粒尺寸细小，长大倾向也小。因此低于 1050℃时，含钴高速钢轧辊随淬火温度升高韧性提高。淬火温度超过 1050℃后，含钴高速钢轧辊晶粒开始粗大，导致冲击韧性下降，随着淬火温度升高，共晶碳化物溶入基体中的数量增加，碳化物形态不断改善，碳化物数量减少，而且残留奥氏体数量增加，这些因素均促使含钴高速钢轧辊的冲

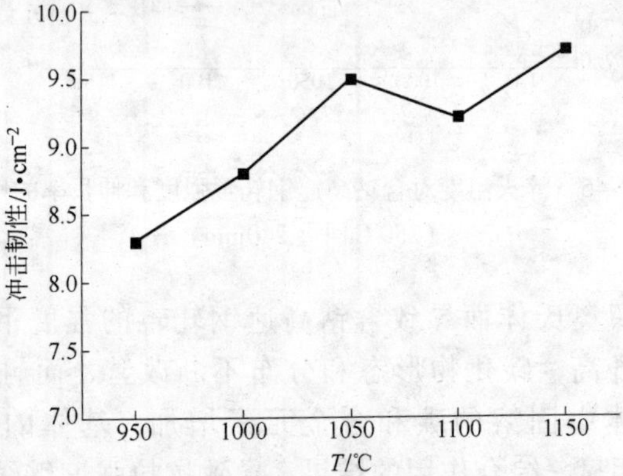

图 2-47　淬火温度对含钴高速钢轧辊冲击韧性的影响
（250℃回火 240min）

击韧性提高，综合作用的结果，使含钴高速钢轧辊的冲击韧性随淬火温度的变化不明显。

176. 回火温度对高速钢轧辊显微组织有什么影响?

回火温度对高速钢轧辊显微组织的影响见图2-48，高速钢轧辊在回火前进行了1100℃淬火处理。回火温度较低时，马氏体中析出的碳化物不多，残余奥氏体无法分解，组织变化不明显。随着回火温度的升高，部分马氏体转变为大量细小的回火马氏体，且均匀分布。但随着回火温度继续升高，会使回火马氏体的位错密度降低，马氏体中析出的碳化物不断聚积和长大。在530℃回火时，残余奥氏体大部分已发生转变，与400℃回火相比较，针状马氏体量增多，残余奥氏体量减少，并有数量较多的颗粒状碳化物析出。

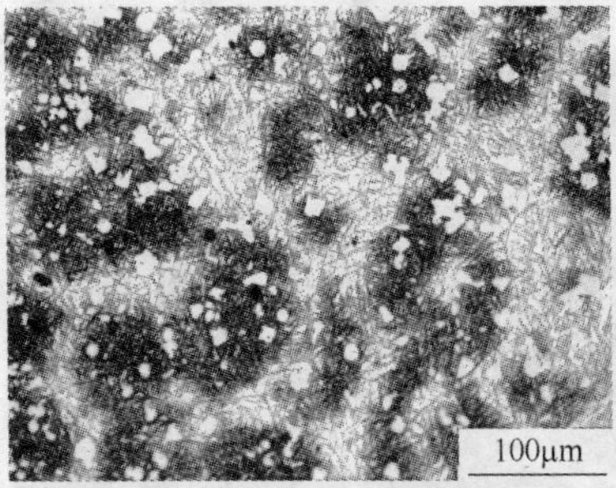

a

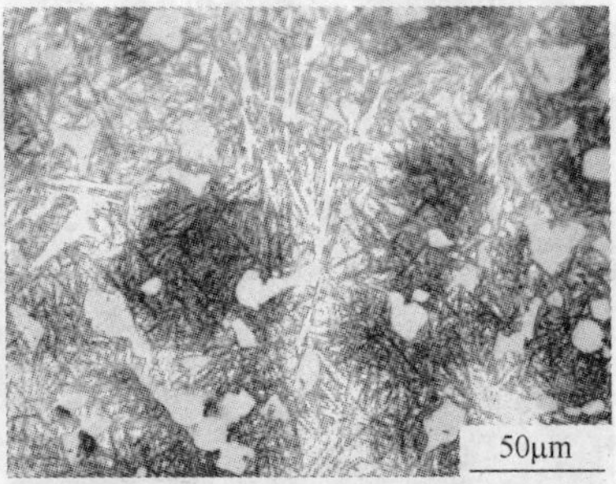

b

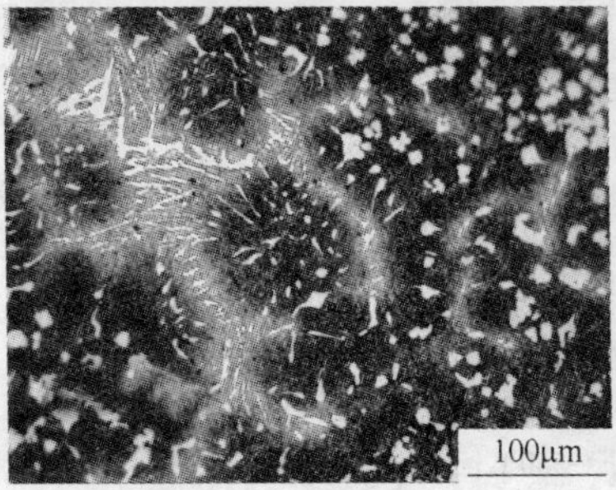

c

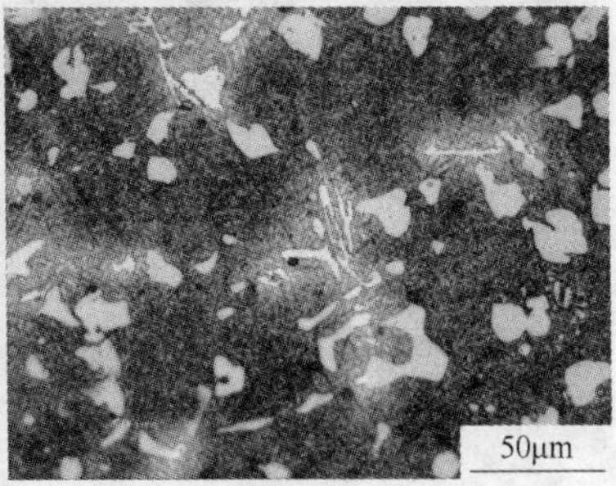

d

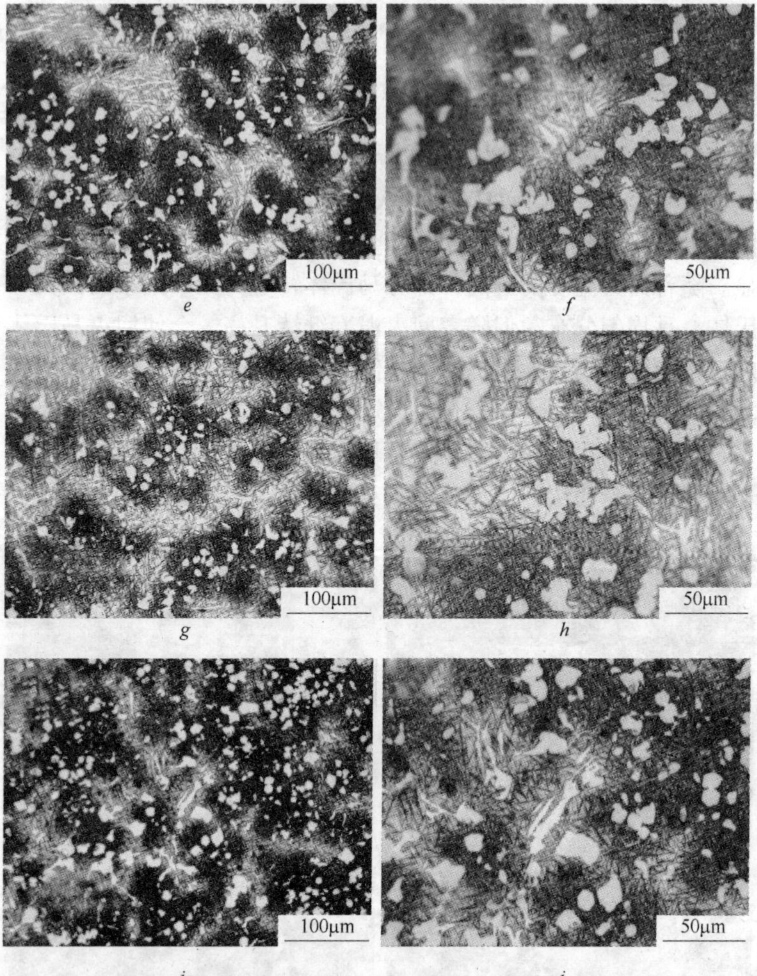

图 2-48　高速钢轧辊在不同温度回火后的显微组织

a—400℃回火低倍组织；*b*—400℃回火高倍组织；*c*—500℃回火低倍组织；*d*—500℃回火高倍组织；*e*—530℃回火低倍组织；*f*—530℃回火高倍组织；*g*—560℃回火低倍组织；*h*—560℃回火高倍组织；*i*—600℃回火低倍组织；*j*—600℃回火高倍组织

177. 回火温度对高速钢轧辊硬度有什么影响？

回火温度对高速钢轧辊硬度的影响见图 2-49。回火温度较低时，由于残留奥氏体不会发生分解，而淬火马氏体应力减小，且析出细小碳化物，导致马氏体中合金固溶度下降，轧辊硬度降低。当回火温度超过 400℃后，因残留奥氏体发生分解，导致轧辊硬度升高，回火温度过高，则硬度下降。由于高速钢轧辊中含有较多的合金元素，具有很好的抗回火稳定性能，即使回火温度高到 550℃，轧辊的硬度仍维持在 HRC 60 以上。值得注意的是，淬火温度较高（1100℃）的试样，因淬火组织中残留奥氏体较多，因此淬火态硬度低于淬火温度稍低（1000℃）的试样，但回火后，因奥氏体分解而促进轧辊硬度提高，因此回火后，淬火温度较高的试样，回火后的硬度反而高于淬火温度稍低的试样。

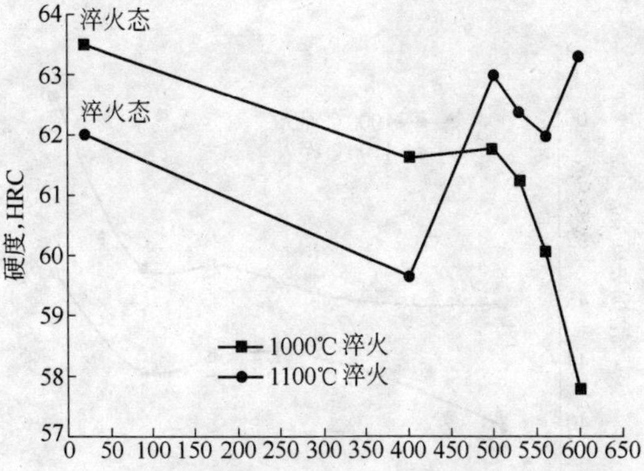

图 2-49　回火温度对高速钢轧辊硬度的影响

178. 回火温度对高速钢轧辊耐磨性有什么影响？

目前评价高速钢轧辊耐磨性的方法多种多样，由于轧辊使用条件的复杂性，因此，任何一种试验方法都很难完全模拟轧辊的使用工况。尽管如此，销盘磨损试验机因具有试验数据重现性好以及试验简单等特点，仍被国内外广泛用于评价轧辊材料的耐磨性。笔者采用 ML-10 型销盘磨损试验机，研究了回火温度对高速钢轧辊耐磨性的影响，试样加工成 ϕ6.0mm × 25mm 的销形试样，磨盘转速 60r/min，磨料为 280 号的 SiC 水砂纸，试样径向进给量 4mm/s，起始半径 13mm，终止半径 103mm，磨损行程 16.4m，载荷 4.0kg。试验结果见图 2-50，高速钢轧辊因硬度高，磨损失重较少，耐磨性好，特别是回火温度低于 550℃时，高速钢轧辊具有最好的耐磨性，回火温度过高，轧辊硬度下降，导致磨损失重增加，耐磨性降低。另外，淬火温度较低(1000℃)的试样，因硬度低于淬火温度较高(1100℃)的试样，因此，其磨损失重也高于后者，耐磨性也较后者稍差。为了提高轧辊耐磨性，建议适当提高淬火温度。但淬火温度过高，存在能耗高、热处理周期长、辊面氧化脱碳严重以及辊芯强度下降等不足，因此，对于高速钢轧辊，淬火温度控制在 1025 ~ 1075℃是较为合适的。

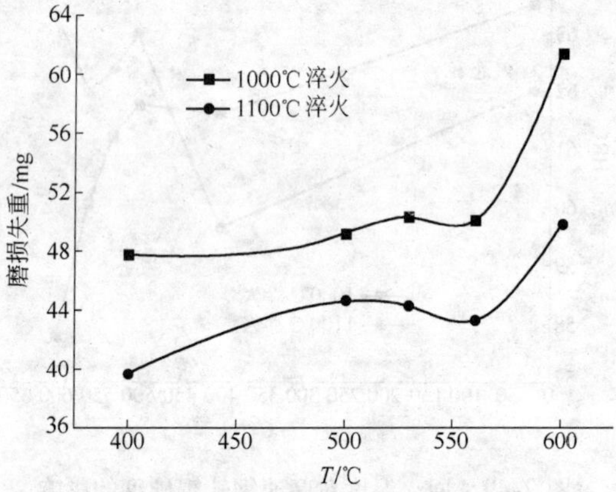

图 2-50　回火温度对高速钢轧辊磨损失重的影响

179. 高速钢轧辊磨损面形貌如何？

用 SEM 对磨损面形貌进行了观察和分析，图 2-51 是不同试

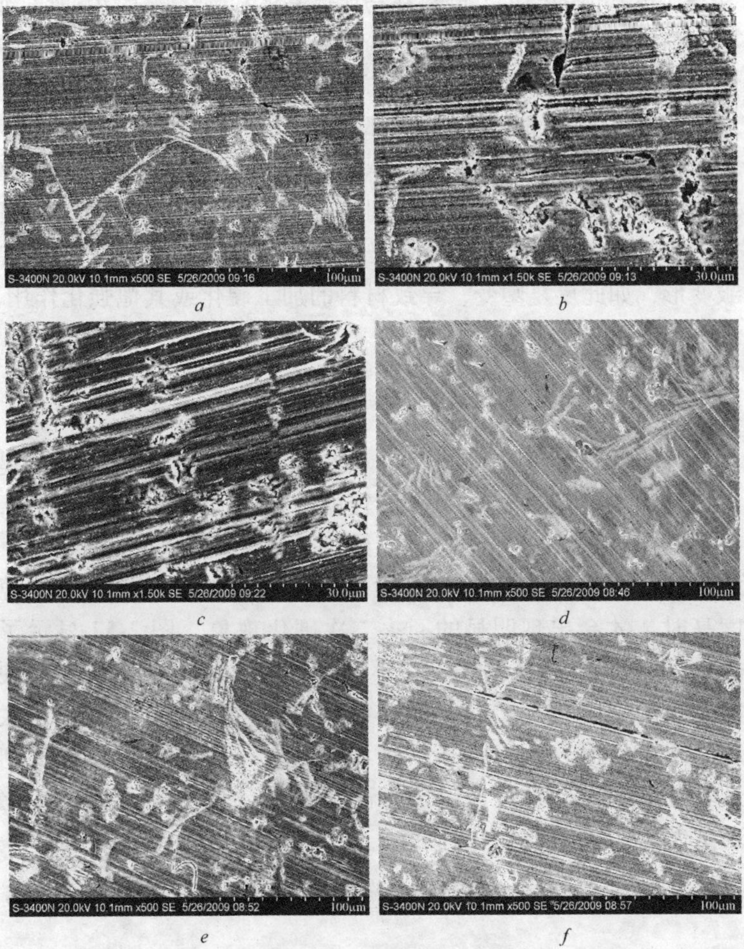

图 2-51　高速钢轧辊试样的磨损表面形貌

a—1000℃淬火 + 400℃回火；*b*—1000℃淬火 + 560℃回火；
c—1000℃淬火 + 600℃回火；*d*—1100℃淬火 + 400℃回火；
e—1100℃淬火 + 560℃回火；*f*—1100℃淬火 + 600℃回火

样磨损表面 SEM 照片。从图中可以看出，销盘磨损试验主要的磨损机制为高应力切削磨损，由于 SiC 磨粒的硬度远高于碳化物和马氏体基体的硬度，磨料在马氏体基体和碳化物上切出连续犁沟，材料的宏观硬度越低，犁沟的深度越深。这种犁沟部分被切削而形成切屑，部分则未被切削而仅有塑变，被推向两侧和前缘。若犁沟时全部的沟槽体积都被推向两旁和前缘而不产生任何一次切屑时，则称之为犁皱。犁沟或犁皱后堆积在两旁和前缘的材料以及沟槽中的材料，当受到随后的磨料作用时，可能把堆积起的材料重新压平，也可能使已变形的沟底材料遭到再一次的犁皱变形，如此反复塑变，导致材料的加工硬化或其他强化作用，最终剥落而成为磨屑。

180. 高速钢轧辊都有回火二次硬化现象吗？

目前，多数高速钢轧辊都存在回火二次硬化现象，但是如果高速钢轧辊中钨、钼含量较少，则回火二次硬化效果差，甚至不出现回火二次硬化，导致回火温度升高，轧辊硬度直线下降，只有当高速钢轧辊中钨、钼含量高，且淬火加热温度高时，才会出现明显的回火二次硬化现象，图 2-52 显示了表 2-10 中 6 组高速钢轧辊在不同温度淬火后，回火温度对硬度变化的影响规律，很显然，轧辊 A 和 B1、B2 无回火二次硬化现象，而轧辊 C1、C2 和 D 有回火二次硬化现象，特别是轧辊 C1、C2 因钨、钼含量高，且碳含量较高，二次硬化现象尤为明显。

181. 回火温度对高速钢轧辊耐磨性和磨损面粗糙度有什么影响？

高速钢轧辊材料用离心铸造方法在小型卧式离心机上制造，其化学成分（质量分数,%）是：Fe-2.0C-5.0V-3.0Mo-1.5W-6.5Cr-0.75Si-0.35Mn-1.0Ni。将熔融的高温金属液体浇入到高速旋转的铸型中形成轧辊外层，轧辊外层凝固后，立即浇入芯部球墨铸铁。轧辊外径 400mm（其中轧辊外层厚度 65mm），轧辊长度 600mm。试样取自轧辊外层，然后在 1050℃ 进行奥氏体化处理，保温 3h 后空冷。试样回火温度范围是 470 ~ 600℃，回火次

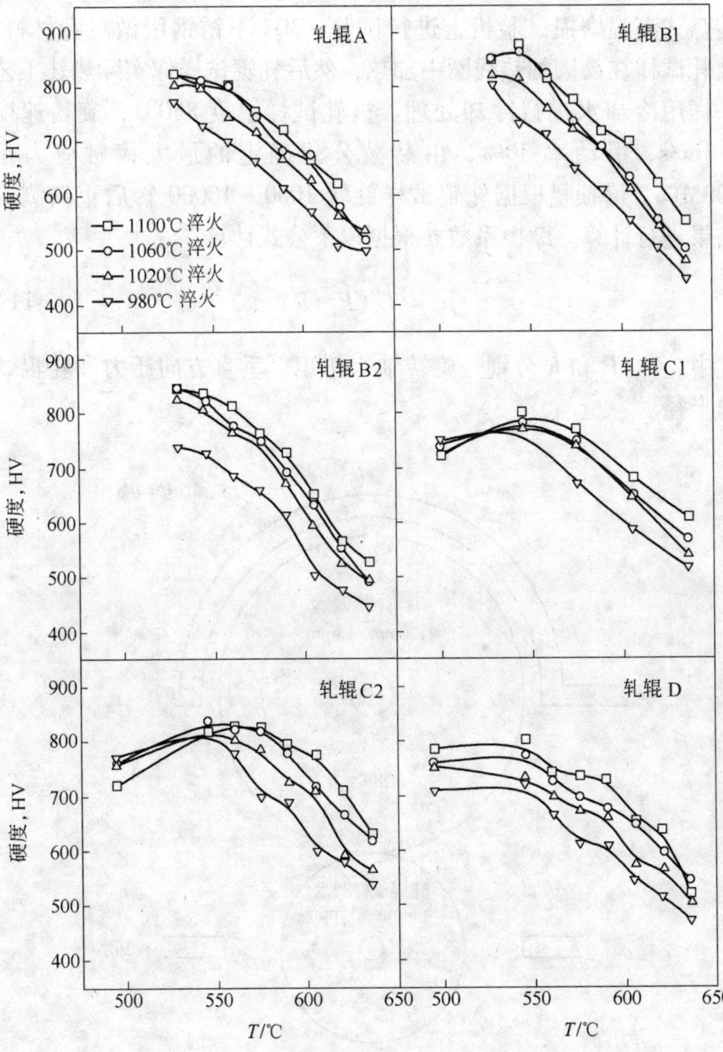

图 2-52　回火温度对高速钢轧辊硬度的影响

数两次。第二次回火的目的是为了消除第一次回火时剩余的残留奥氏体，使基体中析出细小的碳化物。

将轧辊和被轧材料加工成圆盘，然后在如图 2-53 所示的旋转盘式高温磨损试验机上进行试验，304 不锈钢用做对磨材料。被轧试样在高频加热线圈中加热，然后轧辊试样像实际热轧工艺一样用冷却水进行冷却处理。被轧试样温度 850℃，旋转速度 0.3m/s，滑动率 30%，由赫兹公式确定的最大接触应力是 600MPa。磨损量根据轧辊试样旋转 1000 ~ 10000 转后重新测量结果进行计算。摩擦系数 μ 根据以下公式计算[60]：

$$\mu = T/(P \cdot R) \tag{2-11}$$

式中，T、P 和 R 分别是旋转轴心扭矩、垂直方向压力和轧辊试样半径。

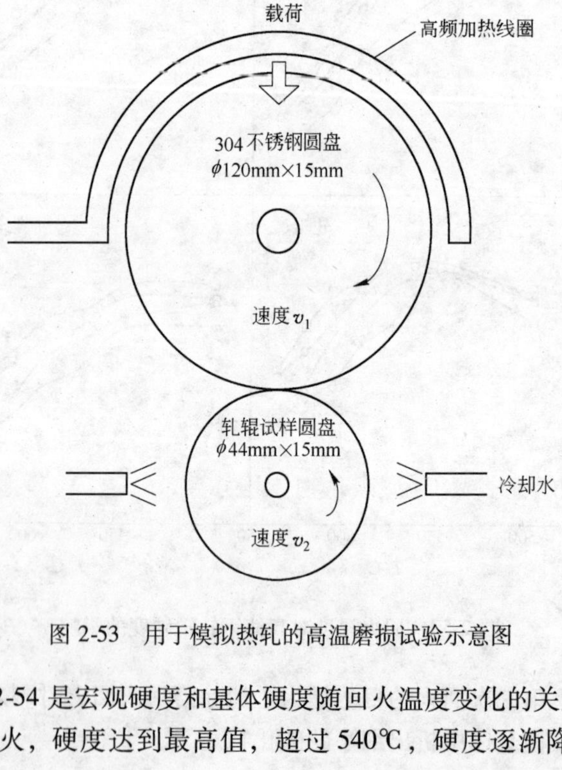

图 2-53　用于模拟热轧的高温磨损试验示意图

图 2-54 是宏观硬度和基体硬度随回火温度变化的关系曲线。540℃回火，硬度达到最高值，超过 540℃，硬度逐渐降低。尽

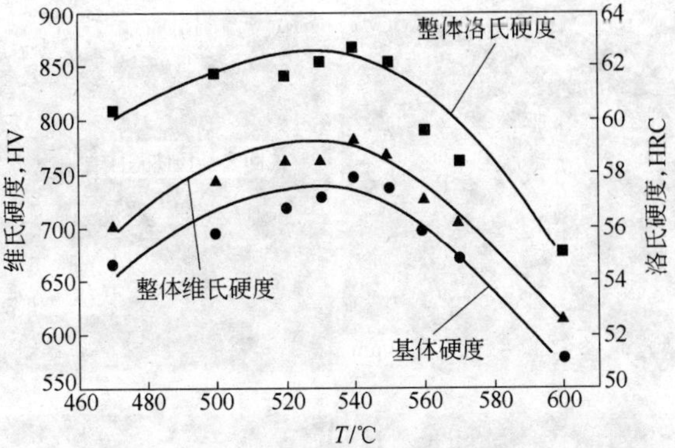

图 2-54　高速钢轧辊宏观硬度和基体硬度随回火温度的变化曲线[61]

管宏观硬度高于基体硬度，但两者随温度变化的趋势相同。试验结果表明，当总的碳化物体积分数相同时，基体硬度明显影响宏观硬度。洛氏硬度（HRC）值随回火温度变化与维氏硬度的变化趋势相同。

图 2-55 是高速钢轧辊经不同温度回火后的组织照片，其中图 2-55*a* 和图 2-55*b* 是 540℃ 二次回火后的显微组织照片。沿晶界形成 M_7C_3 和 M_2C 型碳化物，在晶粒内形成草莓形 MC 型碳化物，见图 2-55*a*。尽管 M_2C 型碳化物是由于钨、钼的加入而形成，其体积分数比 M_7C_3 型碳化物少得多，通常随 M_7C_3 型碳化物一起形成。考虑到 M_2C 型碳化物和 M_7C_3 型碳化物混在一起形成，这种轧辊中 M_7C_3 型碳化物体积分数大致为 7%，而 MC 型碳化物体积分数大致为 5%。基体组织主要有板条状回火马氏体和残留奥氏体，见图 2-55*b*。在基体中，还可观察到在回火时析出的细小的 $M_{23}C_6$ 型颗粒状碳化物。图 2-55*c* 和图 2-55*d* 是高速钢轧辊在 570℃ 和 600℃ 回火后的组织照片。随着回火温度升高，细小 $M_{23}C_6$ 型碳化物的尺寸和体积分数增加，淬火残留奥氏体晶界消失，马氏体进一步分解。

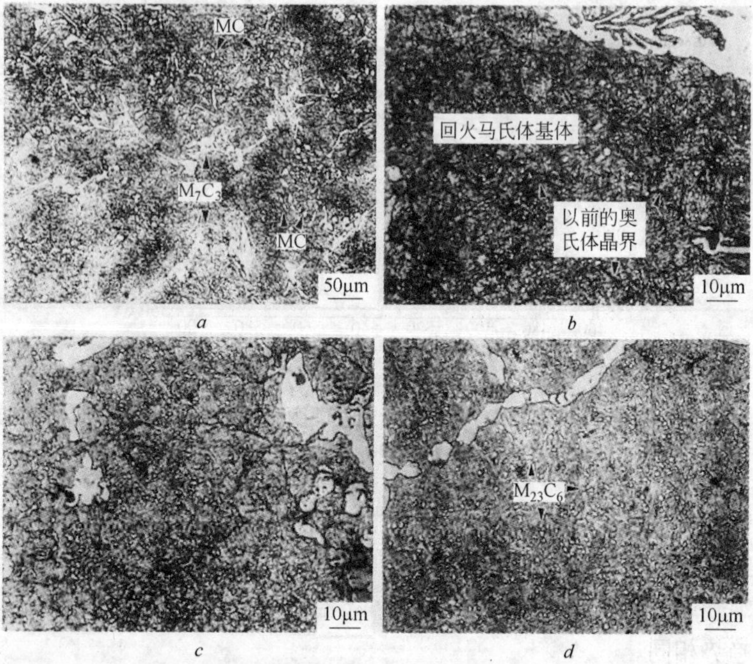

a　*b*　*c*　*d*

图 2-55　高速钢轧辊在 540℃(*a*)(*b*)、570℃(*c*)和 600℃(*d*)回火后的金相组织[61]

不同温度回火后，3 组试样的磨损失重对比见图 2-56。其中一组试样经 540°C 回火，达到了最高峰值硬度，另外两组试样分别经 570℃和 600℃过回火处理。所有轧辊试样的磨损量随着试样旋转次数的增加而增加，同时也随回火温度的提高而增加。

图 2-57 是高速钢轧辊试样经不同旋转次数下的磨损表面粗糙度变化数据。540℃回火的轧辊试样，试样表面粗糙度随试样旋转次数的增加而显著增大，经 570℃和 600℃回火的试样则出现了特殊的趋势，试样旋转次数在 2000 转以下时，表面粗糙度随试样旋转次数的增加而增大，试样旋转次数在 2000 ~ 5000 转时，表面粗糙度维持不变，试样旋转次数超过 5000 转时，表面

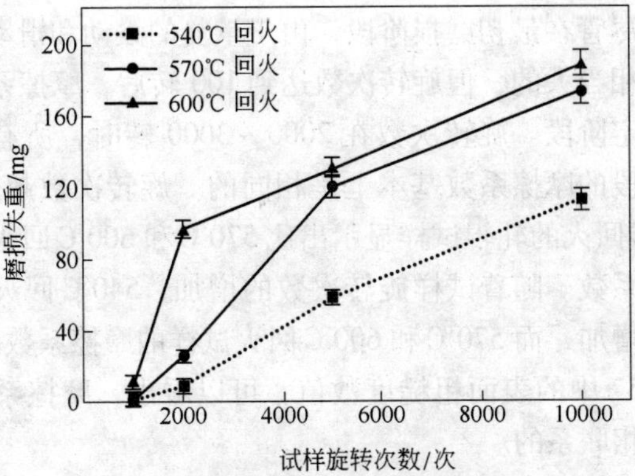

图 2-56　高速钢轧辊试样经不同温度回火后的磨损失重与旋转次数关系[61]

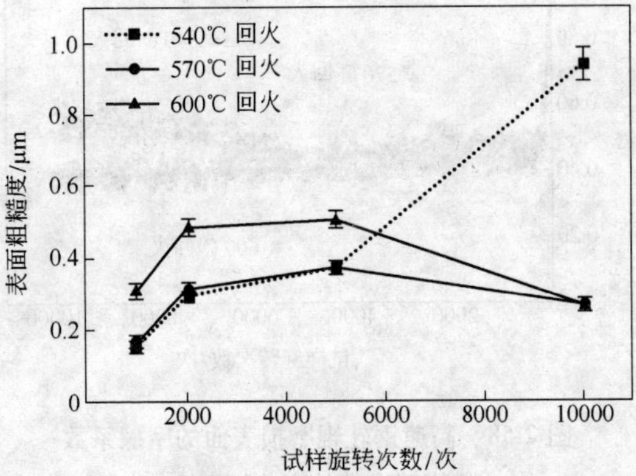

图 2-57　高速钢轧辊试样经不同旋转次数下的磨损表面粗糙度变化数据[61]

粗糙度反而降低。特别是 600℃ 回火的试样，在最初磨损阶段具有最差的表面粗糙度，但试样旋转次数超过 5000 转时，表面粗糙度明显降低，试样旋转次数达到 10000 转时，其表面粗糙度甚至比试样旋转次数 1000 转时还要低，最终和 570℃ 回火试样一样，都具有同样优异的抗表面粗糙性。

图 2-58 是高速钢轧辊磨损表面的摩擦系数随旋转次数的变化情况。尽管在最初磨损阶段，由于重复的滚动和滑动，导致摩擦系数是相当大的，但旋转次数达到 100 转后，摩擦系数达到了正常的稳定阶段。旋转次数在 2000 ~ 3000 转时，所有试样在正常稳定阶段的摩擦系数基本上是相同的。旋转次数超过 3000 转后，540℃回火的轧辊试样显示出比 570℃和 600℃回火试样有更高的摩擦系数。随着试样旋转次数的增加，540℃回火轧辊试样摩擦系数增加，而 570℃和 600℃回火试样的摩擦系数反而降低。比较图 2-57 中的表面粗糙度数值，可以看出，摩擦系数和表面粗糙度是相联系的。

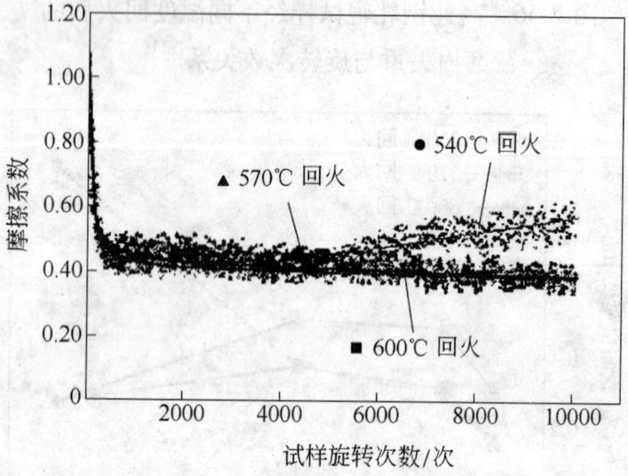

图 2-58　高速钢轧辊磨损表面的摩擦系数随旋转次数的变化情况[61]

182. 高速钢轧辊的回火加热温度为什么要选择过回火温度？

高速钢轧辊中粗大的碳化物具有很高的硬度，根据其形状、体积分数和分布的不同，直接影响轧辊的硬度、耐磨性和抗表面粗糙性，同时也明显影响轧辊的热疲劳性能和断裂韧性。基体对轧辊的宏观硬度起决定作用，同时还起着保护碳化物的作用，也与轧辊的断裂韧性有关。因此，为了制造具有优异性能的高速钢轧辊，这些组织因素应该进行优化组合，特别是为了提高耐磨性，这是轧辊最关键的性能，希望在晶粒内或晶界上均匀而不连续地出现高硬度碳化物，同时通过提高基体硬度来提高轧辊的整体硬度。因此，单纯从轧辊耐磨性考虑，高速钢轧辊在峰值硬度回火，如文献［61］所述的540℃回火，硬度值最高，比过回火试样具有更好的耐磨性。然而，当磨损面粗化和耐磨性一起考虑时，通过对峰值回火试样和过回火试样进行比较分析，发现在峰值硬度附近回火是颇有害的。首先，在540℃回火的试样，回火马氏体基体硬度高，从基体中析出的细小碳化物很好地固定在基体中，在与对磨材料（304不锈钢）的磨损过程中，出现大量的磨痕，随着磨损的进行，表面粗糙。由于粗大而坚硬的碳化物，特别是MC型碳化物很难磨损，相反，具有相当塑性的基体将首先产生磨损，导致硬碳化物周围出现表面凸起，因而导致辊表面粗糙化。由于表面粗糙化，导致摩擦系数增加，这将导致轧钢时的轧制力增加，妨碍正常的热轧操作。

相反，由于过回火试样中回火马氏体基体是相对较软的，如文献［61］所述的570℃和600℃回火，同时还有大量细小的球状碳化物从基体中析出，基体中细小碳化物的固定不如540℃回火试样好，这些细小的碳化物在初期磨损阶段易从基体中脱落，剥落的细小碳化物在轧辊和被轧材料间作为磨损碎片，引起磨粒磨损的产生。由于这种磨粒磨损使硬质MC和M_7C_3型碳化物和基体都产生磨损，因此，随着磨损的进行，碳化物周围的表面凸起减少，导致磨损面平整且摩擦系数减小。为了改善轧辊的耐磨性，轧辊表面粗化现象应该同时考虑。尽管过回火试样降低了整体硬度和基体硬度，从而降低了耐磨性，当回火温度稍微高于峰值回火温度时，可以实现耐磨性和抗表面粗糙性的优化。

183. 铸造高速钢复合轧辊可以采用感应加热淬火吗?

普通铸造高速钢复合轧辊的淬火热处理是轧辊随炉加热至1020～1100℃，保温后快速冷却。由于高速钢复合轧辊由辊身和辊芯通过离心铸造方法复合而成，辊身材料是高碳高速钢，辊芯材料是球墨铸铁或高强度灰铸铁，加热至 1020～1100℃时，辊芯组织粗化，强度和韧性明显下降，轧辊使用过程中易发生断辊事故，影响轧钢正常生产。而且轧辊整体加热至 1020～1100℃，将要消耗较多的热能，存在能耗高和生产周期长等不足。笔者发明了铸造高速钢复合轧辊表面感应淬火技术，不需要在高温炉内进行高温加热，能耗低，周期短，生产效率高。表面感应淬火处理高速钢复合轧辊，由于辊颈和辊芯没有经过高温加热，辊颈和辊芯仍维持在高强度，抗拉强度达到 500～550MPa。用该发明热处理高速钢复合轧辊，辊身硬度超过 HRC 60，淬硬层深度超过 50mm。另外，高速钢轧辊淬火采用水冷，辊面硬度均匀，辊面硬度差小于 HRC 2。但是，高速钢复合轧辊外层组织中含有较多的碳和碳化物形成元素，外层组织中碳化物数量多，导热性差，采用普通感应淬火方法热处理高速钢轧辊，易出现裂纹，使轧辊报废。为了防止高速钢轧辊感应淬火时出现裂纹，高速钢轧辊感应淬火时需要旋转，且轧辊旋转速度与轧辊直径之间需满足以下公式：

$$n = k_1\left(\frac{1}{D}\right) \tag{2-12}$$

式中，n 为轧辊旋转速度，r/min；k_1 为直径系数，对于直径小于或等于 400mm 的轧辊，k_1 值取 11500～12000mm · r/min，对于直径大于 400mm 的轧辊，k_1 值取 10000～10500mm · r/min；D 为轧辊直径，mm。

另外，高速钢轧辊感应淬火时，为了防止出现裂纹和得到合格的硬度和淬硬层深度，高速钢轧辊垂直下移速度与轧辊直径之间需满足以下公式：

$$v = k_2\left(\frac{1}{D}\right) \tag{2-13}$$

式中，v 为轧辊垂直下移速度，mm/s；k_2 为直径系数，对于直径小于或等于 400mm 的轧辊，k_2 值取 550～650mm²/s，对于直径大于 400mm 的轧辊，k_2 值取 350 ~ 450mm^2/s；D 为轧辊直径，mm。

另外，铸造高速钢复合轧辊在感应淬火前，需进行预热处理。由于轧辊工作时接触应力很大，若残余应力合理分布，可提高轧辊的接触疲劳强度和使用寿命，轧辊淬火前预热可以改善残余应力分布。轧辊在感应淬火前进行预热处理，预热温度 280 ~ 350℃，预热保温时间 6 ~ 10h。不仅使淬硬层的残余压应力增大，同时使过渡区张应力的幅值减少，有利于提高轧辊的使用寿命。日本 Kontoku 公司开发出热精轧机前段机架用新型离心铸造高速钢轧辊，通过改变铸造条件使碳化物细化，还利用感应热处理炉进行淬火急冷，使轧制每吨材的轧辊消耗量比传统离心铸造高速钢轧辊降低 30%，已在住友金属公司、韩国浦项钢铁公司等批量使用。

184. 铸造高速钢复合轧辊可以采用差温热处理吗?

铸造高速钢复合轧辊采用差温热处理是可行的，即热处理过程中只加热辊身，而辊颈不进行加热，有利于保证辊颈的高强度。由太原重型机器厂和机械工业设计院研制的轧辊开合式差温热处理炉及激冷系统，采用高热值煤气为燃料，加热温度高达 1000℃以上，淬火激冷圈内水压达 0.3MPa，可用于 ϕ800mm × 2000mm 的大型高速钢复合轧辊淬火，且适合我国国情。

185. 高速钢复合轧辊热处理断裂的主要原因是什么?

对于外层材料为高碳高钒高速钢、芯部材料为球墨铸铁的离心铸造高速钢复合轧辊，在热处理过程中有时会出现辊身断裂的现象。断口一般有两种类型，一是芯部平直，外层呈锥面的断口；二是垂直于辊面的直断口，断口多呈褐色，结合层附近颜色最深，氧化最严重，这说明裂纹源从结合层开始，在高温状态下开裂，裂纹从结合层向内、外层扩展，断口芯部呈放射状。张自立等人[62]通过测定轧辊从结合层到中芯部位合金含量的变化、轧辊芯部不同部位合金含量与碳化物数量的关系、测定轧辊填芯时外层的回熔量对芯部合金含量、碳化物数量及抗拉强度的影响、高速钢及球墨铸铁的线膨胀系数和轧辊结合层弯曲应力，对高速钢复合轧辊断裂原因进行了详细分析，发现离心铸造高速钢复合轧辊在热处理过程中出现辊身断裂的主要原因是：

（1）由于填芯时芯部的高温铁水对已凝固的外层高速钢回熔量过大，造成芯部合金总量增加，使芯部组织中尤其是结合层部位碳化物数量过高，因而使轧辊结合层强度和芯部强度急剧降低；

（2）轧辊在热处理加热过程中，由于两种材料的线膨胀系数相差很大，在弹性区间内当轧辊产生的应力超过结合层强度时，首先在结合层附近形成裂纹，在随后的加热过程中裂纹向芯部扩展，在淬火冷却过程中裂纹又向外层扩展，最终使整根轧辊在回火时断裂。

186. 怎样防止高速钢复合轧辊热处理断裂？

要防止高速钢轧辊热处理断裂，其关键是控制填芯时外层高速钢的回熔量。主要措施如下：

（1）对于辊径大于 ϕ400mm 的高速钢轧辊，建议加入强韧性好的石墨钢做中间层，采用三层复合方式，有利于提高复合轧辊结合层强度，并防止辊身高速钢钢水混入辊芯。

（2）对于辊径小于 ϕ400mm 的高速钢轧辊，采用三层复合方式生产，工艺控制难度大，生产效率低，可从以下几个方面着手：

1）严格控制辊芯铁水冲芯温度，一般控制在 1430℃ 以内为好；

2）冲芯时一定要校对好浇注管位置；

3）控制轧辊的热处理入炉温度，热处理入炉温度控制在 400℃ 以内且入炉后必须保温 1h 以上方可升温；

4）控制轧辊加热升温速度，对于辊径大于 ϕ400mm 的高速钢轧辊，升温速度宜小于20℃/h。

187. 回火次数对高速钢轧辊硬度有什么影响？

通常工具高速钢因淬火温度高且淬火冷却速度快，淬火组织中残留奥氏体多，回火次数高达 3 ~4 次。高速钢轧辊淬火温度较低，且淬火冷却速度较慢，淬火组织中残留奥氏体较少，回火次数要适当减少。对于高速钢轧辊而言，在相同的回火温度下，通常随着回火次数的增加，硬度降低，一般第二次回火比第一次回火降低硬度 HSD 4 ~8，第三次回火比第二次回火降低硬度 HSD 2 ~5。这是因为随着回火次数增加，会使弥散碳化物发生聚集长大，降低硬度。因此高速钢轧辊建议采用二次回火效果较好，且第二次回火温度比第一次回火温度降低 10 ~30℃。但是，用于螺纹钢成品机架的高速钢轧辊，为了改善轧辊的加工性能，个别企业采用三次回火的方式，效果较好。

188. 高速钢轧辊材料的连续冷却曲线是什么？

为了准确制订高速钢轧辊的热处理工艺，测试高速钢轧辊材料的连续冷却曲线是非常必要的。Pellizzari 等人[63]测试了两种高速钢轧辊材料的连续冷却曲线，材料成分见表2-30，两种高速钢轧辊的成分差异不大，轧辊 A 有较高的铬、钼含量，钒含量比轧辊 B 稍低，轧辊的铸态组织由马氏体、贝氏体、奥氏体和珠光体及沿晶间分布的碳化物组成，且碳化物体积分数不足10%，轧辊经 1050℃奥氏体化后的连续冷却曲线见图 2-59。从图中可以看出，高速钢轧辊的贝氏体鼻子温度低于 400℃，且获得贝氏体的冷却速率低于 10℃/s，当高速钢轧辊的冷却速率超过 10℃/s，则获得高硬度的淬火马氏体基体。

表 2-30　轧辊化学成分(质量分数,%)

轧辊材料	C	Si	Mn	P	S	Cr	Ni	Mo	V	W
A	1.61	0.68	0.75	0.016	0.021	5.30	1.14	2.84	4.69	0.02
B	1.61	0.89	0.81	0.017	0.013	3.43	1.05	1.94	5.77	0.05

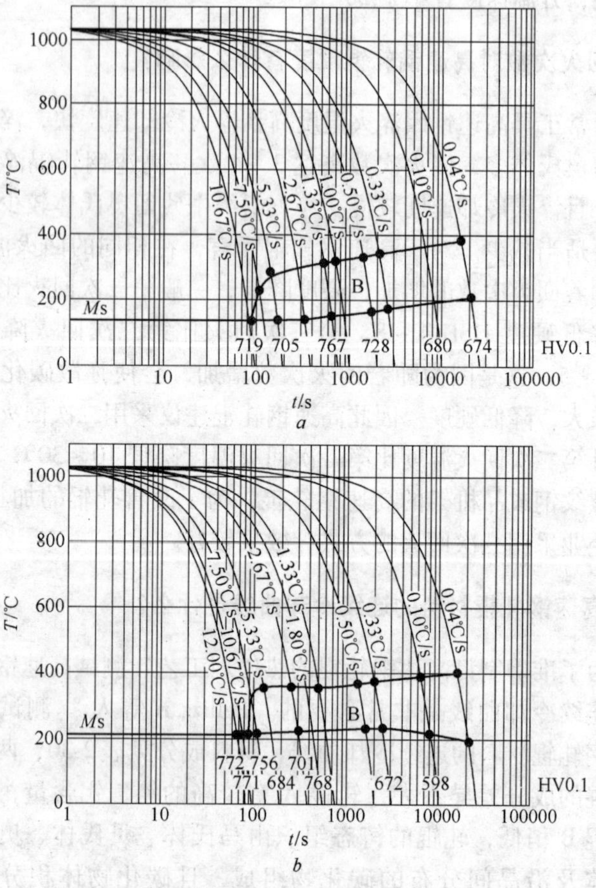

图 2-59 高速钢轧辊材料的 CCT 曲线[63]

a—轧辊 A；*b*—轧辊 B

189. 奥氏体化保温时间对高速钢轧辊硬度有什么影响？

高速钢轧辊淬火后的硬度除了与奥氏体化温度和淬火冷却速度有关外，还与奥氏体化保温时间有关，图 2-60 显示了成分不同的两组高速钢轧辊（见表 2-30）在 1030℃奥氏体化，经不同

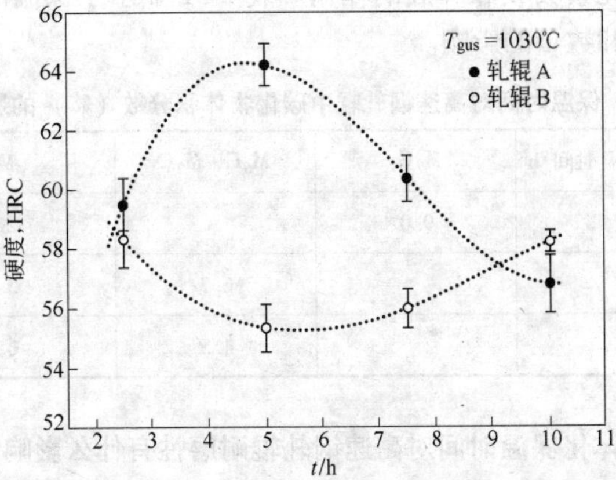

图 2-60　奥氏体化保温时间对高速钢轧辊淬火硬度的影响[63]

保温时间后的淬火硬度变化规律。对于成分不同的高速钢轧辊，奥氏体化保温时间对轧辊硬度的影响规律是不一样的，轧辊 A 有较高的铬、钼含量，钒含量比轧辊 B 稍低，轧辊 A 在奥氏体化保温时间达到 5h 时，硬度最高，而轧辊 B 则在奥氏体化保温时间为 5h 时，硬度反而最低。

190. 奥氏体化保温时间对高速钢轧辊组织有什么影响?

淬火保温时间影响高速钢轧辊的显微组织，孙大乐等人[64]将含量为 2.28% C，4.66% W，4.79% Mo，6.05% V，7.70% Cr，0.60% Ni，0.80% Si 和 0.50% Mn 高速钢轧辊经 1000℃ 奥氏体化后，研究了显微组织变化情况。奥氏体化保温 2h 后，高速钢轧辊组织中的碳化物以 M_7C_3 型为主；保温 4h 后，碳化物以 M_2C 型为主；保温 6h 后，碳化物则以 MC 型为主。随着奥氏体保温时间的延长，在铸造过程中形成的 M_7C_3 型碳化物逐渐溶解或向 M_2C 型碳化物转变，同时 MC 型碳化物在晶内逐渐析出，且随着奥氏体化保温时间的延长逐渐圆整为粒状或棒状。在碳化物转变过程中，由于各种碳化物的合金元素含量均不同，因此奥氏体化起着合金元素吸收和释放的作用。表 2-31 显示了保温时间对碳化物类型和数量的影响。

表 2-31　保温时间对高速钢轧辊中碳化物体积分数（%）的影响[64]

奥氏体化保温时间/h	M_7C_3	M_6C+M_2C	MC
2	9.0		2.0
4		6.7	5.0
6		4.5	6.7

191. 奥氏体化保温时间对高速钢轧辊耐磨性有什么影响？

奥氏体化保温时间对高速钢轧辊硬度和耐磨性的影响见图 2-61。随奥氏体化保温时间的延长，回火马氏体中碳含量增加和 MC/M_2C 粒状碳化物的析出使得回火马氏体的硬度随之上升。在 THT07-135 型高温磨损试验机上进行摩擦磨损试验，压力为 10N，高温磨损温度为 600℃，磨损距离为 800m。奥氏体化保温 2h，高速钢的耐磨性最差，且裂纹萌生于大块 M_7C_3 型碳化物内部和其与回火马氏体的结合处并在碳化物内或沿晶界扩展，导致大块 M_7C_3 型碳化物在磨损过程中碎裂甚至脱落，同时导致 M_7C_3

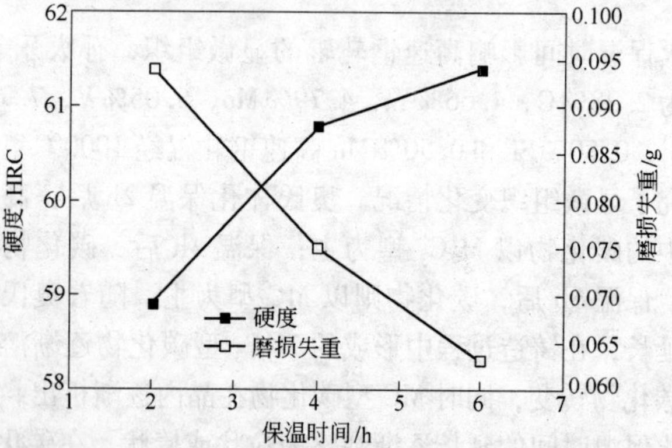

图 2-61　保温时间对高速钢轧辊硬度和耐磨性的影响[64]

型碳化物旁的回火马氏体被严重犁削；奥氏体化保温时间延长至4h，高速钢回火马氏体磨损均匀，只有少数较粗大的 M_2C 型碳化物（宽度超过 20μm）发生了剥落；奥氏体化保温时间延长至6h，M_7C_3 型碳化物消失，高硬度 MC 碳化物增加，高速钢回火马氏体和碳化物磨损均匀，没有发生碳化物脱落的现象，因此高速钢轧辊耐磨性提高。

192. 淬火冷却方式对高速钢轧辊硬度有什么影响？

高速钢轧辊的硬度与淬火冷却方式有关，图 2-62 显示了成

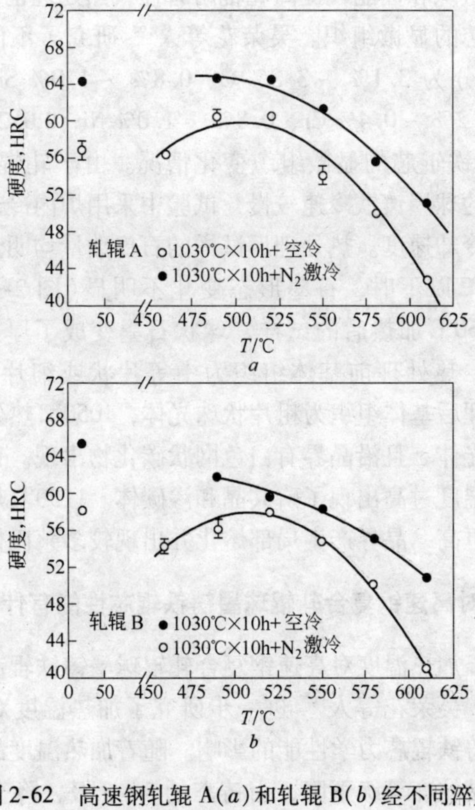

图 2-62　高速钢轧辊 A(*a*)和轧辊 B(*b*)经不同淬火冷却方式后的回火温度与硬度关系曲线[63]

分不同的两组高速钢轧辊（见表2-30）经不同淬火冷却方式后的回火温度与硬度的关系。钒含量高的轧辊（B辊）快冷淬火后的硬度反而低于空冷淬火后的硬度，且随回火温度下降，前者硬度迅速降低；而钒含量较低、铬含量较高的轧辊（A辊），则是快冷淬火后的硬度高于空冷淬火后的硬度，且随回火温度下降，后者硬度迅速降低。

193. 热处理对高速钢复合轧辊球墨铸铁辊芯组织有什么影响？

高速钢复合轧辊在使用前，通常都要进行复杂的热处理，以改善辊身的组织和性能，提高轧辊耐磨性，热处理也影响高速钢复合轧辊辊芯的显微组织。吴荣花等人[65]研究了不同加热温度下，化学成分为3.1%～3.3% C、0.8%～1.0% Si、0.4%～0.6% Mn、0.2%～0.4% Cr、0.8%～1.0% Ni和0.2%～0.4% Mo的球墨铸铁辊芯的显微组织变化情况。由于轧辊尺寸较大，空冷时芯部的球墨铸铁冷速较慢，试验中采用炉内冷却，控制冷速接近实际冷却速度。热处理后试样的石墨数量均明显减少，加热温度1100℃以下时，石墨形态变化不明显(图2-63*b*～图2-63*d*)。经1150℃加热后的试样，球状石墨变成了厚片状(图2-63*e*)。另外，热处理前基体组织为中等片状或细片状珠光体，1000℃热处理后基体组织为粗片状珠光体，1050℃热处理后组织为粗大的珠光体，且沿晶界有白色网状碳化物出现。1100℃热处理后，由于温度过高出现了磷共晶和渗碳体。1150℃热处理后由于加热温度更高，晶界产生局部熔化并出现较多莱氏体。

194. 热处理对高速钢复合轧辊球墨铸铁辊芯性能有什么影响？

在研究了加热温度对高速钢复合轧辊球墨铸铁辊芯显微组织影响基础上，吴荣花等人[65]进一步研究了加热温度对高速钢复合轧辊球墨铸铁辊芯力学性能的影响。随着加热温度的升高，辊芯球墨铸铁晶粒度等级下降，由铸态的5～6级，降至2～3级，见图2-64，晶粒明显粗化。另外，随着加热温度的升高，硬度

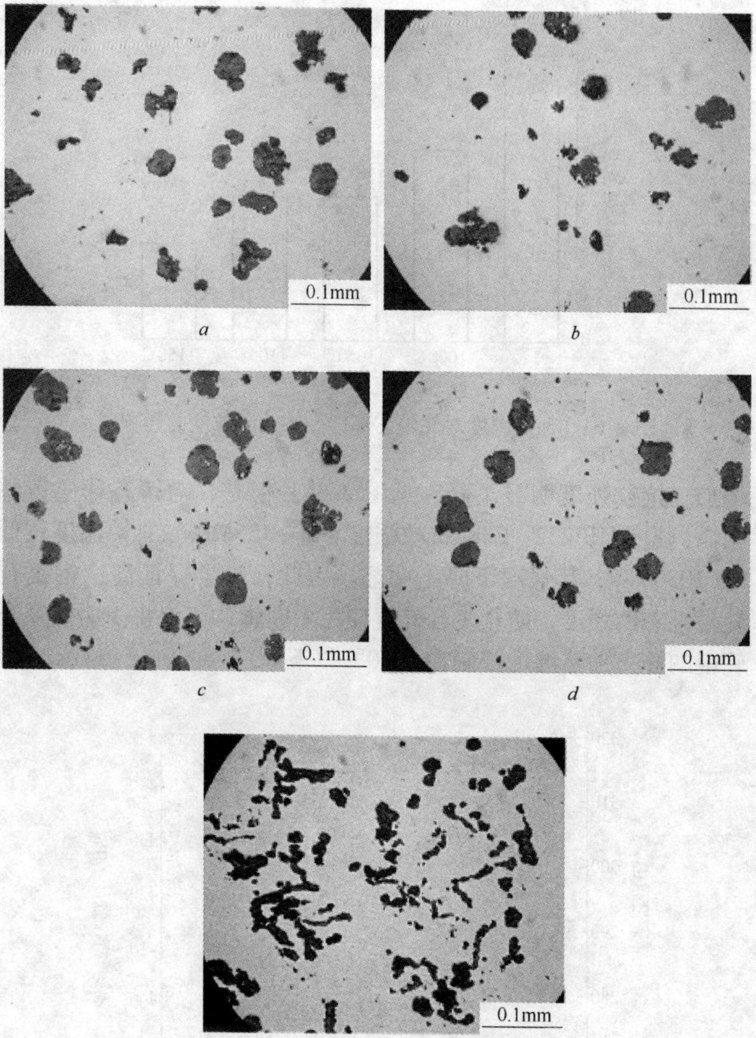

图 2-63　加热温度对球墨铸铁石墨形态的影响[65]
a—铸态；*b*—1000℃；*c*—1050℃；*d*—1100℃；*e*—1150℃

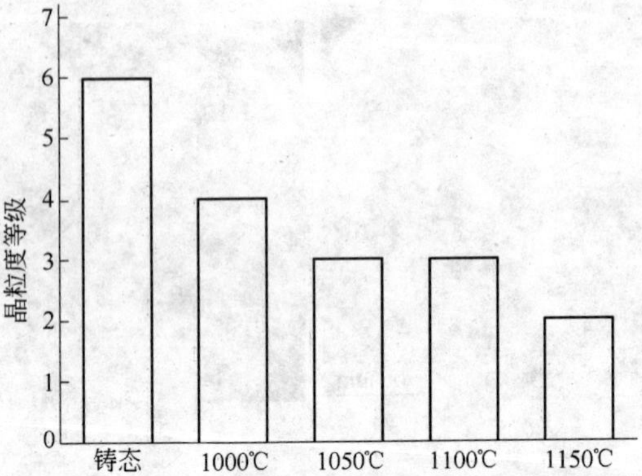

图 2-64　加热温度对轧辊芯部球墨铸铁晶粒度的影响[65]

增加，抗拉强度明显下降，见图 2-65。但是，与铸态球墨铸铁相比(硬度 HB 222 ~238,抗拉强度 440 ~455MPa),加热温度较低时(1050℃)，其强度下降不明显。因此，为了保证高速钢复合轧辊辊芯的强度，防止复合轧辊使用中断辊，建议将高速钢复合轧辊的淬火加热温度控制在 1050℃以下。

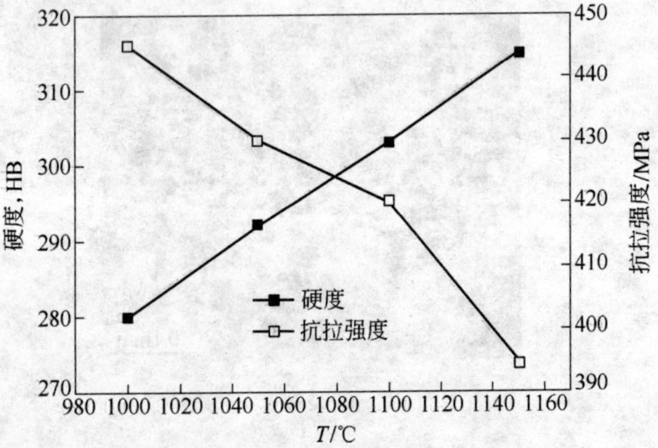

图 2-65　加热温度对轧辊芯部球墨铸铁力学性能的影响[65]

195. 加热温度对高速钢复合轧辊结合层有什么影响？

离心铸造高速钢复合轧辊铸态下的结合层宽度很小，且结合层有一个急剧的性能变化，不利于轧辊的安全使用。通过热处理使结合层扩散，有利于提高轧辊的性能，随着热处理温度升高，碳和合金元素扩散能力提高，结合层宽度也随之发生变化[66]。由图 2-66 可知，热处理后高速钢/球墨铸铁复合轧辊结合层的宽度比热处理前宽，并且随着加热温度的升高，结合层的宽度逐渐增大。另外，加热温度的变化也影响结合层的硬度。从图 2-66 可以看出，经 500℃热处理后结合层的硬度高于热处理前结合层的硬度，这主要是因为在 450℃以上、560℃以下进行热处理时，高速钢中钨、钼、钒等原子开始扩散，M_3C 溶解、M_2C 型钨钼碳化物和含钒的 MC 型碳化物弥散析出产生二次硬化，从而使结合层 500℃热处理后的硬度高于热处理前的硬度。随着温度的升高，结合层的组织越均匀，硬度也就逐渐降低，从而使高速钢/球墨铸铁复合轧辊芯部具有较好的塑性和韧性，而工作层具有较高的强度和硬度，即具有较好的综合性能，有利于延长高速钢复合轧辊的使用寿命。

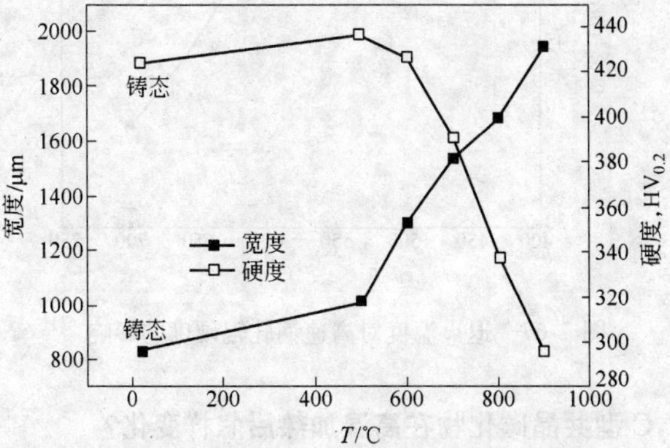

图 2-66　加热温度对高速钢复合轧辊结合层宽度和硬度的影响[66]

196. 退火温度对高速钢轧辊组织和性能有什么影响？

高速钢轧辊铸态硬度较高，直接机械加工效率低，刀具消耗量大。为便于加工，通常需要进行退火处理。退火处理还可使高速钢轧辊组织均匀，降低轧辊铸造应力，防止轧辊加工中出现裂纹。图 2-67 为轧辊用高速钢经不同温度退火后的硬度曲线。退火温度较低时，高速钢硬度无明显变化，只有当退火温度高于 630℃时才能起到明显的软化作用，有利于机械加工。通过分析退火前后的显微组织和 XRD 谱线，650℃退火未使高速钢中共晶碳化物形态及分布发生明显变化，但退火使奥氏体峰消失，表明铸态组织中的残余奥氏体在退火过程中发生了分解，分解为马氏体和二次碳化物，组织中的马氏体和碳化物总含量均有所增加，对应马氏体峰和碳化物峰都相应升高。另外，由于在退火过程中固溶于马氏体中的碳和合金元素脱溶，二次碳化物析出长大，致使马氏体过饱和度下降，马氏体基体硬度下降，高速钢轧辊的宏观硬度随之下降，高速钢轧辊的加工性能得以改善。

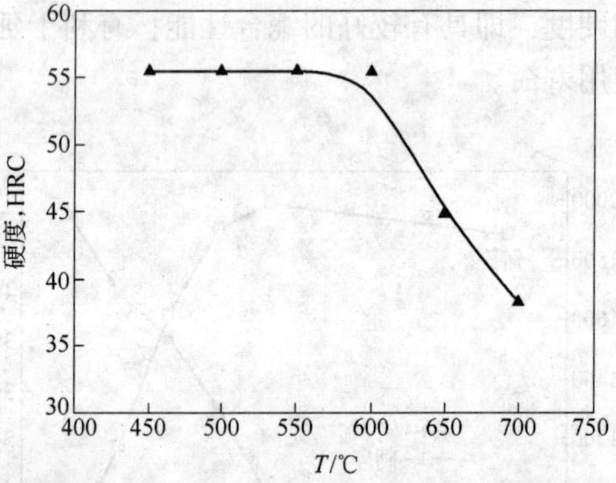

图 2-67 退火温度对高速钢轧辊硬度的影响[67]

197. M_2C 型共晶碳化物在高温加热后怎样变化？

M_2C 是一种亚稳态碳化物，在受热状态下会发生分解，随淬火温度升高，淬火加热时间的延长，M_2C 分解数量加大，其分解反应如下：

$$M_2C + \gamma\text{-Fe} \longrightarrow MC + M_6C \tag{2-14}$$

由于碳和合金元素在非常有限的距离内进行了短程扩散，M_2C 仅在原来位置处分解为 MC 和 M_6C 型碳化物，导致一次共晶 M_2C 碳化物的原始形貌仍然保留。图 2-68 的高倍扫描电镜照片清晰显示了 M_2C 的分解情况。

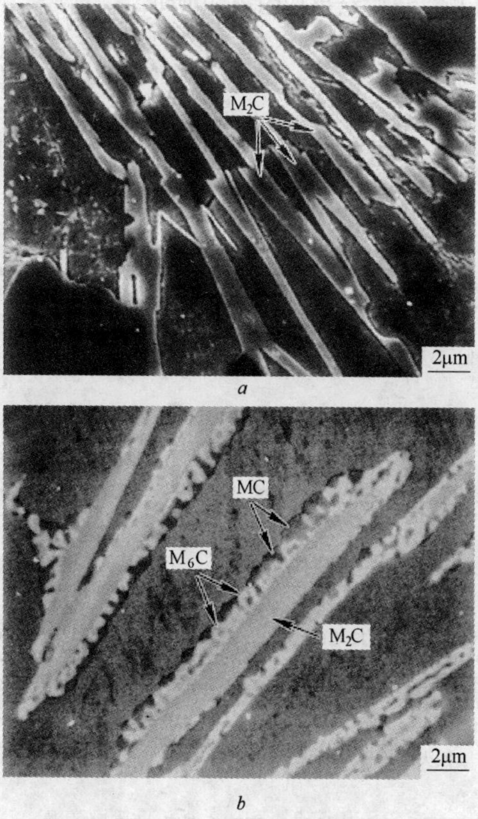

图 2-68　高速钢轧辊铸态(*a*)和 1100℃淬火后(*b*)的 M_2C 碳化物

198. 超硬型高速钢工作辊怎样热处理？

含1.05% ~1.20% C，0.15% ~0.40% Mn，0.20% ~0.40% Si，3.80% ~4.40% Cr，1.75% ~2.20% V，5.50% ~6.75% W，4.50% ~5.50% Mo 和 0.80% ~1.20% Al 的 M2Al 钢是我国自行开发的含铝超硬型高速钢，用这种高速钢制造 20 辊轧机工作辊，成本低廉，效益好。为了探讨 M2A1 高速钢轧辊的热处理工艺参数，付月有等人[68]分别进行了淬火温度、二次硬化效果和回火次数对轧辊硬度的影响，试验结果如图 2-69 所示。

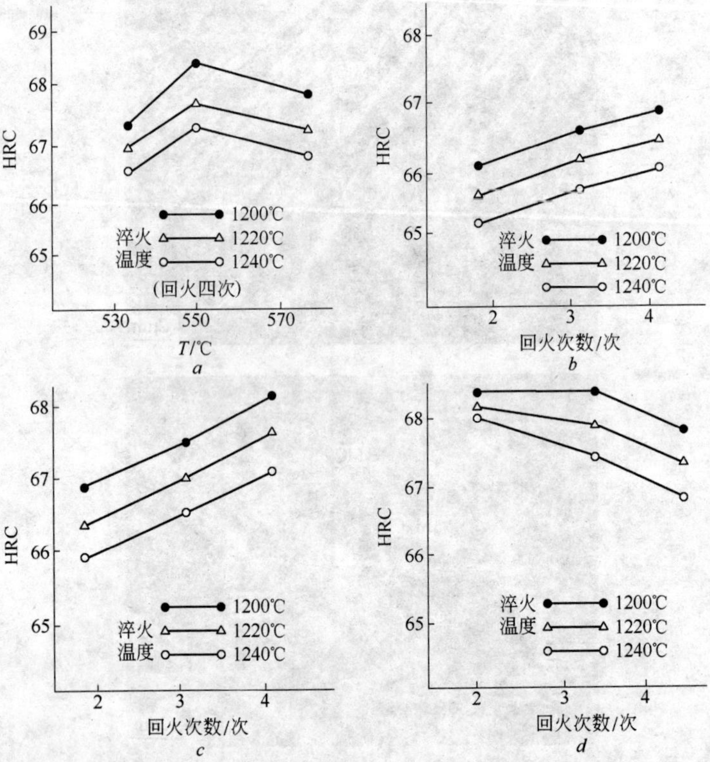

图 2-69 热处理对高速钢轧辊硬度影响[68]

a—回火温度变化；*b*—530℃回火下的回火次数变化；*c*—550℃回火下的回火次数变化；*d*—570℃回火下的回火次数变化

根据上述试验结果，M2Al 高速钢轧辊热处理具有以下特点：

（1）淬火加热温度越高，回火后二次硬化峰值越高，为获得较高的硬度，淬火加热应选在不致引起过热的较高温度范围内；

（2）M2Al 钢的二次硬化峰值所对应回火温度约为 550℃；

（3）M2Al 钢在二次硬化峰附近，当回火温度低于 550℃时，硬度随回火次数增加而升高，当温度超过 550℃时，硬度随回火次数增加而降低。

选用如图 2-70 所示的热处理工艺，轧辊硬度达 HRC 66～68，经 20 辊轧机上机使用表明，超硬型高速钢轧辊耐磨性比 Cr2、Cr3 材质的轧辊有大幅度提高，所轧制产品表面光亮度也有明显改善。过去轧辊使用一个班次就要修磨，使用超硬高速钢轧辊后，四、五个班才修磨 1 次，明显提高了轧机作业率。

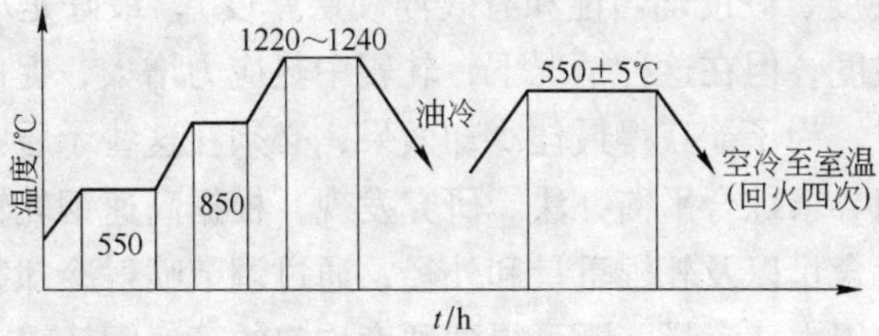

图 2-70　超硬型高速钢工作辊热处理工艺曲线[68]

199. 怎样提高高速钢轧辊辊面硬度的均匀性?

目前国产高速钢轧辊存在的最大问题是轧辊阴阳面的出现，即轧辊表面硬度不均匀。国内部分企业生产的中小型棒线材轧机用高速钢轧辊，同一根轧辊部分位置硬度达到 HRC 66～68，部分位置硬度只有 HRC 58～60。辊面硬度均匀性极差，严重影响轧辊的机械加工和工业应用。轧辊硬度不均匀的主要根源是轧辊淬火冷却时辊面冷速不匀所致，提高高速钢轧辊辊面硬度均匀性的主要措施有以下四点：

（1）适当提高轧辊淬火加热温度，延长淬火保温时间，轧辊装炉加热时，轧辊间彼此隔开，轧辊间距大于100mm；

（2）加快轧辊出炉速度，轧辊出炉时辊面温度不能低于1000℃；

（3）加快轧辊淬火冷却速度，有条件的企业最好采用喷冷淬火方法取代普通的风冷和空冷；

（4）轧辊冷却过程中实现连续转动，转动频率不低于6次/min，有利于防止轧辊阴阳面的出现，提高轧辊硬度均匀性，改善轧辊使用效果。

200. 高速钢轧辊怎样实现喷冷淬火？

水-空气喷射冷却装置是一种能调节冷却强度而不同于传统淬火槽的新一代淬火冷却设备。为了改善高速钢轧辊的主要使用特性（硬度、硬度均匀性和有效淬硬层厚度），最好是尽可能增大冷却强度，但在这种情况下，轧辊中热应力增大，促使淬火裂纹的形成。为了能获得最佳冷却效果，必须在这些矛盾中的作用因素之间寻求综合平衡办法。研究发现，根据高速钢轧辊中碳和合金元素含量以及轧辊重量和外径，通过调节喷射冷却装置中水和空气的压力、流量，既可得到硬度均匀的高速钢轧辊，又可防止轧辊出现淬火裂纹。此外，为了防止轧辊裂纹的产生，高速钢轧辊经喷冷淬火后，必须立即进行回火处理，以去除应力和稳定组织。

七、半高速钢轧辊热处理

201. 半高速钢和高速钢冷轧辊回火后硬度变化趋势如何？

随着轧钢技术的发展和钢板质量的不断提高，要求轧辊轧制周期长，具有高的抗事故能力，优良的耐磨性能和高的粗糙度保持性。只有半高速钢和高速钢等能满足这些特性。常用半高速钢和高速钢冷轧辊的成分见表 2-32。

表 2-32　半高速钢和高速钢轧辊主要化学成分（质量分数,%）

钢　种	半高速钢	高速钢	钢　种	半高速钢	高速钢
C	0.5~1.0	0.8~1.5	V	0.5~1.0	0.5~3.0
Cr	4.0~10.0	8.0~13.0			
Mo	0.5~2.0	0.5~3.0	W	<1.0	<2.0

半高速钢可用于制作冷轧中间辊，高速钢因合金含量较高而用于制作冷轧工作辊。铸锭用 ESR 工艺生产，可以避免宏观偏析，用这种工艺生产的钢的致密度也远比常规铸钢好，但由于其变形抗力大，铸锭锻打时锻造压力就较大。使用双频感应加热可使淬火过程中内应力减至最小。半高速钢和高速钢冷轧辊允许单独加热外层，淬透层非常深。

常用合金钢、半高速钢和高速钢的回火曲线图如图 2-71 所示，当回火温度上升时，常用钢硬度是下降的，而高速钢由于含钼、钨、钒等元素较多，在 480℃ 附近有一明显的第二硬度峰值，硬度在 HV 800 以上，可用这种钢制作冷轧工作辊。而半高

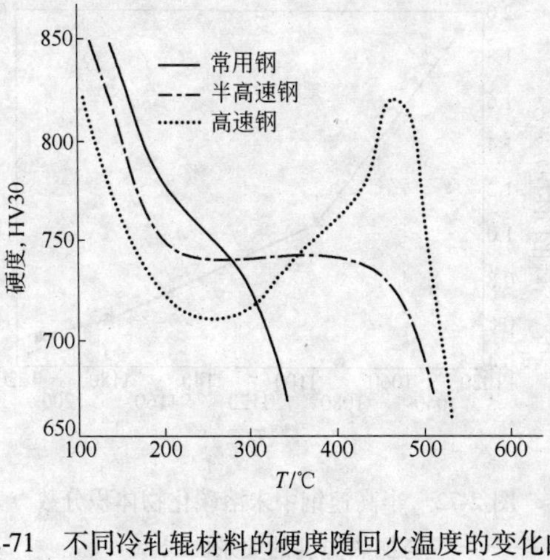

图 2-71　不同冷轧辊材料的硬度随回火温度的变化曲线

速钢硬度第二峰值不明显，硬度值较低，但这种硬度足够用于热轧铝板和冷轧硅钢片的工作辊。

202. 半高速钢轧辊加热过程中碳化物怎样溶解？

冷轧工作辊用锻造半高速钢加工和热处理过程中碳化物的溶解和析出，对钢的性能影响很大，适当地控制碳化物的溶解和析出可以有效地改善轧辊的性能。刘德富等人[69]对含0.77% C，0.86% Si，0.32% Mn，4.99% Cr，1.99% Mo和0.78% V的半高速钢材料在热处理过程中碳化物的溶解和析出进行了研究。退火状态下钢中碳化物总量为9.3%，碳化物类型包括MC、M_6C、M_7C_3。钢中未溶碳化物与加热温度的关系见图2-72，钢中碳化物含量随淬火温度的提高逐渐下降。试验结果发现，试样经1030℃保温40min后油冷，钢中未溶碳化物总量为1.9%，碳化物类型为MC。试样经1090℃加热40min后油冷，未溶碳化物总量为1.05%，此后继续升高加热温度，钢中未溶碳化物量减少，但直到1210℃，MC型碳化物并未完全溶解。

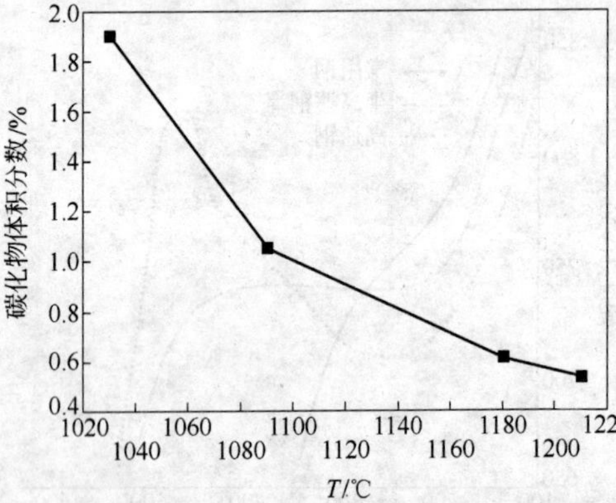

图2-72 半高速钢中未溶碳化物体积分数与加热温度的关系曲线[69]

203. 半高速钢轧辊回火过程中碳化物怎样析出？

上述半高速钢轧辊材料于 1090℃ 保温 40min 后油冷淬火，然后在不同温度回火 2h，其硬度随回火温度变化曲线见图2-73*a*，520℃ 回火时硬度达到峰值(HRC 64)。半高速钢的二次硬化效果主要来自两方面，一方面是残余奥氏体在高温回火中转变为马氏体；另一方面是高温回火过程中碳化物析出，产生弥散强化作用。随回火温度升高，钢中碳化物数量增加（见图 2-73*b*），

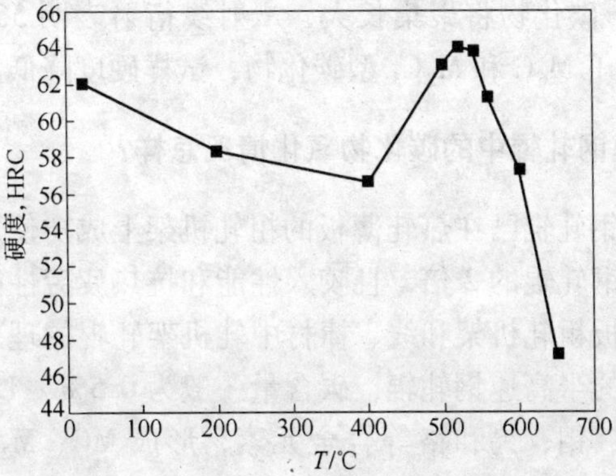

a

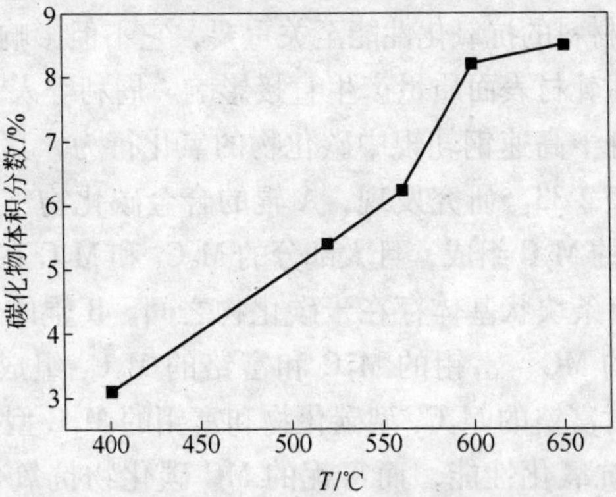

b

图 2-73　半高速钢轧辊硬度(*a*)和碳化物含量(*b*)随回火温度变化曲线[69]

520℃回火时钢中碳化物总量为5.4%，为退火状态的58%。此外，对于520℃回火的半高速钢轧辊试样，X射线衍射只显示存在MC型碳化物，而在二次硬化中起主要作用的M_2C型碳化物已经析出，在X射线衍射中得不到M_2C型碳化物的谱线是因为析出的碳化物非常细小。在透射电镜中则可观察到Mo_2C碳化物形貌及电子衍射花样，Mo_2C是回火过程中析出的一种亚稳碳化物，在520℃回火时已大量析出且在此温度下不易聚集长大，保持细小弥散的状态，具有较强的强化作用。回火温度升高到560℃以上，碳化物将聚集长大，X射线衍射表明560℃回火的试样中析出了M_6C和M_7C_3型碳化物，试样硬度降低。

204. 半高速钢轧辊中的碳化物氧化情况怎样?

半高速钢轧辊已在热轧薄板的粗轧机架上成功使用，其耐磨性能是高铬钢轧辊的2倍，且咬入性能和抗热疲劳性能优异，已成为热轧薄板粗轧机架和线、棒材中轧机架轧辊的理想选择。用于热轧粗轧的半高速钢轧辊，碳含量一般为0.5%～1.5%，同时加入铌、钒、钼、钨和铬等合金元素，形成MC、M_2C、M_6C和M_7C_3等不同类型的碳化物。热轧粗轧辊轧制区内最高温度接近600℃，轧辊材料的抗氧化性能至关重要，它不但影响轧辊的使用寿命，同时对轧材表面质量产生直接影响。周利等人[70]研究了成分不同的两种半高速钢轧辊中碳化物的氧化行为，其主要化学成分及硬度见表2-33。研究发现，A辊的合金碳化物主要由富铬的M_7C_3和富钼的M_2C组成，且大部分的M_7C_3和M_2C在晶界处混合生长，并伴有条块状基体存在于碳化物之间。B辊的合金碳化物主要由富铌的MC、富钼的M_2C和富铬的M_7C_3组成。经600℃氧化30min后富铬的M_7C_3型碳化物和富钼的M_2C型碳化物都具有非常好的抗氧化性能，而富铌的MC碳化物抗氧化性能非常差，氧化产物不但凸出基体表面，而且每个氧化区域均有裂纹产生，此类裂纹的存在对轧辊使用性能是不利的，在外部轧制力诱导下裂纹会扩展，严重时会导致轧辊表面局部剥落甚至断辊。

表 2-33　半高速钢轧辊的化学成分及硬度

轧辊编号	化学成分(质量分数)/%						硬度 HRC	基体硬度 HV
	C	Cr	Nb	Mo	W	V		
A	0.5 ~ 1.5	5.0 ~ 8.0		3.0 ~ 6.0	0.1 ~ 1.0	0.1 ~ 0.5	61	738
B	0.5 ~ 1.5	3.0 ~ 6.0	3.0 ~ 5.0	2.0 ~ 4.0		0.1 ~ 0.5	59	726

205. 奥氏体化温度对含氮半高速钢轧辊显微组织有什么影响？

半高速钢轧辊具有高强度和优异的耐磨性，除了用于热轧粗轧机架外，还可用于冷轧生产中，Wu 等人[71]研究了奥氏体化温度对含氮半高速钢轧辊（具体成分为：0.75% ~ 0.85% C，0.70% ~ 0.90% Si，0.25% ~ 0.45% Mn，5.00% ~ 5.50% Cr，1.00% ~ 1.20% Mo，0.40% ~ 0.60% V，0.30% ~ 0.50% Ni 和 0.068% N）显微组织的影响，随着奥氏体化温度增加，初始奥氏体的晶粒尺寸增大，晶粒度等级下降，但奥氏体化温度低于 1313K 时，晶粒尺寸长大缓慢，而奥氏体化温度高于 1333K 时，晶粒尺寸则快速长大。另外，随着奥氏体化温度的提高，淬火组织中残留奥氏体增加，特别是奥氏体化温度高于 1333K 时，残留奥氏体明显增加，见图 2-74。另外，随着奥氏体化温度的提

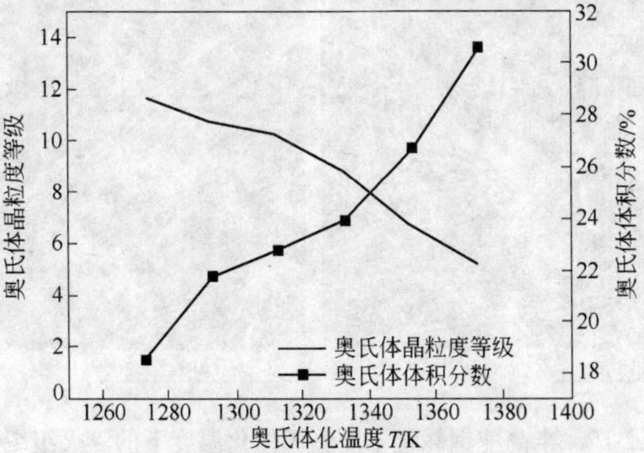

图 2-74　奥氏体化温度对半高速钢轧辊初始奥氏体晶粒度等级和残留奥氏体数量的影响[67]

高，淬火组织中未溶碳化物数量减少，见图2-75，奥氏体化温度为1273K时，未溶碳化物体积分数约为10%，奥氏体化温度升

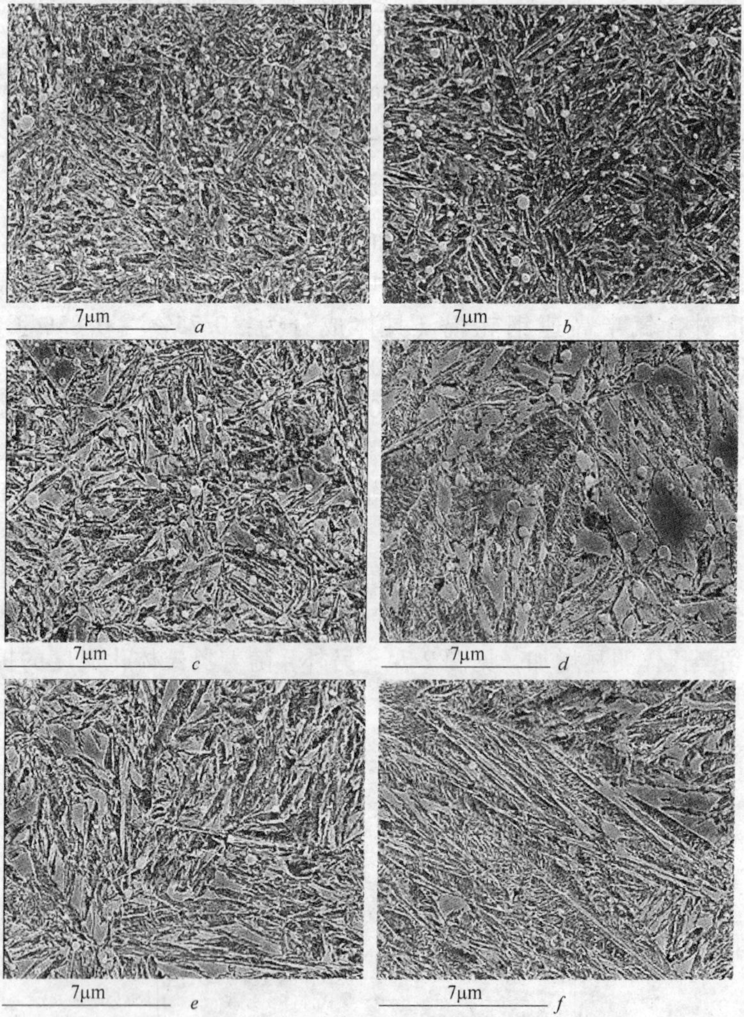

图2-75　半高速钢轧辊不同奥氏体化温度下的淬火组织[71]

a—1273K；*b*—1293K；*c*—1313K；*d*—1333K；
e—1353K；*f*—1373K

至 1313K 时，未溶碳化物仅为 5%，奥氏体化温度达到 1353K 时，淬火组织中观察不到未溶碳化物。

206. 回火温度对含氮半高速钢轧辊硬度有什么影响?

含氮半高速钢轧辊具有强度和硬度高、耐磨性好等特点，应用于冷轧生产中，取代 5% Cr、3% Cr 冷轧锻钢辊，将会明显延长轧辊使用寿命。Wu 等人[72] 研究了回火温度对含 0.70% ~ 1.00% C，0.70% ~ 0.90% Si，0.25% ~ 0.45% Mn，5.00% ~ 8.00% Cr，1.00% ~ 1.50% Mo，0.40% ~ 1.00% V，0.30% ~ 0.50% Ni 和 0.068% N 的含氮半高速钢轧辊硬度的影响，轧辊先加热至 1313K，油冷，随后回火，回火温度对硬度的影响见图 2-76。423 ~ 723K 回火时，随着回火温度升高，硬度缓慢降低，723K 时达到 HRC 59.4，随后硬度开始增加，并在 793K 时达到峰值硬度 HRC 60.8，这是二次硬化的结果，随着继续增加回火温度，硬度急剧下降，973K 时已降至 HRC 37.4。

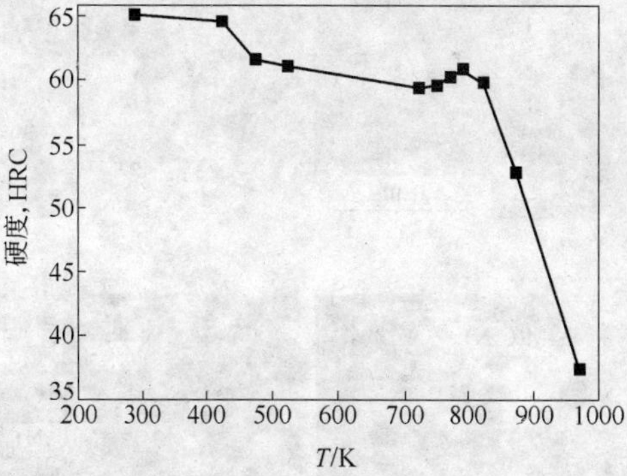

图 2-76　回火温度对含氮半高速钢轧辊硬度的影响[72]

207. 回火温度对含氮半高速钢轧辊二次碳化物的析出有什么影响?

含氮半高速钢轧辊淬火态的碳化物由 M(C,N) 和 M_7C_3 组成。不同回火温度下，含氮半高速钢轧辊二次碳化物析出规律如下：473K 回火时，其组织与淬火组织类似，碳化物由初生 M(C,N)和 M_7C_3 组成，见图 2-77*a*；回火温度升高至 723K 时，除了初生碳化物外，析出了针状的 M_3C 碳化物，见图 2-77*b*，由于其粗大的尺寸和较低的硬度，导致轧辊硬度下降；回火温度达到 793K 时，大量细小的二次碳化物颗粒 $M(C,N)_{II}$ 从基体中析出，见图 2-77*c*，且其化学成分与初生 M(C,N)类似，但尺寸明显小于初生碳化物，另外，M_3C 数量增加，但尺寸与 723K 回火时相比略有下降；973K 回火时，M_3C 重新溶解，且 $M(C,N)_{II}$ 粗化，同时 M_7C_{3II} 从基体中析出，在 M_3C 重新溶解的同时，将促进 M_7C_3 和 $M_{23}C_6$ 的析出及其尺寸的粗化，见图 2-77*d*。含氮半高速钢轧辊中不同类型碳化物的形貌、尺寸及成分见表 2-34。

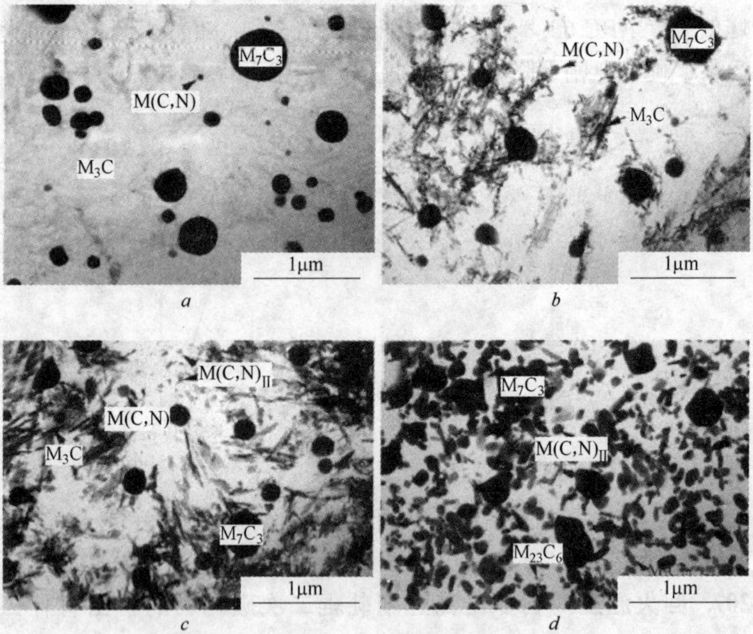

图 2-77　不同回火温度下的碳化物微观组织[72]

a—473K；*b*—723K；*c*—793K；*d*—973K

表 2-34　含氮半高速钢轧辊中不同类型碳化物特性[72]

碳化物类型	形　貌	尺寸/nm	成分(质量分数)/%
M(C,N)	球形（直径）	100～200	81V-15Cr-2.5Fe-1.5Mo
$M(C,N)_{II}$	球形（直径）	10～50	82V-14Cr-2Fe-2Mo
M_7C_3	球形（直径）	200～1000	50Fe-43Cr-5V-2Mo
M_7C_{3II}	球形（直径）	30～200	49Cr-45Fe-3V-3Mo
	杆状（长度）	$\phi(20\sim50)\times200$	
M_3C	针状（长度）	300～800	82Fe-12Cr-5V-1Mo
$M_{23}C_6$	球形（直径）	30～200	61Fe-33.5Cr-1V-4.5Mo

八、含硼高速钢轧辊

208. 含硼高速钢轧辊有什么特点？

目前，用高碳高钒高速钢轧辊取代半钢轧辊、高铬铸铁轧辊和高镍铬无限冷硬铸铁轧辊，对于提高轧辊寿命，延长轧辊更换周期，都取得了良好的效果。钒易形成高硬度的 MC 型碳化物，对提高轧辊耐磨性有利，钒含量高时，由于沿晶界易出现龟裂，基体易优先磨损，轧材黏附于辊面，辊表面易粗糙，降低轧材表面质量，反而加快了换辊周期。此外 MC 数量过多，硬度过高，导致磨削加工困难，同时随着钒含量的增加，合金碳化物 MC 尺寸增大，高速钢轧辊的韧性和热疲劳性能下降。钒元素还存在价格高，加入量过多将增加高速钢轧辊生产成本的不足。另外，高碳高钒高速钢轧辊中，碳含量都在 1.5% 以上，碳部分进入碳化物，部分进入基体，碳含量高，导致基体韧性低，且热疲劳性能差。轧辊使用中易出现龟裂，甚至发生剥落现象，影响轧钢正常生产。在此背景下，含硼高速钢轧辊应运而生，其主要特点是[73]：

（1）用廉价的硼替代昂贵的钒，有利于降低轧辊生产成本；

(2) 降低轧辊中碳含量，以高硬度的碳硼化合物替代碳化物，有利于改善轧辊耐磨性；

(3) 轧辊基体由强韧性好的板条马氏体替代脆性高的片状马氏体，有利于改善轧辊热疲劳性能。

209. 含硼高速钢轧辊中硼元素的主要作用是什么？

硼是含硼高速钢轧辊中的主要合金元素，如图 2-78 所示的铁-硼相图可知，硼在铁中的固溶度是非常低的，硼在 α-Fe 中的溶解度小于 0.004%，在 γ-Fe 中的最大溶解度也只有 0.02%，加入铁中的硼大部分将会形成碳硼化合物，少量进入基体，有利于改善基体的淬透性和淬硬性。碳硼化合物硬度高、热稳定性好，有利于改善高速钢轧辊的耐磨性。而碳在铁中的固溶度则比硼高得多，在 α-Fe 中仅为 0.0218%，而在 γ-Fe 中高达 2.11%，因此，通过调节轧辊中硼含量和碳含量可以实现对碳硼化合物体积分数及基体碳含量的控制，使材料具有优异的耐磨性和强韧

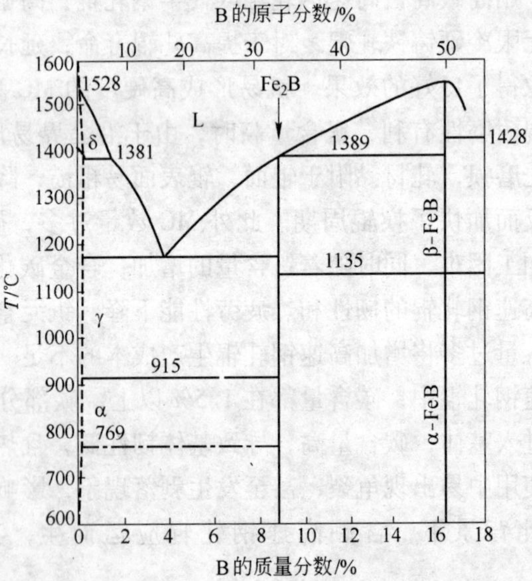

图 2-78 Fe-B 合金二元相图

性。硼加入量过少，碳硼化合物数量少，对提高高速钢轧辊耐磨性作用不明显，加入量过多，碳硼化合物数量多，导致轧辊脆性增大，合适的硼元素加入量一般为 1.0% ~2.5% 。

210. 常用含硼高速钢轧辊的成分如何?

含硼高速钢轧辊与常用高碳高钒高速钢轧辊相比，碳、钒含量明显减少，与此同时，钨、钼元素的加入量也略微减少，表 2-35 列出了含硼高速钢轧辊中合金元素的含量，有时为了进一步改善含硼高速钢轧辊的性能，还加入一定数量的铌和镍以及少量的钛和稀土元素。

表 2-35　含硼高速钢轧辊中合金元素的含量(质量分数,%)

C	B	Cr	W	Mo	V	Si	Mn
<1.0	0.5 ~3.0	4.0 ~8.0	<5.0	<2.0	<2.0	<1.5	<1.2

211. 含硼高速钢轧辊怎样熔炼?

含硼高速钢轧辊的熔炼过程一般包括以下步骤:

(1) 将废钢、生铁或增碳剂、铬铁、钨铁和钼铁混合加热熔化，钢水熔清后加入锰铁和硅铁预脱氧;

(2) 炉前调整成分合格后将温度升至 1500 ~ 1540℃，依次加入钒铁、钛铁和硼铁并升温，当钢水温度达到 1550 ~ 1580℃时插铝终脱氧，而后出炉;

(3) 将稀土硅铁破碎至粒度为 8 ~ 20mm 的小块，经 180 ~ 220℃烘干后，置于钢包底部，用包内冲入法对钢水进行稀土变质处理，得到含硼高速钢液体，扒渣后可用于浇注轧辊。

212. 含硼高速钢轧辊凝固组织怎样?

图 2-79 是含硼高速钢轧辊的凝固组织，图 2-79*a* 是低倍组

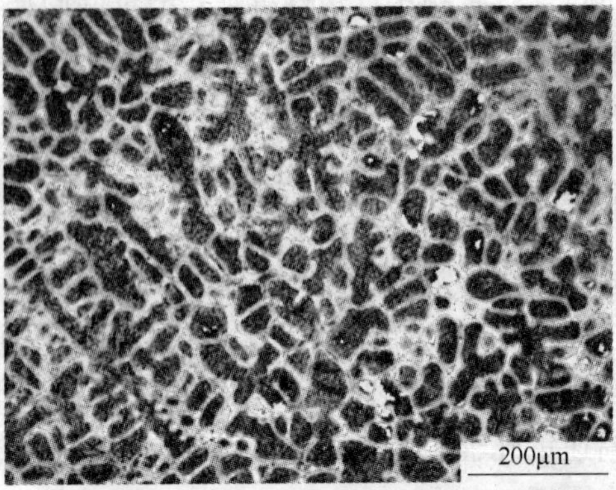

a

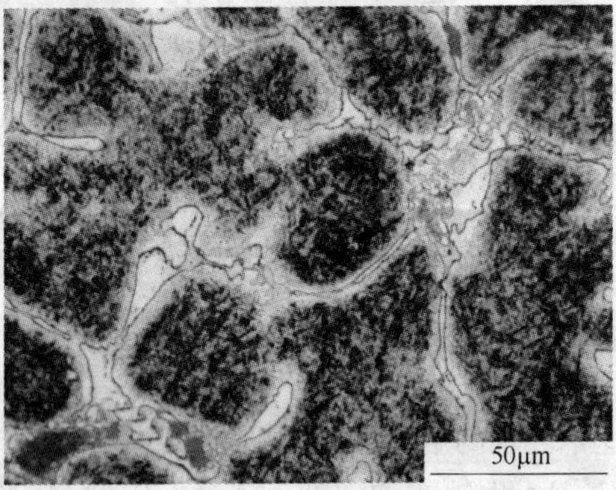

b

图 2-79 试样铸态金相组织

a—低倍；*b*—高倍

织，图 2-79*b* 是高倍组织。与普通高碳高钒高速钢轧辊的显微组织明显不同，含硼高速钢轧辊中含有较多的碳硼化合物，且呈连续网状分布。

图 2-80 是含硼高速钢轧辊的扫描电镜照片，可以发现，碳硼化合物和基体紧密结合在一起。图 2-80*b* 是图 2-80*a* 的背散射图片，对比图 2-80*a* 和图 2-80*b*，可以更加清晰地观察到碳硼化合物在金属基体上的分布情况。此外，从图 2-80 可以看到，基体

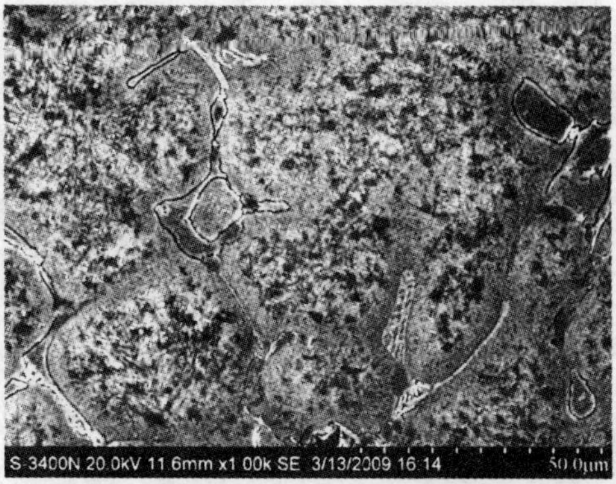

a

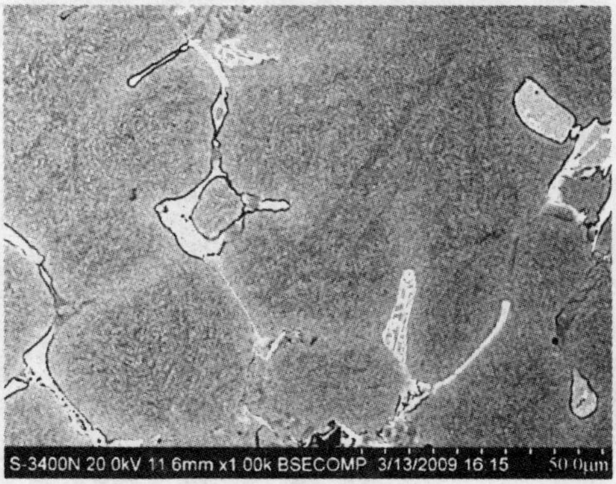

b

图 2-80　试样铸态扫描电镜组织(*a*)和背散射图片(*b*)

组织中并没有发现铁素体和珠光体，而主要是马氏体和贝氏体，还有少量奥氏体，表明含硼高速钢轧辊有望在铸态下直接使用。图 2-81 是铸态含硼高速钢轧辊试样 XRD 谱线，进一步证实铸态组织由碳硼化合物和 α-Fe 组成。

213. 含硼高速钢轧辊不同温度淬火后的显微组织有什么变化？

不同淬火温度下，含硼高速钢轧辊的显微组织变化情况见图

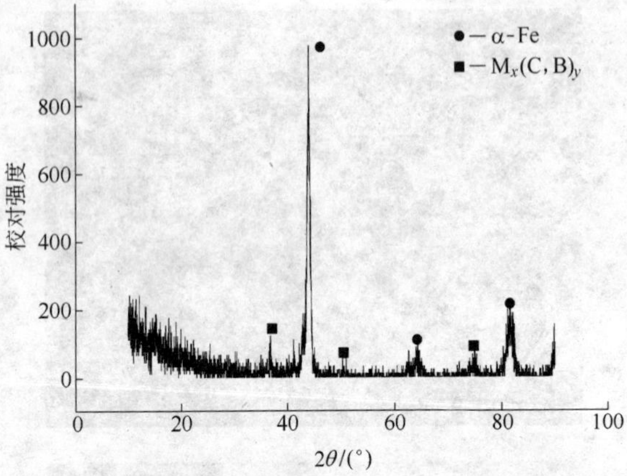

图 2-81　铸态含硼高速钢轧辊试样 XRD 谱线

2-82。研究发现，含硼高速钢轧辊经不同温度淬火处理后，基体组织都转变成了马氏体，与铸态组织相比，淬火后，碳硼化合物出现了断开的趋势，随着淬火温度的提高，碳硼化合物断开的趋势越来越明显。另外，部分碳硼化合物溶入基体，促进了基体的强化。从图 2-83 的 XRD 分析结果看，热处理后，含硼高速钢轧辊中碳硼化合物的结构并没有发生改变，但碳硼化合物的峰值有所减弱，表明碳硼化合物数量减少，部分碳硼化合物溶入基体，有利于提高轧辊的硬度。

214. 含硼高速钢轧辊不同温度淬火后的硬度有什么变化?

含硼高速钢轧辊经不同温度淬火后的硬度变化规律见图 2-84，随着加热温度的升高，因基体组织中固溶的碳、硼和合金元素数量增加，导致轧辊硬度提高，但淬火温度超过 1050℃，硬度增加不明显。含硼高速钢轧辊淬火温度过高，辊面氧化严重，淬火温度建议控制在1050℃以下，效果较好。

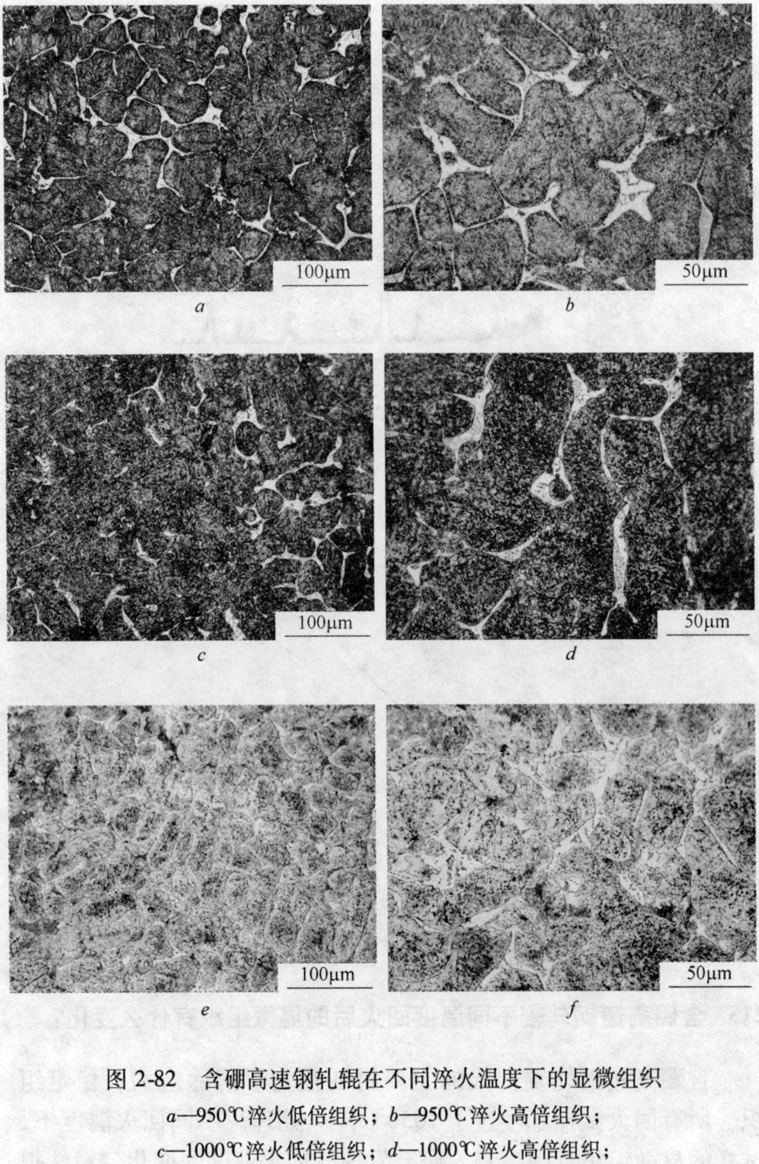

图 2-82　含硼高速钢轧辊在不同淬火温度下的显微组织

a—950℃淬火低倍组织；*b*—950℃淬火高倍组织；
c—1000℃淬火低倍组织；*d*—1000℃淬火高倍组织；
e—1050℃淬火低倍组织；*f*—1050℃淬火高倍组织

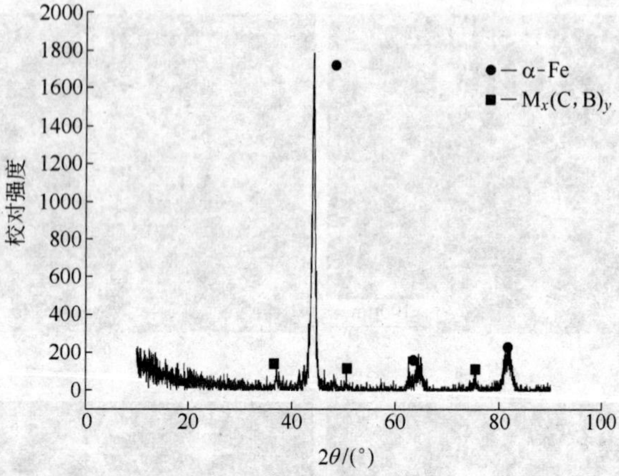

图 2-83　含硼高速钢轧辊经 1050℃淬火后的 XRD 谱线

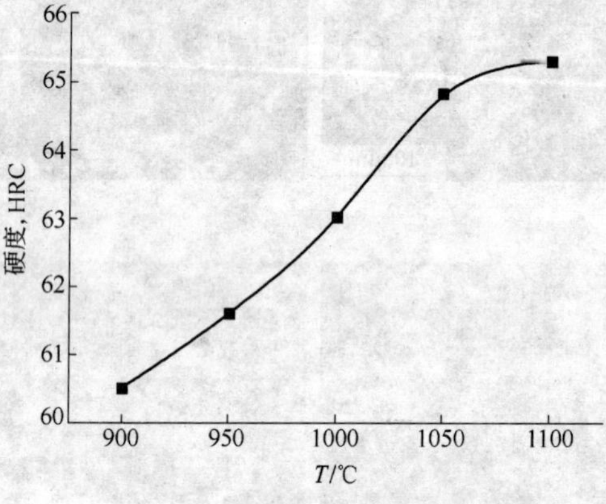

图 2-84　淬火温度对含硼高速钢轧辊硬度的影响

215. 含硼高速钢轧辊不同温度回火后的显微组织有什么变化？

含硼高速钢轧辊回火的主要目的是为了消除应力，稳定组织。所有回火试样都经过了 1050℃淬火处理。不同回火温度下，试样的显微组织见图 2-85。研究发现，回火温度的变化，对轧辊中碳硼化合物的影响不明显，但随着回火温度的升高，马氏体将

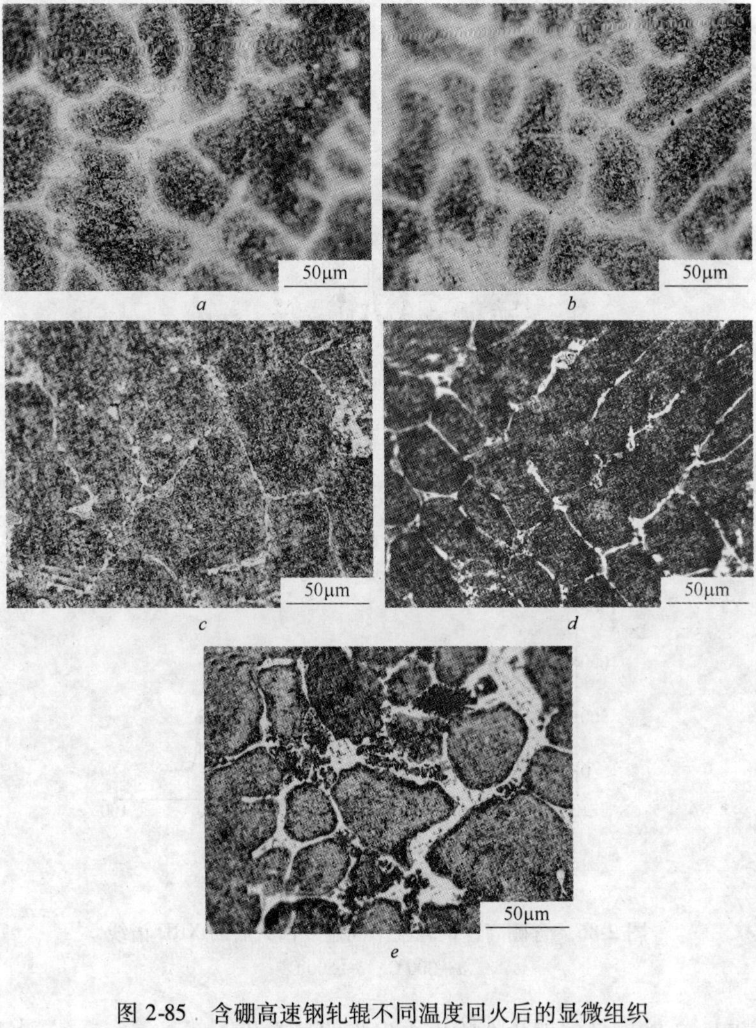

图 2-85　含硼高速钢轧辊不同温度回火后的显微组织

a—300℃；*b*—450℃；*c*—500℃；*d*—550℃；*e*—600℃

会析出二次碳硼化合物，使基体中合金固溶度下降。

含硼高速钢轧辊经不同温度回火后的 XRD 谱线见图 2-86，从回火后试样的 XRD 谱线可以看出，回火后，试样的基体组织

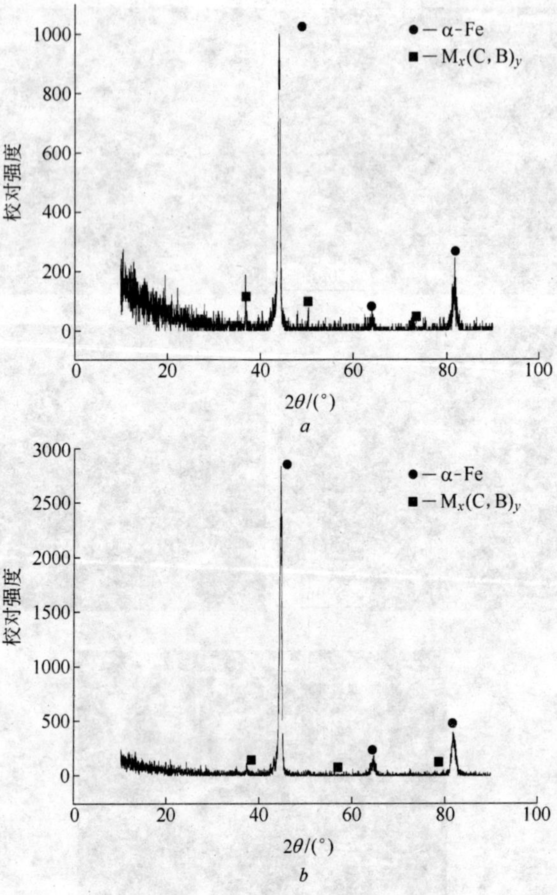

图 2-86　含硼高速钢轧辊不同温度回火后的 XRD 谱线
a—300℃；*b*—500℃

仍是 α-Fe，且碳硼化合物也未发生明显变化。

216. 含硼高速钢轧辊不同温度回火后的硬度有什么变化?

含硼高速钢轧辊经不同温度回火后的硬度变化规律见图 2-87，与普通高碳高钒高速钢轧辊不同，回火后轧辊硬度不但不

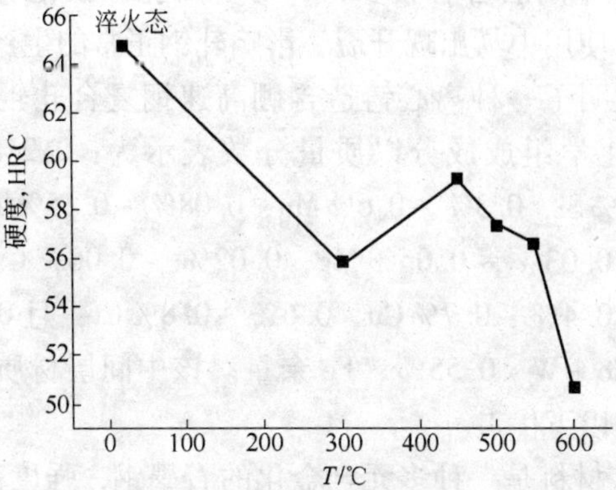

图 2-87　回火温度对含硼高速钢轧辊硬度的影响

升高，反而下降，这是因为含硼高速钢轧辊中钨、钼、钒、钴、铌等合金元素加入量较少的缘故，但在 450 ~ 550℃ 范围内回火，硬度仍维持在较高的水平，可满足轧钢生产要求。

217. 离心铸造含硼高速钢复合轧辊是否需要加入中间层?

含硼高速钢轧辊中，因贵重合金加入量少，因此生产成本较低。另外，硼除了生成高硬度的碳硼化合物外，部分硼进入基体，可改善基体的淬透性和淬硬性，有助于含硼高速钢轧辊耐磨性的提高。但是，含硼高速钢轧辊生产过程中，外层的硼元素易混入辊芯，使辊芯的硼含量增加，导致辊芯强度降低、韧性下降，轧辊使用安全性差。为了消除外层硼元素混入辊芯，离心铸造含硼高速钢复合轧辊需要加入中间层。

218. 离心铸造含硼高速钢复合轧辊加入哪种中间层效果最好?

为了提高复合轧辊结合层质量，中国发明专利 CN101234417 公开了一种合金半钢中间过渡层，具体成分（质量分数）为：1.4% ~ 2.6% C，1.0% ~ 2.0% Si，0.5% ~ 1.5% Mn，< 0.1% P，< 0.03% S，3% ~ 8% Cr，0.5% ~ 1.5% Ni，0.5% ~ 1.5%

Mo。由于该中间层含有较多铬，易析出脆性碳化物，导致中间层脆性大，使用中易出现开裂，影响轧钢正常的生产。在此背景下，笔者发明了一种离心铸造含硼高速钢复合轧辊的中间层材料[74]，其化学组成成分以质量分数表示为：2.2% ~2.5% C，1.8% ~2.2% Si，0.3% ~0.6% Mn，0.08% ~0.15% Ti，0.06% ~0.18% Ce，0.03% ~0.06% Mg，0.02% ~0.06% Ca，0.03% ~0.08% Ba，0.4% ~0.7% Cu，0.6% ~0.8% Cr，且 0.35% < V + Mo + Nb + Co + W <0.55%，Fe 余量。该中间层材质与现有技术相比，具有以下优点：

（1）该材料是一种多元合金化的石墨钢，强度高且韧性好，铸态下的抗拉强度达到 1020 ~ 1250MPa，冲击韧性达到 21 ~ 24J/cm^2；

（2）该材料的凝固温度略高于芯部球墨铸铁，略低于外层含硼高速钢，与外层含硼高速钢和辊芯球墨铸铁可以实现良好的冶金结合，与外层、辊芯的结合部位的强度都超过 900MPa；

（3）该中间层材料铸造性能好，离心铸造含硼高速钢复合轧辊生产过程中，使用该发明材料做中间层，其厚度达到 5 ~ 15mm 即可，而普通中间层材料的厚度通常需要 15mm 以上；

（4）离心铸造含硼高速钢复合轧辊生产过程中，采用该材料做中间层，辊芯的硼含量可降至 0.003% 以下，可确保辊芯具有高强度和高韧性，消除了轧辊使用中断辊事故的发生。

219. 含硼高速钢复合轧辊铸造工艺有什么特点？

在高速钢轧辊中，加入适量硼元素，可以部分取代高速钢轧辊中钨、钼、钒等昂贵合金元素，降低高速钢轧辊生产成本。轧辊首先采用金属型浇注，轧辊辊身材质是含硼高速钢，辊芯是球墨铸铁，金属铸型是灰铸铁，铸型表面需要喷刷石墨粉涂料，涂料厚度控制在 1.0 ~ 2.0mm；喷刷涂料时，铸型温度控制在 140 ~ 200℃，浇注含硼高速钢轧辊时，铸型温度控制在 90 ~ 130℃，轧辊浇注温度控制在含硼高速钢熔点以上 50 ~ 100℃；

轧辊浇注完毕4~10h后开箱空冷，然后去掉浇冒口，随后进行热处理和机械加工。

220. 含硼高速钢复合轧辊热处理有什么特点?

笔者曾对含硼高速钢轧辊的热处理工艺进行了改进[75]，由常规的淬火加回火改为二次回火处理，取消轧辊的高温淬火，一是可以节约能源；二是可以消除轧辊高温加热时表面的氧化和脱碳；三是可消除轧辊高温加热时辊芯强度的下降。为了取消含硼高速钢轧辊的高温淬火，轧辊铸态组织中不应出现珠光体，铸态基体组织应以奥氏体和马氏体为主。

轧辊经粗加工后，置于温度低于200℃的加热炉中，保温1~3h后，然后以15~25℃/h的升温速度加热至520~580℃，进行第一次热处理保温，然后空冷；再将轧辊重新置于温度低于300℃的加热炉中，保温1~2h后，然后以28~40℃/h的升温速度加热至480~510℃，进行第二次热处理保温，然后炉冷至温度低于180℃后，空冷至室温，最后精加工至规定尺寸和精度。

第一次热处理保温时间按下式确定:

$$t_1 = 200 + k_1 \cdot D \tag{2-15}$$

式中，t_1为第一次热处理保温时间，min；D为轧辊辊身直径，mm；k_1为保温系数，min/mm，其中$k_1 = 0.3 \sim 0.5$，当轧辊辊身直径大于600mm时，$k_1 = 0.5$；轧辊辊身直径小于400mm时，$k_1 = 0.3$；400mm≤轧辊辊身直径≤600mm时，$0.3 < k_1 < 0.5$。

第二次热处理保温时间按下式确定:

$$t_2 = 250 + k_2 \cdot D \tag{2-16}$$

式中，t_2为第二次热处理保温时间，min；D为轧辊辊身直径，mm；k_2为保温系数，min/mm，其中$k_2 = 0.4 \sim 0.6$，当轧辊辊身直径大于600mm时，$k_2 = 0.6$；轧辊辊身直径小于400mm时，$k_2 = 0.4$；400mm≤轧辊辊身直径≤600mm时，$0.4 < k_2 < 0.6$。

该发明与现有技术相比具有以下优点:

(1) 该发明省去了高温淬火工艺，轧辊热处理能耗低、周期短，辊面不会出现氧化和脱碳，辊芯强度与铸态相当不会下降；

(2) 应用该发明生产的含硼高速钢轧辊具有很好的使用效果，使用寿命达到高镍铬铸铁轧辊的4~5倍，且轧辊使用安全，使用中无断辊现象出现。

第3章 高速钢轧辊检测方法

一、高速钢轧辊检测内容

221. 高速钢轧辊检测内容有哪些?

轧辊的检测是预防轧辊事故、保证轧钢生产的重要环节。按照检测时机分类，包括发货检测、进厂检测及周转检测；按照检验内容分类，包括轧辊形位公差检测、冶金质量检测、表面裂纹检测等；冶金质量检测包括显微组织检测、结合层检测、硬度检测等。在这些检测过程中将使用到超声波探伤仪、硬度计、千分尺、粗糙度仪、形位公差仪、涡流探伤仪、金相显微镜等工具。检测工作的依据是轧辊图纸、轧辊采购技术协议及操作规程和技术规程等。

222. 高速钢轧辊物理检测包括哪些内容?

高速钢轧辊物理检测包括性能检测、显微组织检测和无损检测。其中性能检测包括拉伸试验、冲击试验、冷热疲劳试验、弯曲疲劳试验等。显微组织检测包括金相检测，碳化物、夹杂物等相的定量分析，扫描电镜，电子探针等。无损检测包括超声波探伤、涡流探伤、磁粉探伤、渗透探伤等。

轧辊物理检测主要包括以下检测项目:

(1) 硬度检测，如肖氏 HSD、HSC、里氏 HLD、布氏 HB、维氏 HV 及显微硬度；

(2) 强度检验，如屈服强度 σ_s、抗拉强度 σ_b、抗弯强度 σ_w、抗压强度；

(3) 塑性指标检验，如伸长率 δ、断面收缩率 ψ；

（4）韧性指标检验，如冲击功 A_K、断裂韧性 K_{IC}；

（5）显微组织检验，如金相组织检验、不同组织的定量检验；

（6）无损检验，如超声波探伤、着色渗透探伤、磁粉探伤；

（7）残余应力检测，如 X 射线应力检测、钻孔法应力检测、磁性法应力检测；

（8）高倍检验，主要用于锻造高速钢冷轧辊，如碳化物级别、马氏体级别。

223. 高速钢轧辊为什么要进行进厂检测？

进厂检测的目的是检验轧辊实物与轧辊采购合同及技术协议的符合性。常规验收工作不可能覆盖全部的轧辊物理及化学特性，着重于轧辊关键部位尺寸、硬度及超声检测等。硬度检测可直接使用肖氏硬度计进行，也可用里氏硬度计测量后进行转化。

超声检测是进厂验收工作中最重要的内容，超声检测结果能在一定程度上反映轧辊工作层、芯部及辊颈的冶金质量。通常要进行径向穿透性、轴向穿透性检测；对于复合制造轧辊，结合层回波高度及反射次数是一个重要指标。

此外，高速钢轧辊进厂时的非常规检测包括强度检测、残余应力检测及金相组织检测，非常规检测仅用于新品开发和批量产品的抽检。特别是强度检测、残余应力检测通常属破坏性检验，一般不做，只有在轧辊使用中出现断裂或剥落事故时，才会进行检测。

224. 高速钢轧辊为什么要进行周转检测？

周转检测包括表面裂纹监控、内部裂纹监控，有时候也进行硬度监控。对于高速钢复合轧辊，内部裂纹监控主要是针对结合层进行的。结合层是复合轧辊中比较薄弱的部位，随着轧辊的使用，制造过程中结合层可能存在的微小弱结合区域在轧辊残余应力、轧钢过程中的机械应力、热应力的作用下可能逐步扩大，当缺陷扩大到临界尺寸时，将瞬间发生轧辊剥落事故。轧钢过程中的堆钢、缠钢事故都会加剧裂纹的扩展。轧辊到达寿命末期时，各种应力对结合层的影响加大。

225. 高速钢轧辊怎样进行周转检测？

对于各种规格的高速钢复合轧辊，都要根据其使用工况，建立其结合层检测制度，包括检测频率、判断准则等。检测频率可根据轧辊直径的变化来制定，堆钢或缠钢事故后追加一次。受材料的淬透性和淬硬性影响，各种轧辊都不同程度地存在着硬度的降落。硬度的降落对于轧辊的使用性能影响较大。可建立一定周期的硬度监控制度，指导使用，同时回馈轧辊制造厂。

随着热轧产品向宽、薄、硬的方向发展，表面裂纹的监控是轧辊周转检测工作中最重要的一环。常见的表面裂纹检测包括超声表面波检测、涡流检测、磁粉检测和着色渗透检测等。其中超声表面波检测受材料的均匀性影响大。高速钢轧辊中的大量碳化物，会造成超声波的显著衰减，从而降低检查效率。磁粉检测通常用来确认裂纹是否仍然存在。相对其他检测方法，着色渗透检测的结果直观且易于保持，但效率很低。

226. 怎样评价热轧工作辊质量？

工作辊是热轧工艺中最重要的部件之一，对产品质量有重要的影响，高质量的工作辊不仅可以提高生产效率，而且可以通过延长工作辊使用寿命而获得巨大的经济效益。高速钢轧辊取代普通工作辊尽管可以提高轧辊寿命，由于较高的技术风险（轧制事故、产品降级、轧制力增加等）和轧辊咬入的复杂摩擦学现象，其在热轧生产线的引入仍是一个非常缓慢的过程。为了降低技术风险，加速高速钢工作辊在热轧生产线上的应用，在安赛乐-米塔尔（Arcelor Mittal）的资助下，比利时冶金研究中心在根特（Ghent）建立了一条热连轧中试线，这条中试线能够连续轧制小型钢卷（最大直径 1700mm，最大宽度 200mm，板厚

2～4mm)，并开发了评价热轧工作辊质量的新方法[76]。

为了评价热轧工作辊性能，可采用一组不同材料的工作辊进行试验，也可将不同材料镶嵌在同一根工作辊上进行试验，前者评估试验的成本太高，并且每一次试验间的轧制条件也会存在微小差别，后者试验稳定性好且评估成本低廉，图 3-1 是试验工作辊的示意图和实际轧制时的图片。为了准确评价热轧工作辊质量，采用了多种测试手段，概括为以下三种：

(1) 在线检测（试验过程中）；

a

b

图 3-1　镶有不同材料的工作辊[76]

a—示意图；b—轧制时的照片

（2）停机检测（在两组试验之间和试验结束后）；

（3）有损检测（取出镶块进行）。

通过上述试验，可以很好地评价高速钢轧辊与高铬铸铁轧辊以及高速钢轧辊采用不同热处理工艺后的性能差别。图3-2是高速钢和高铬铸铁试验后的表面形貌，热疲劳裂纹的宽度有明显的差异，在高铬铸铁材料中，可以观察到较长的热疲劳裂纹几乎沿直线扩展；在高速钢材料中，只有局部区域发现裂纹，不是直裂纹且不规则分布。图3-3是两种材料的断面照片，从中可以清楚地看到热裂纹的扩展形貌，高铬铸铁材料的热裂纹垂直于轧辊表面，沿直线扩展，而高速钢材料的热裂纹沿网状碳化物边界扩展。高铬铸铁材料中的裂纹深度达到1mm，要明显大于高速钢

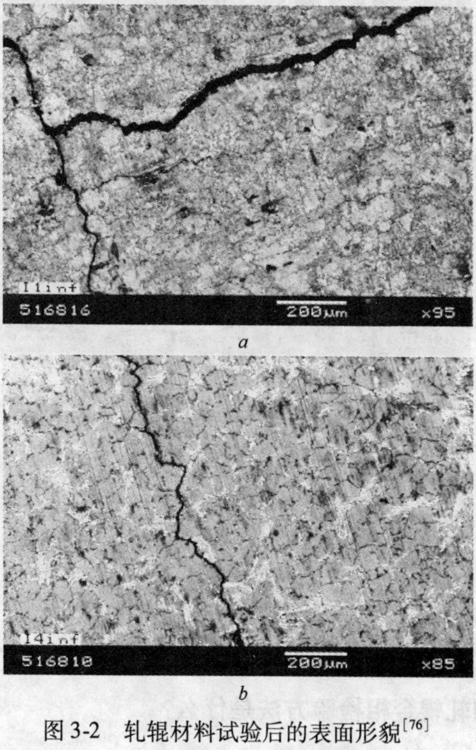

图3-2　轧辊材料试验后的表面形貌[76]

a—高铬铸铁；*b*—高速钢

a

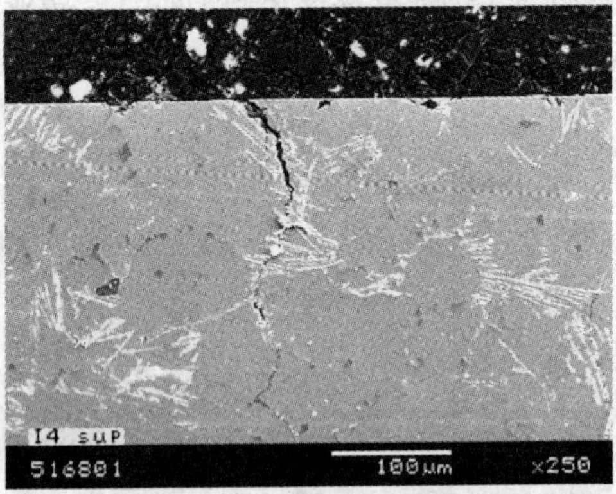

b

图 3-3　轧辊材料试验后的断面照片[76]

a—高铬铸铁；*b*—高速钢

材料（400μm），并且裂纹内部发生氧化。

二、高速钢轧辊组织检测

227. 高速钢轧辊金相检验方法是什么？

高速钢轧辊批量使用前，应对其金相组织进行抽检，特别是在轧辊表面出现缺陷时（如裂纹、剥落、夹杂等），需要对轧辊的金相组织进行详细检测，并与未出现缺陷处的组织进行对比，可为分析出现缺陷原因提供依据。高速钢轧辊金相组织检验方法见表 3-1。

表 3-1　高速钢轧辊金相分析检验方法

项目名称		试样编号	
检测环境/湿度		样品数量	
试验方法		材　质	
使用仪器		热处理状态	
浸蚀剂		检验日期	
检验地点		检验内容	
执行标准			

检验说明：

A：裂纹处距操作侧辊身端部 a，mm；B：裂纹处距操作侧辊身端部 b，mm；
C：无裂纹处距传动侧辊身端部 c，mm

检验结果：

1. 金相制样后显微镜观察情况；
2. 腐蚀后显微镜观察情况；
3. 裂纹处与无裂纹处组织对比情况

检验人员		审核人员	

228. 怎样制备高速钢轧辊试样？

高速钢轧辊试样的制备应注意以下三个方面的问题：

（1）试样截取的方向、部位和数量，应根据制造方法、技术条件或双方协议的规定进行。

（2）试样尺寸以面积小于 200mm^2，厚度 15～20mm 为宜，一般选用 ϕ16mm×20mm 试样。

（3）试样可用手锯、锯床或切割机床等切取，不论用何种方法取样均应注意试样的温度条件，必要时用水冷却，以避免所观察的试样因过热而改变其组织。

229. 怎样研磨高速钢轧辊试样？

高速钢轧辊试样的研磨通常包括以下三个方面的内容：

（1）准备好的试样先在粗砂轮上磨平，待磨痕均匀一致后，即移至细砂轮上续磨，磨时须用水冷却试样，使金属的组织不因受热而发生变化。

（2）经砂轮磨好、洗净、吹干后的试样，随即依次在由粗到细的各号砂纸上磨制，可采用在预磨机上进行磨制，从粗砂纸到细砂纸依次进行，每更换一次砂纸，试样须转 90°角与旧磨痕成垂直方向。

（3）经预磨后的试样，先在抛光机上进行粗抛光（抛光织物为细绒布、抛光剂为 W2.5 金刚石抛光膏），然后进行精抛光（抛光织物为锦丝绒，抛光剂为 W1.5 金刚石抛光膏），当抛光到试样上的磨痕完全除去且表面像镜面时，即粗糙度为 R_a0.04 以下为止。

230. 怎样浸蚀高速钢轧辊试样？

高速钢轧辊试样的浸蚀通常包括以下四个方面的内容：

（1）精抛后的试样，便可浸入盛于玻璃皿内的浸蚀剂中进行浸蚀。浸蚀时，试样可不时地轻微移动，但抛光面不得与皿底接触。

（2）浸蚀剂一般采用 4%～10% 的硝酸酒精，也可采用苦味酸溶液。

（3）浸蚀时间视金属的性质、检验目的及显微检验的放大倍数而定，以能在显微镜下清晰显出金属组织为宜。

（4）试样浸蚀完毕后，须迅速用水洗净，再用酒精清洗，然后用吹风机吹干。

231. 怎样检验高速钢轧辊金相显微组织?

高速钢轧辊金相显微组织的检验要注意以下几个方面:

(1) 金相显微镜操作按仪器说明书规定进行。

(2) 金相检验包括浸蚀前的检验和浸蚀后的检验，浸蚀前主要检验轧辊的夹杂物和石墨形态，浸蚀后的检验为试样的显微组织。

(3) 使用金相显微镜应注意的事项有:

1) 取用镜头时，应避免手指接触透镜的表面，镜头平时应放在干燥器中妥善保存;

2) 物镜与试样表面接近时,调节时勿使物镜镜头与试样接触;

3) 显微镜不使用时需用防尘罩盖起。

232. 高速钢轧辊中基体组织有什么特征?

高速钢轧辊铸态基体组织以马氏体和奥氏体为主，而合金含量较低的高速钢轧辊，铸态组织中有少量珠光体存在。为了提高高速钢轧辊的耐磨性，在使用前都要进行提高硬度的正火或淬火处理，热处理后的高速钢轧辊基体组织以马氏体为主，马氏体中还残留少量奥氏体。为了消除高速钢轧辊内应力，正火或淬火处理后，都要进行2~3次回火热处理。因此，交货状态下的高速钢轧辊基体组织主要为隐针马氏体，在光学显微镜下呈浅灰色，在马氏体间残留的奥氏体，呈浅白色分布。

233. 怎样区分高速钢轧辊中的各类碳化物?

为了观察轧辊的显微组织，常用铸铁轧辊和铸钢轧辊均采用4%的硝酸酒精溶液浸蚀。观察高速钢轧辊显微组织时，如果采用4%的硝酸酒精溶液浸蚀，效果不好。高速钢轧辊采用4%的硝酸酒精溶液，只适合于观察基体组织。高速钢轧辊中碳化物的种类很多，采用不同的浸蚀剂可以快速区分各种碳化物。研究发现，采用一种叫做 Murakami 的浸蚀剂可以选择性浸蚀高速钢轧辊中的碳化物，该浸蚀剂的主要组成如下[77]：3g $K_3Fe(CN)_6$ + 10g NaOH + 100mL H_2O。该浸蚀剂只浸蚀 M_7C_3、M_6C 和 M_2C 等碳化物，而对基体和 MC 碳化物无浸蚀作用，并使 M_2C 呈黑色，M_7C_3 呈浅红色，M_6C 呈粉红色，图 3-4 是如表 2-10 所示 6 组高

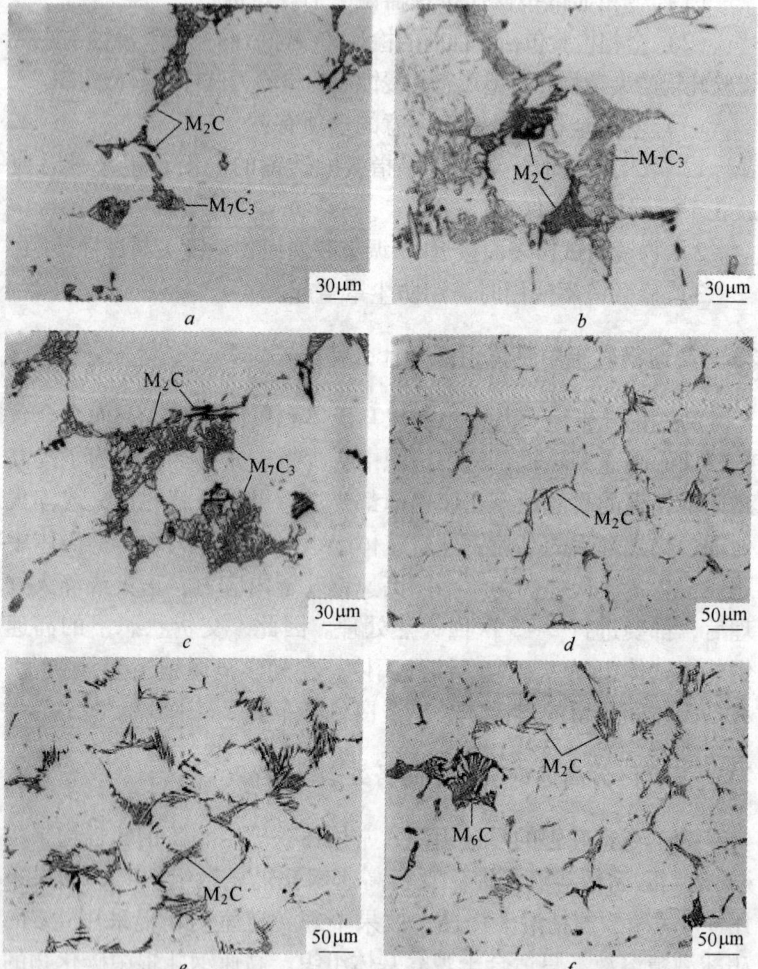

图 3-4　高速钢轧辊只显示碳化物的铸态组织

a—A 轧辊；*b*—B1 轧辊；*c*—B2 轧辊；*d*—C1 轧辊；*e*—C2 轧辊；*f*—D 轧辊

速钢轧辊经 Murakami 浸蚀剂浸蚀后的显微照片，基体和 MC 碳化物没有显示出来。采用浓度 4% ~6% 的硝酸酒精溶液，可浸蚀基体和 MC 碳化物。另外，采用以下组成的浸蚀剂[78]：$5gFeCl_3 + 10mL\ HNO_3 + 3mL\ HCl + 87mL$ 乙醇，可对基体进行深腐蚀，并用于扫描电镜组织的观察。

234. 怎样测量高速钢轧辊中的残余奥氏体含量？

高速钢轧辊中通常都含有一定数量的残余奥氏体，对轧辊的耐磨性和热疲劳性能及其他力学性能影响较大，测量并控制高速钢轧辊中的残余奥氏体是非常必要的。通常采用 X 射线衍射仪法测量高速钢轧辊中的残余奥氏体含量。根据 X 射线衍射原理，某物相的 X 射线衍射累积强度随该相在试样中的相对含量的增加而提高，考虑到马氏体、奥氏体及碳化物的衍射峰互相重叠等因素的影响，计算出残余奥氏体含量，计算公式如下：

$$V_\gamma = \frac{1 - V_C}{1 + k\dfrac{I_{\alpha(hkl)i}}{I_{\gamma(hkl)j}}} \tag{3-1}$$

式中，V_γ 为轧辊中奥氏体相的体积分数；V_C 为轧辊中碳化物总量的体积分数；$I_{\alpha(hkl)i}$为轧辊中马氏体（*hkl*）晶面衍射峰的积分强度；$I_{\gamma(hkl)j}$为轧辊中奥氏体（*hkl*）晶面衍射峰的累积强度；*k* 为与物相衍射晶面特定晶体学数据、入射波长有关的因子，高速钢轧辊中所采用的马氏体晶面为（211）、（200），奥氏体晶面为（220）、（311），对应的 *k* 值见表 3-2。

表 3-2　$I_{\alpha(hkl)i}$和$I_{\gamma(hkl)j}$间的 *k* 值

奥氏体晶面	马氏体晶面	*k* 值
(220)	(211)	0.65
(311)	(200)	0.87

三、高速钢轧辊硬度检测

235. 高速钢轧辊使用中硬度检测有什么要求?

高速钢轧辊用做热轧带钢 F1 ~ F6 工作辊时，使用中的硬度检测要求如下:

（1）新辊直径至2/3 有效层直径时，每使用 12 ~ 15mm 测量一次硬度;

（2）2/3 有效层直径至 1/3 有效层直径时，每使用 10 ~ 12mm 测量一次硬度;

（3）1/3 有效层直径至轧辊报废直径时，每使用 5 ~ 6mm 测量一次硬度。

每次选择辊身传动侧、中部、操作侧各一点进行硬度检测，且检测时的辊面粗糙度应达到≤1.6μm。

236. 怎样换算轧辊的肖氏硬度和里氏硬度?

随着轧制技术的发展，用户对轧材的板型、表面粗糙度的指标要求越来越高，这就要求轧辊具有更小的硬度范围和整体硬度均匀性。而肖氏硬度由于其自身特点，已经逐渐不能满足这些要求。由于理化检测技术的发展，各种新型的现场硬度检测手段不断涌现，为轧辊生产厂家和用户提供了多种选择的可能性。在这些新型硬度检测方法中，里氏硬度发展最为成熟。它人为影响很小，普遍适用于铸钢、铸铁和锻钢轧辊的硬度检测，在实际的轧辊硬度检测中具有很明显的优势，且为很多轧辊制造厂家和使用厂家认可。甚至有很多轧辊使用厂家的订货合同中的硬度要求直接是里氏硬度。目前，轧辊现场硬度检测的现状是肖氏硬度和里氏硬度并存，并且里氏硬度有逐渐发展的趋势。锻钢、铸铁、铸钢轧辊的肖氏硬度和里氏硬度换算表分别见表 3-3 ~ 表 3-5[79]。

表 3-3 锻钢轧辊肖氏-里氏硬度换算表[79]

肖氏 D (HSD)	里氏 (HLD)	肖氏 D (HSD)	里氏 (HLD)	肖氏 D (HSD)	里氏 (HLD)	肖氏 D (HSD)	里氏 (HLD)	肖氏 D (HSD)	里氏 (HLD)
35	517	50	622	65	710	80	791	95	863
36	525	51	628	66	715	81	796	96	868
37	532	52	634	67	721	82	801	97	872
38	540	53	640	68	726	83	805	98	875
39	548	54	646	69	732	84	810	99	880
40	555	55	653	70	737	85	815	100	884
41	562	56	659	71	742	86	820	101	888
42	569	57	665	72	747	87	825	102	894
43	576	58	671	73	753	88	830	103	898
44	582	59	677	74	758	89	835	104	902
45	588	60	683	75	764	90	839	105	906
46	594	61	688	76	770	91	844		
47	601	62	693	77	775	92	849		
48	608	63	699	78	781	93	853		
49	615	64	704	79	786	94	858		

表 3-4 铸铁和高碳高速钢轧辊肖氏-里氏硬度换算表[79]

肖氏 D (HSD)	里氏 (HLD)	肖氏 D (HSD)	里氏 (HLD)	肖氏 D (HSD)	里氏 (HLD)	肖氏 D (HSD)	里氏 (HLD)
30.0	477	45.0	585	60.0	677	75.0	761
30.5	481	45.5	589	60.5	680	75.5	763
31.0	484	46.0	592	61.0	683	76.0	766
31.5	488	46.5	596	61.5	687	76.5	768
32.0	491	47.0	599	62.0	690	77.0	771
32.5	495	47.5	603	62.5	693	77.5	773
33.0	498	48.0	606	63.0	696	78.0	776
33.5	502	48.5	609	63.5	699	78.5	778

续表 3-4

肖氏 D (HSD)	里氏 (HLD)	肖氏 D (HSD)	里氏 (HLD)	肖氏 D (HSD)	里氏 (HLD)	肖氏 D (HSD)	里氏 (HLD)
34. 0	505	49. 0	612	64. 0	702	79. 0	781
34. 5	509	49. 5	615	64. 5	705	79. 5	784
35. 0	512	50. 0	618	65. 0	708	80. 0	786
35. 5	516	50. 5	621	65. 5	711	80. 5	789
36. 0	519	51. 0	624	66. 0	714	81. 0	791
36. 5	523	51. 5	627	66. 5	717	81. 5	794
37. 0	526	52. 0	630	67. 0	720	82. 0	796
37. 5	530	52. 5	633	67. 5	723	82. 5	799
38. 0	533	53. 0	636	68. 0	726	83. 0	801
38. 5	537	53. 5	640	68. 5	728	83. 5	804
39. 0	540	54. 0	643	69. 0	731	84. 0	806
39. 5	543	54. 5	646	69. 5	733	84. 5	809
40. 0	547	55. 0	649	70. 0	736	85. 0	811
40. 5	550	55. 5	652	70. 5	739	85. 5	814
41. 0	554	56. 0	655	71. 0	741	86. 0	816
41. 5	558	56. 5	658	71. 5	744	86. 5	819
42. 0	562	57. 0	660	72. 0	746	87. 0	821
42. 5	566	57. 5	663	72. 5	748	87. 5	824
43. 0	570	58. 0	666	73. 0	751	88. 0	826
43. 5	574	58. 5	668	73. 5	753		
44. 0	578	59. 0	671	74. 0	756		
44. 5	581	59. 5	674	74. 5	758		

表 3-5 铸钢轧辊肖氏-里氏硬度换算表[79]

肖氏 D (HSD)	里氏 (HLD)	肖氏 D (HSD)	里氏 (HLD)	肖氏 D (HSD)	里氏 (HLD)	肖氏 D (HSD)	里氏 (HLD)
25.0	441	40.0	546	55.0	649	70.0	732
25.5	445	40.5	550	55.5	652	70.5	735
26.0	448	41.0	553	56.0	655	71.0	737
26.5	452	41.5	557	56.5	658	71.5	740
27.0	455	42.0	560	57.0	661	72.0	742
27.5	459	42.5	564	57.5	664	72.5	745
28.0	462	43.0	567	58.0	667	73.0	747
28.5	466	43.5	571	58.5	670	73.5	750
29.0	469	44.0	574	59.0	673	74.0	752
29.5	473	44.5	578	59.5	676	74.5	755
30.0	476	45.0	581	60.0	679	75.0	757
30.5	480	45.5	585	60.5	682		
31.0	483	46.0	588	61.0	685		
31.5	487	46.5	592	61.5	688		
32.0	490	47.0	595	62.0	691		
32.5	494	47.5	599	62.5	694		
33.0	497	48.0	602	63.0	697		
33.5	501	48.5	606	63.5	700		
34.0	504	49.0	609	64.0	702		
34.5	508	49.5	613	64.5	705		
35.0	511	50.0	616	65.0	707		
35.5	515	50.5	620	65.5	710		
36.0	518	51.0	623	66.0	712		
36.5	522	51.5	627	66.5	715		
37.0	525	52.0	630	67.0	717		
37.5	529	52.5	634	67.5	720		
38.0	532	53.0	637	68.0	722		
38.5	536	53.5	640	68.5	725		
39.0	539	54.0	643	69.0	727		
39.5	543	54.5	646	69.5	730		

237. 轧辊肖氏硬度与洛氏硬度、布氏硬度和维氏硬度间怎样换算?

轧辊肖氏硬度与洛氏硬度、布氏硬度和维氏硬度间的换算关系见表 3-6[79],表中括弧表示当超过仪器的测量范围时,数据仅供参考。

表 3-6　硬度换算表[79]

肖氏 HSD	洛氏		布氏 HBW (F/D^2) = 30	维氏 HV
	HRC	HRA		
30.0	(13.6)	(56.9)	200	—
30.5	(14.4)	(57.3)	203	—
31.0	(15.3)	(57.8)	206	—
31.5	(16.1)	(58.2)	209	—
32.0	(16.9)	(58.6)	212	—
32.5	(17.7)	(59.0)	215	215
33.0	(18.5)	(59.4)	218	218
33.5	(19.3)	(59.8)	221	222
34.0	20.0	60.2	225	226
34.5	20.8	60.6	228	230
35.0	21.5	60.9	232	234
35.5	22.2	61.3	235	238
36.0	22.9	61.7	239	242
36.5	23.6	62.0	242	246
37.0	24.2	62.3	246	250
37.5	24.9	62.7	250	254
38.0	25.5	63.0	254	258
38.5	26.1	63.3	257	262
39.0	26.7	63.7	261	266
39.5	27.3	64.0	265	270
40.0	27.9	64.3	269	274
40.5	28.5	64.6	273	278
41.0	29.1	64.9	277	282
41.5	29.7	65.2	281	286
42.0	30.2	65.4	285	290
42.5	30.7	65.7	289	294
43.0	31.3	66.0	293	298
43.5	31.8	66.3	297	302
44.0	32.3	66.5	301	306
44.5	32.8	66.8	305	310
45.0	33.3	67.1	309	315
45.5	33.8	67.3	313	319

续表 3-6

肖氏 HSD	洛　氏		布氏 HDW $(F/D^2)=30$	维氏 HV
	HRC	HRA		
46.0	34.3	67.6	317	323
46.5	34.8	67.8	321	327
47.0	35.3	68.1	325	331
47.5	35.7	68.3	329	335
48.0	36.2	68.5	333	339
48.5	36.6	68.8	337	344
49.0	37.1	69.0	341	348
49.5	37.5	69.2	346	352
50.0	38.0	69.5	350	356
50.5	38.4	69.7	354	360
51.0	38.8	69.9	358	365
51.5	39.2	70.1	362	369
52.0	39.7	70.4	366	373
52.5	40.1	70.6	370	378
53.0	40.5	70.8	375	382
53.5	40.9	71.0	379	387
54.0	41.3	71.2	383	391
54.5	41.7	71.4	387	395
55.0	42.1	71.6	391	400
55.5	42.5	71.8	396	405
56.0	42.8	72.0	400	409
56.5	43.2	72.2	404	414
57.0	43.6	72.4	408	418
57.5	44.0	72.6	413	423
58.0	44.4	72.8	417	428
58.5	44.7	73.0	421	432
59.0	45.1	73.2	426	437
59.5	45.5	73.4	430	442
60.0	45.8	73.6	434	447
60.5	46.2	73.8	439	452
61.0	46.6	74.0	443	457
61.5	46.9	74.2	447	462
62.0	47.3	74.3	452	467
62.5	47.6	74.5	456	472
63.0	48.0	74.7	461	477
63.5	48.3	74.9	465	482
64.0	48.7	75.1	470	488
64.5	49.0	75.3	474	493
65.0	49.4	75.5	479	498

续表 3-6

肖氏 HSD	洛氏		布氏 HBW (F/D^2) = 30	维氏 HV
	HRC	HRA		
65.5	49.7	75.6	484	504
66.0	50.0	75.8	488	509
66.5	50.4	76.0	493	515
67.0	50.7	76.2	498	521
67.5	51.1	76.4	—	526
68.0	51.4	76.5	—	532
68.5	51.7	76.7	—	538
69.0	52.1	76.9	—	544
69.5	52.4	77.1	—	550
70.0	52.7	77.3	—	556
70.5	53.1	77.4	—	562
71.0	53.4	77.6	—	568
71.5	53.7	77.8	—	574
72.0	54.0	78.0	—	580
72.5	54.4	78.1	—	587
73.0	54.7	78.3	—	593
73.5	55.0	78.5	—	600
74.0	55.3	78.6	—	606
74.5	55.7	78.8	—	613
75.0	56.0	79.0	—	620
75.5	56.3	79.2	—	626
76.0	56.6	79.3	—	633
76.5	56.9	79.5	—	640
77.0	57.2	79.7	—	647
77.5	57.6	79.8	—	654
78.0	57.9	80.0	—	661
78.5	58.2	80.2	—	669
79.0	58.5	80.3	—	676
79.5	58.8	80.5	—	683
80.0	59.1	80.7	—	691
80.5	59.4	80.8	—	698
81.0	59.7	81.0	—	706
81.5	60.0	81.2	—	713
82.0	60.3	81.3	—	721
82.5	60.6	81.5	—	729
83.0	60.9	81.6	—	737
83.5	61.2	81.8	—	744
84.0	61.5	82.0	—	752
84.5	61.8	82.1	—	760

续表 3-6

肖氏 HSD	洛氏		布氏 HBW $(F/D^2)=30$	维氏 HV
	HRC	HRA		
85.0	62.1	82.3	—	768
85.5	62.4	82.4	—	776
86.0	62.6	82.6	—	785
86.5	62.9	82.7	—	793
87.0	63.2	82.9	—	801
87.5	63.5	83.0	—	809
88.0	63.8	83.2	—	818
88.5	64.0	83.3	—	826
89.0	64.3	83.5	—	834
89.5	64.6	83.6	—	843
90.0	64.8	83.8	—	851
90.5	65.1	83.9	—	859
91.0	65.4	84.1	—	868
91.5	65.6	84.2	—	876
92.0	65.9	84.3	—	885
92.5	66.1	84.5	—	893
93.0	66.4	84.6	—	902
93.5	66.6	84.8	—	910
94.0	66.9	84.9	—	919
94.5	(67.1)	85.0	—	927
95.0	(67.3)	85.2	—	936
95.5	(67.6)	85.3	—	944
96.0	(67.8)	85.4	—	952
96.5	(68.0)	85.5	—	960
97.0	(68.2)	85.6	—	969
97.5	(68.5)	85.8	—	977
98.0	(68.7)	85.9	—	985
98.5	(68.9)	86.0	—	993
99.0	(69.1)	86.1	—	1001
99.5	(69.3)	86.2	—	1009

238. 怎样测量高速钢轧辊上机前硬度？

高速钢轧辊上机前需详细测试其硬度，硬度测量位置的一般确定方法是：

（1）对于辊径大于 800mm 的轧辊，在轧辊圆周方向取均匀分布的 5 条母线，辊身母线各均匀取 5 点，两侧辊颈各取 2 点。每点测量 7 次，取去掉最高、最低值后剩下 5 个读数均值作为该点的硬度值。然后评价测量结果的均值及其波动，硬度波动上限约定为 HSD5。

（2）对于辊径小于 800mm 的轧辊，则在轧辊圆周方向取均匀分布的 2 ~ 3 条母线，辊身母线各均匀取 2 ~ 3 点，两侧辊颈各取 1 ~ 2 点。每点测量 7 次，取去掉最高、最低值后剩下 5 个读数均值作为该点的硬度值，硬度波动上限也约定为 HSD5。硬度统计结果见表 3-7。

表 3-7　轧辊硬度检测数据

工件名称		工件编号		型号规格	
仪器型号及编号		操作方式		检测日期	

检测示意图：

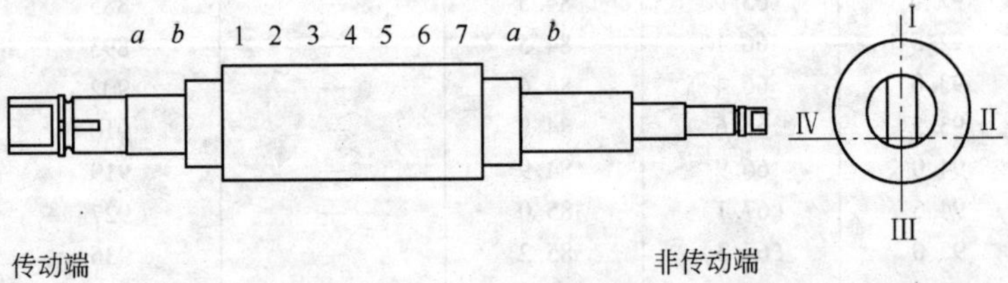

标　准 要　求	辊身硬度：HSD 辊颈硬度：HSD	辊身均匀度：≤HSD 辊身软带：

实测结果（HSD）

辊　身	1	2	3	4	5	6	7
母线 I							
母线 II							
母线 III							
母线 IV							

辊身硬度均匀度　　　　辊身软带：

辊　颈	传动端 *a*	传动端 *b*	非传动端 *a*	非传动端 *b*
母线 I				
母线 III				
检测人员				

四、高速钢轧辊探伤检测

239. 铸造高速钢轧辊的超声波探伤质量有什么要求?

高速钢轧辊使用前应做超声波探伤检测，对铸造组织粗大的轧辊应在奥氏体化重结晶后进行超声检测。铸造高速钢轧辊的径向超声波探伤频率为 1 ~ 1. 25MHz，辊身轴向探伤频率为1 ~ 1. 25 MHz，轧辊全轴向探伤频率为 0. 5MHz，且各探伤面的粗糙度应不大于 12. 5μm。超声波探伤的质量分级情况见表 3-8。其中 B 是底波或底波高（按仪器满屏高为 100%），若为第一次底波，则记作 B_1；F 是缺陷波及缺陷波高，若为草状波缺陷，则记为 F'；f. s 是仪器满屏高刻度。

表 3-8　铸造高速钢轧辊超声波探伤质量分级

类别	型钢辊类		初轧辊类	
项目级别	A 级	B 级	A 级	B 级
辊身、辊颈径向检测	允许 B 衰减区存在，但在此种区域内不允许			
	$F>20\%$ f. s	$F>30\%$ f. s	$F>10\%$ f. s	$F>20\%$ f. s
	不允许裂纹性缺陷存在			
辊身轴向检测	不允许 B 衰减区存在，或裂纹性缺陷存在			
全轴向检测	各段 B 能清晰确认，不允许裂纹性缺陷存在			

240. 锻造高速钢轧辊的超声波探伤质量有什么要求?

锻造高速钢轧辊的径向超声波探伤频率为 2 ~ 2. 5MHz，辊身轴向探伤频率为 2 ~ 2. 5MHz，轧辊全轴向探伤频率为1 ~ 1. 25 MHz。探头在轧辊表面扫查速度应小于 150mm/s，每次扫查至少应重叠晶片直径的 15%。锻造高速钢轧辊超声波探伤的质量要求见表 3-9。

表 3-9 锻造高速钢轧辊超声波探伤质量要求

检测部位	检 测 要 求
辊身径向检测	不允许白点裂纹性缺陷存在，不允许底波衰减区存在
	允许下列情况存在：
	1. $B>50\%$ f. s、$F<50\%$ f. s
	2. $B\geqslant50\%$ f. s、$F\geqslant50\%$ f. s 或 10% f. s $<B<50\%$ f. s、$F<50\%$ f. s
	3. $F>50\%$ f. s、$B<50\%$ f. s、$S\leqslant25\text{mm}^2$
	4. $F'\geqslant50\%$ f. s 时，其分布范围小于轧辊直径 1/3 的中心区域
辊颈径向检测	不允许白点裂纹性缺陷存在
	不允许底波衰减区存在，不允许 $B<50\%$ f. s、$F\geqslant50\%$ f. s
辊身轴向检测	不允许 B 衰减区或裂纹性缺陷存在
全轴向检测	各段 B 能清晰确认，不允许裂纹性缺陷存在

241. 高速钢轧辊表面为什么要采用超声波检测？

高速钢轧辊使用中发现，由于其特有的组织特征和表面氧化层、龟裂层、微小热裂纹的存在，给高速钢轧辊维护中的检测带来了困难。高速钢轧辊使用中一旦发生卡钢、甩尾、粘钢事故，轧辊表面及近表面易产生有害机械裂纹。这些裂纹如果得不到及时发现和处理，再次上机使用中裂纹易扩展导致轧辊发生剥落事故，影响正常轧钢生产。尤其粗轧和精轧前机架使用的高速钢轧辊，在高温轧制下容易产生微热裂纹，而上述机架使用的高速钢轧辊容许闭合、均匀的微热裂纹上机。既要避免表面有害裂纹存在又容许闭合、均匀的微热裂纹存在，这给目前通常的涡流自动检测带来了影响，造成涡流自动检测微热裂纹波与有害裂纹混淆，使检测人员不易分辨。由于轧辊的各种因素使涡流产生伪缺陷信号，不加以确认就磨削势必造成无效的磨削和辊耗增加，对延长高速钢轧辊使用寿命不利。轧辊表面检测采用表面波方法进行探伤，能发现距轧辊表面两倍波长深度内的缺陷，适合探测轧辊表面和近表面的缺陷[80]。因此，根据表面波的特性，它的检测能力足够能发现轧辊表面及轧辊近表面的缺陷，能快速准确地确定缺陷在轧辊的存在部位。

242. 怎样采用超声波检测高速钢轧辊的制造质量？

高速钢轧辊生产中易出现夹渣、气孔、疏松、裂纹以及复合层结合不良等铸造缺陷，轻者影响轧辊使用效果，重者使轧辊报废。超声波检测是依靠超声波的穿透、反射原理实现其无损检测功能的。超声波在两种不同介质中传播时，在界面处会产生反射和透射，反射和透射的比例取决于两种介质的声阻抗之差，相差越大，反射越厉害。由于超声波的此类特性，使其适合于对轧辊进行无损检测。高速钢轧辊中存在多种形式的界面，如内外层结合界面、裂纹与周围基体的界面，以及夹渣、气孔、疏松与周围基体的界面、粗晶与细晶界面等，通过反射能量的高低来确定界面的性质，必要时可附以透射能量检测来确定界面性质。

针对轧辊的制造质量检验，不同部位一般采用不同的方法。外层质量的检验通常采用探头扫查轧辊辊身表面，通过外层内及结合层处的反射波高来确定外层内是否有缺陷及结合层的结合质量。芯部质量的检验则通常采用径向及轴向底波穿透法，根据对面底波反射的高低来确定是否存在疏松等缺陷及其严重程度。

243. 用于高速钢轧辊的表面波探伤技术有哪些？

用于高速钢轧辊的表面波探伤技术有瑞利波和爬行波，其中瑞利波就是由压电晶片激发的纵波以第二临界角的角度入射到被检工件表面而激发出来的一种声波。由于瑞利波沿工件表面传播时，在表面上的能量最强，随着深度的增加，其能量显著减弱，它的有效探测深度一般只在一个波长范围内，因此瑞利波主要用于工件表面缺陷的检测。瑞利波的灵敏度非常高，工件表面上的油污、污物等均会引起反射信号，因此使用瑞利波检测时要求被检工件表面清洁，而且要具有一定的表面光洁度。爬行波是沿工件表面传播的爬行纵波，当纵波声束以第一临界角的角度入射时，就会在工件中激发这种波。爬行波沿工件近表面传播，其最大能量方向并不完全平行于表面，而是与表面成 12° ~ 17°的夹角，因此爬行波对被检工件表面光洁度要求不高，适合用于检测表面特别粗糙的工件，并且爬行波对近表面带有一定深度的裂纹特别敏感。

244. 高速钢轧辊的探伤标准是什么？

为了降低辊耗，目前对于用在精轧 F1 ~ F3 机架的高速钢轧辊，可以允许表面带有残余二次浅裂纹上机使用。由于高速钢轧辊使用上具有这个特点，所以对于高速钢轧辊的探伤，不仅要检测表面是否有裂纹，而且要对裂纹的深度、形态分布等特性进行分析，判断其是否为有害裂纹，从而为磨床操作人员是否继续磨削轧辊提供参考依据。判断高速钢轧辊是否继续磨削，很大程度上取决于可以检测裂纹深度的 Cr 爬行波探头的显示信号。所以高速钢轧辊的探伤标准主要围绕 Cr 探头波形展开。陶军等人[81]用标定试块对探头的灵敏度进行校准，目前对于辊面允许残留的二次裂纹，他们将 Cr 探头显示信号的幅值校准为 30%。从探伤图谱上看，如果 L 通道和 T 通道波形平滑，说明轧辊表面没有裂纹，可以上机使用。如果 L 通道和 T 通道信号有异常突起波峰，但 Cr 通道波形平滑并且信号幅值小于 30%，说明轧辊表面存在残留的二次裂纹缺陷，但该裂纹暂时不会发展，可以投入使用。如果 L 通道和 T 通道在相同位置上也出现了异常突起波峰，那么可以判断在辊面该位置可能存在裂纹，而且带有一定深度，该轧辊不能上机使用，需人工做进一步确认。

245. 高速钢轧辊采用表面波探伤的原理是什么？

表面波是超声波在介质中传播的一种形式，其只在轧辊表面很浅的表层内传播。在其传播过程中遇到裂纹时，一部分声波在裂纹开口处以表面波形式被反射，并沿轧辊表面返回，一部分声波在表面转折处转变为纵波和横波在轧辊内部传播，还有一部分声波仍以表面波形式沿裂纹表面向前传播，如图 3-5 所示。表面波探伤就是利用表面波的上述特性来探测轧辊表面和近表面的裂纹。

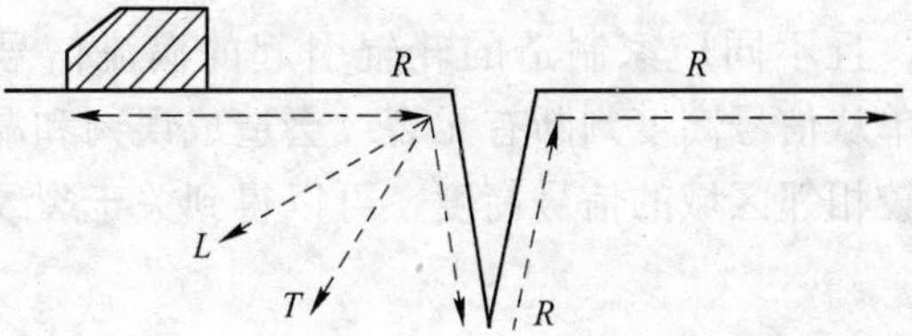

图 3-5　表面波遇到表面开口裂纹时的传播情况

R—表面波；*L*—纵波；*T*—横波

246. 高速钢轧辊采用涡流检测的优缺点是什么？

涡流检测是利用交变磁场对被检测试件激励出涡旋电流，通过测量这个涡旋电流引起的磁场变化来进行检测的方法。能检测出轧辊因轧制过程中承受复杂的应力和应变而生成的裂纹及材质的软点、剩磁等参数。其优点是：检测灵敏度高，可以发现一些细小的表面或近表面缺陷，是超声波及其他探伤方法所无法比拟的。涡流探伤时探头与被测轧辊之间有一定的间隙，可以检测辊面光洁度略差的轧辊。磨床涡流检测属于自动探伤，具有自动记录系统、可以准确地知道缺陷在轧辊轴向位置。其缺点是：只适合检测表面缺陷，涡流的有效探测深度只有 1 ~ 2mm，无法实现轧辊内部探伤。用涡流探伤无法判定缺陷的种类、形状及缺陷的深度，无法判定缺陷真正的当量。涡流检测有时会受探头线圈与被测轧辊之间的距离、轧辊的材质、尺寸形状、电导率、磁导率以及缺陷类型等各种因素的影响。

247. 高速钢轧辊怎样进行涡流检测？

涡流检测是目前使用最广泛的裂纹检测手段，涡流检测仪器安装在轧辊磨床上，相比其他检测方法，属于自动检测，受检测人员的影响小。涡流探伤仪的精度受涡流探伤仪的安装精度影响较大，信号采集系统的步长设定影响涡流检测结果的显示。涡流检测结果的正确判断很重要，高速钢轧辊中的碳化物会引起涡流噪声，且不同厂家制造的轧辊引起的涡流信号高度有差异。因此单从信号高度判断有无裂纹会造成误判和漏判。实践中通过比较相邻区域的信号高度，可以得到关于裂纹的相对准确的信息。

248. 表面波探伤与涡流探伤有什么不同?

表3-10为表面波探伤和涡流探伤在各种探伤性能方面的比较。从此表中可以看出表面波探伤对于表面和近表面的裂纹比涡流探伤更加敏感。而且在轧辊表面较为清洁的情况下，表面波探伤受到的干扰因素较少，而涡流探伤受到的干扰因素较多，如轧辊材质、辊面磁性等。但是涡流探伤能够发现辊面的软点缺陷，而表面波探伤则无法做到。由此可见涡流探伤和表面波探伤各有特点。因此，对于高速钢轧辊的探伤，采用涡流探头和表面波探头相结合的方式，探头在工作时能够同时进行涡流探伤和表面波探伤，可以弥补彼此的不足，从而可提高探伤的准确性。

表3-10 涡流、表面波探伤性能比较[82]

项 目	涡流探伤	表面波探伤	
		瑞利波	爬行波
表面开口裂纹检测	较灵敏	非常灵敏	较灵敏
近表面闭口裂纹检测	—	—	非常灵敏
软点检测	较灵敏	—	—
是否受磁性影响	影 响	—	—
是否耦合水影响	—	影 响	影 响
轧辊表面清洁度要求	—	清 洁	清 洁

249. 高速钢轧辊上机前怎样进行超声波检测？

高速钢轧辊上机前应进行超声波检测，超声波测量方法及统计结果见表 3-11。

表 3-11　超声波检测数据

工件名称		工件编号	
主体材质		规格型号	
表面状态		工件数量	
仪器编号		检测面积	
仪器型号		灵敏度	
探头型号及规格		检测依据	
耦合剂		检测日期	

检测示意图：　　单位：mm

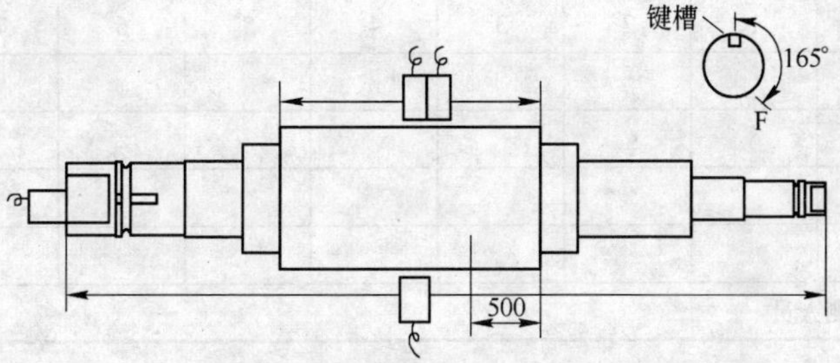

检测结果	1. 工作层探测： 2. 结合层探测： 3. 径向探测： 4. 轴向探测：
检测人员（级别）	

250. 高速钢轧辊上机前怎样用超声波对辊身外层测厚？

高速钢轧辊上机前应采用超声波对辊身外层测量厚度，具体测量方法及统计结果见表 3-12。

表 3-12 高速钢轧辊辊身外层测厚数据

工件名称		工件编号		型号规格	
仪器型号及编号		探头型号及规格		检测日期	

检测示意图：

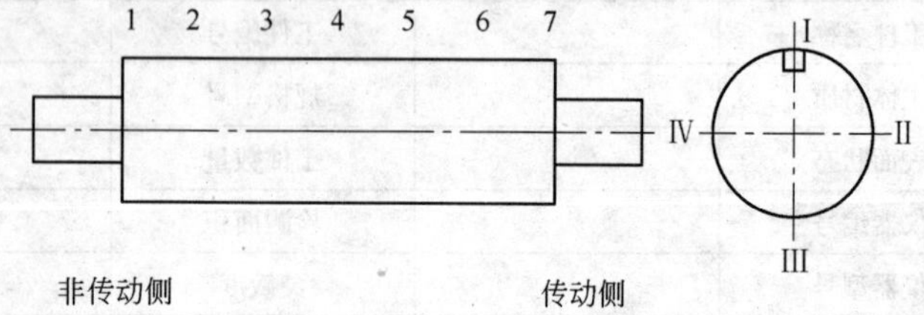

检测依据	

检测结果 （单位：mm）

辊 身	1	2	3	4	5	6	7
I							
II							
III							
IV							
检测人员							

251. 高速钢轧辊周转中结合层超声波检测程序是什么？

高速钢复合轧辊周转中结合层通常采用超声波检测，其检测条件如下：

（1）轧辊辊身表面粗糙度不大于 $R_a3\mu m$，无油污。

（2）应将被检辊置于能自由转动的托辊架上或平整场地进行轧辊检测。

（3）被检轧辊在检测时应处于水平位置状态。

检测内容包括轧辊工作层、结合层及芯部，具体检测程序如下：

（1）使用超声波检测试块对超声波仪进行校准。使用与轧辊工作层同类材质且尺寸为$\phi 5$mm×70mm人工对比试块，利用试块圆周50mm厚部位来校定仪器扫描速度。使用2～4MHz直探头，当屏幕上出现清晰而稳定的界面回波时即可进行检测。

（2）辊身外层及结合层探伤灵敏度设定。使用2MHz探头和与轧辊工作层同类材质人工对比试块$\phi 5$mm×70mm，将$\phi 5$mm平底孔回波调至80%～100%，此时的增益值即为探伤灵敏度。

（3）缺陷形貌描绘。检测中，根据超声信号的变化，在辊面画出缺陷形貌，并标出其在轧辊辊身的具体位置。

（4）检测探头频率。辊身外层检测频率为4MHz；辊身内外层结合部位探伤、辊身外层测厚时频率为2～4MHz；辊颈径向检测底波反射情况时频率为1MHz。轧辊全长轴向检测频率为0.5MHz，晶片$\phi 34$mm。

252. 高速钢轧辊周转中结合层超声波检测的判定标准是什么？

结合层单个缺陷的判定标准见表3-13。结合层若有多个缺陷，当单个缺陷间距离大于20mm，按单个缺陷计算；单个缺陷间距离小于20mm，各一次波为100%，列入跟踪检测，检测周期每三个轧制计划对其部位确认缺陷发展情况。当两个缺陷发展为链接，按单个缺陷处理。缺陷部位呈游动波停用，报技术人员处理。

表3-13　结合层单个缺陷的判定标准

分类	缺陷面积	反射波	底波	判定
1	小于20mm×20mm	三次小于50%	≥20%	跟踪使用
2		多次全反射	无	停用报废
3	大于40mm×40mm	多次反射	≤10%	停用报废
4	异常增大，呈带状发展		≤20%	停用报废
5		由二次全反射波变为多次波	≤10%	停用报废
6	轧辊处于使用寿命后期（剩余直径小于20mm），缺陷处于辊身端部300mm内，面积：30mm×30mm		≤30%	停用报废

253. 高速钢轧辊使用自动超声波探伤有什么优势?

轧辊使用过程中易在辊身表面或近表面产生热裂纹或机械裂纹，这些裂纹延伸扩展会造成辊身剥落，严重时引起断辊。及时发现已存在的裂纹并把影响轧辊上机使用缺陷磨削干净，是减少轧辊非正常消耗，降本增效的有力措施。对轧辊进行科学的探伤，是确保轧辊安全使用的有效手段。随着探伤技术的发展，在轧辊的磨辊领域，出现了“自动超声波探伤”新技术，与以往所用的“自动涡流检测”技术相比，具有以下优点：

（1）自动超声波探伤仪是一类可以安装在磨床上的在线探伤仪器，可以独立检测也可以与磨床程序组合成一体实现磨削和检测同时进行。

（2）它是利用材料本身或内部缺陷的声学性质对超声波传播的影响，非破坏性地探测材料内部和表面的缺陷（如裂纹、气孔、夹渣等）的大小、形状和分布状况以及测定材料性质，能够检测多个方向的表面及次表面缺陷。

（3）它还能根据轧辊内部硬度变化，对轧辊软点进行定位，完全不受轧辊剩磁的影响，避免了轧辊材质、剩磁等原因引起的非缺陷波。通过表面波和爬波的对应显示使操作人员准确判断出裂纹的真伪，避免了对非缺陷的磨削。

（4）使用这种探伤技术，轧辊管理者能够根据检测出的缺陷大小、模拟形状，依据自己的经验自定义轧辊的上机标准，例如许多热轧的精轧前段轧辊（高铬铸铁轧辊、半高速钢轧辊、高速钢轧辊和粗轧使用的轧辊），表面虽然存在均匀的微热裂纹，却能分辨出微热裂纹是否带有深度，从而确保继续轧制而不会发生事故，这在一定程度上有效地减少了轧辊磨削量。

254. 高速钢轧辊磁粉探伤的工作原理是什么?

给高速钢轧辊施加外来磁场，轧辊内部即产生许多磁力线。如果轧辊表面或近表面下存在裂纹、夹渣、夹杂等缺陷，这些缺陷磁阻大、导磁能力差，会阻碍磁力线通过；磁力线将绕过缺陷形成弯曲，此处的磁力线密度减小，轧辊表面产生漏磁现象。在该处表面撒上磁粉，此时在表面漏磁处将产生磁粉聚集和定向现象，表明此处存在缺陷。磁粉探伤设备简单，便于现场操作，但只能探测表面或近表面的缺陷，要求轧辊表面粗糙度低，而且检测完成后需要退磁，清除残留磁粉，以防对下次检测造成干扰。

255. 高速钢轧辊采用磁粉探伤有什么作用？

应用表面波检测高速钢轧辊时，除深而长的裂纹产生幅度较高的回波外，辊身表面的某些夹杂物也会产生幅度较高的回波，而夹杂物的存在不会影响轧辊运行的安全性，此类情况出现的几率虽然很小，但却不容忽视，有可能引起无效磨削而导致辊耗上升。因此，在表面波的异常点进行磁粉检测进一步给缺陷定性是必要的。夹杂物的磁痕一般为非线性或无明显磁痕显示，对裂纹而言，在同样的磁化条件下，在一定的深度范围内，漏磁场强度与裂纹深度呈单调递增关系[83]。深而长的裂纹与辊身表面网状微热裂纹由于自身深度与分布规律不同而表现出不同的磁痕形态，因此用磁粉检测能实现机械过载裂纹的可靠定性，作为表面波检测的辅助检测是非常有益的。

五、高速钢轧辊的其他检测

256. 怎样检测高速钢轧辊的残余应力？

由于高速钢轧辊中存在残余应力，致使高速钢轧辊的使用寿命缩短，容易引起断辊现象，严重影响轧钢生产的正常进行。残余应力起源于轧辊内部不均匀的弹性和塑性变形过程，轧辊生产的一系列工序都有可能引起这样的变形，如温度变化引起残余应力、生产中由于冷却不同步而引起铸造应力、相变引起残余应力、铸造过程中铸型阻碍造成的残余应力等。高速钢复合轧辊的残余应力主要是由铸造应力引起的，通过回火热处理尽管可去除大部分残余应力，但实际轧辊中仍存在较大的残余应力。通常将残余应力分三类。即宏观内应力（第一类内应力）、微观内应力（第二类应力）、点阵畸变（第三类内应力）。轧辊芯部存在的残余轴向拉应力属于第一类内应力，它是由于工作层组织发生的马氏体相变引起的不均匀形变造成；支撑辊在服役过程中，发生点阵畸变，属于第三类内应力；而轧辊在磨削过程中或轧机卡钢、轧破或甩尾过程中可能引发第二类内应力。

残余应力检测至今已形成了几十种测量方法[84]。这些测量方法概括起来可大致分为两类：即机械测量方法和物理测量方法，或者称之为有损测量法和无损测量法。机械测量法包括：逐层剥层法、盲孔法、分割全释放法、钻孔法、套取芯棒法、内孔直接贴片法和释放管孔周应变测量法等，因此在实际应用上受到一定程度的限制；物理测量法是一种以无损应力检测为主的试验方法，它是利用被测构件材料的物理性质与应力、应变的关系来评价结构和设备构件的应力状况。主要包括：X 射线衍射法、磁测法、超声波法和固有应变法等，其中磁测法又包括巴克豪森噪声法、磁声发射法、磁滞法和基于磁致伸缩效应的磁各向异性法等。对于高速钢轧辊来说，常用的测量残余应力方法有盲孔法、X 射线法、磁性法和超声波法等四种。

257. 残余应力对轧辊有什么影响？

残余应力是轧辊生产中不可避免的现象，残余应力的存在对轧辊有利有弊。断裂力学认为，疲劳裂纹的扩展速率和疲劳应力的峰值及平均值有关，特别对于脉动疲劳循环，在峰值确定的情况下，平均值越低，引起疲劳裂纹扩展的有效拉应力就越低，疲劳裂纹的扩展速率越低。因此，控制轧辊辊身外层存在一定的压应力，可增加轧辊外层组织抗疲劳裂纹扩展能力，增加轧辊的使用寿命。但轧辊外层的压应力也不能控制得太高，因为太高的外层压应力意味着较大的芯部拉应力，这样会增加轧辊使用时对芯部的附加拉应力，增加断辊的潜在危险程度。另外，外层过高的残余压应力，会促使表面热裂纹的产生。因为过高的压应力和轧制时的热应力、机械应力叠加超过材料的屈服极限，将会引起外层材料产生塑性变形。待表层冷却后，外层塑性变形区因受次表层的拉应力而导致裂纹产生。因此，轧辊制造时应合理控制辊身的残余应力的级别。通常离心辊应控制在 -300MPa 以内，较高合金的轧辊可控制在 -400MPa 以内，高速钢、半高速钢轧辊的辊身残余应力可适当控制得更低一些。

258. 盲孔法检测高速钢轧辊残余应力的原理是什么?

盲孔法是由 Aachen 大学的 Mather 在 1932 年提出的，后由 Soete 发展完善而形成系统理论，它是目前最通用的残余应力测试方法，美国 ASTM 协会已专门制定盲孔法残余应力测量标准。它的原理是在平衡状态下的原始应力场上钻孔，以去除一部分具有应力的金属，而使圆孔附近部分金属内的应力得到松弛，钻孔破坏了原来的应力平衡状态而使应力重新分布，并呈现新的应力平衡，从而使圆孔附近的金属发生位移或应变，通过高灵敏度的应变仪，测量钻孔后的应变量，就可以计算原应力场的应力值，图 3-6 是其示意图。盲孔法测量中应用的测量仪器包括应变仪、盲孔钻和应变花。盲孔法残余主应力（$\sigma_{1,2}$）计算公式为:

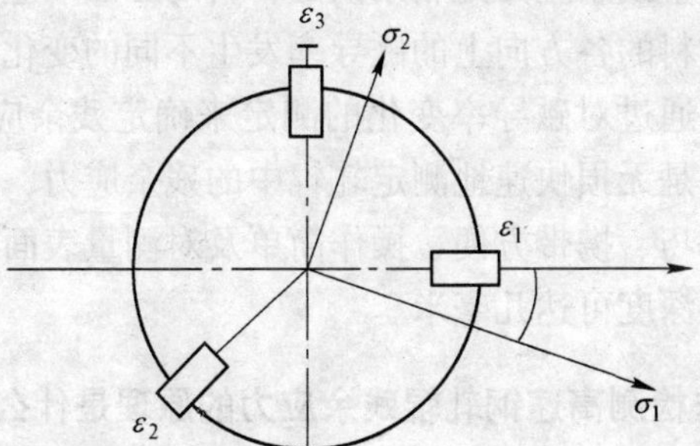

图 3-6　钻孔用直角应变片分布示意图

$$\sigma_{1,2} = (\varepsilon_1 + \varepsilon_3)/4A + \{(\varepsilon_1 - \varepsilon_2) + [2\varepsilon_2 - (\varepsilon_1 + \varepsilon_3)]\}^{1/2}/4B \qquad (3\text{-}2)$$

主应力方向角（θ）计算公式为：

$$\theta = 1/2\mathrm{tg}^{-1}\{[2\varepsilon_2 - (\varepsilon_1 + \varepsilon_3)]/(\varepsilon_3 - \varepsilon_1)\} \qquad (3\text{-}3)$$

式中，ε_1、ε_2、ε_3 分别为应变花在0°、45°、90°三个方向钻孔后的释放应变。A、B 为系数，与钻孔状况及材料的弹性模数、泊桑比有关。

259. X 射线法检测高速钢轧辊残余应力的原理是什么？

X 射线应力测定方法是利用 X 射线衍射测定试样中晶格应变求出工件表面应力的方法，用它测量残余应力的最大好处就是“无损”。目前已经生产出可以在现场快速检测仪器。目前已经成为一种比较成熟的测试方法，近年来这种方法在残余应力测量中的应用十分广泛。但是由于 X 光应力测定仪的测量精度较差，加之它只能测量表面小区域内的应力，测量方法本身对测点表面处理要求较高，测试速度慢，而且其测量结果易受材料性能的影响，适合用于测定具有较大残余应力的轧辊。

260. 磁性法检测高速钢轧辊残余应力的原理是什么？

磁性法测量残余应力是利用铁磁材料的压磁效应即在应力作用下，铁磁材料的各方向上的磁导率发生不同的变化，从而产生磁各向异性，通过对磁导率变化的测定来确定残余应力的方法。它的最大优点是无损快速地测定轧辊中的残余应力，其测试技术成熟、设备小巧、携带方便、操作简单及对测量表面处理要求不太高，且测量深度可达几毫米。

261. 超声波法检测高速钢轧辊残余应力的原理是什么？

超声波法测试轧辊残余应力时，由于临界折射纵波（即 LCR 波）是纵波以第一临界角入射时产生的特殊模式，能在试件表层下一定深度内传播，不仅具有表面波和体波的特性，而且还具有对应力变化非常敏感这一特性，所以在轧辊领域具有比传统的表面波和体波更优越的性能，是无损检测方法中最具发展前景的。其工作原理如图 3-7 所示，探头产生的 LCR 波沿着轧辊表面并在表层下一定深度以体波的特性（接近纵波波速）传播，与横波相比，对应力有更高的灵敏度，受材质的影响更小，还具有对表面不规则形状（如表面轻微的腐蚀等）不敏感的优点，因此可用两个距离固定的 LCR 波接收探头来消除电路上的延时和接触区对测量精度的影响，可根据两个接收探头接收到声波的时间差来衡量超声波在材料中的传播速度变化，利用 LCR 波的声弹常数与应力之间的特定关系来进行残余应力测量。虞付进等人[85]对超声波法、X 射线衍射法和盲孔法进行了对比试验和相关计算，结果表明，采用基于 LCR 波的超声波法测试应力值与 X 射线衍射法和盲孔法测量的结果基本一致。

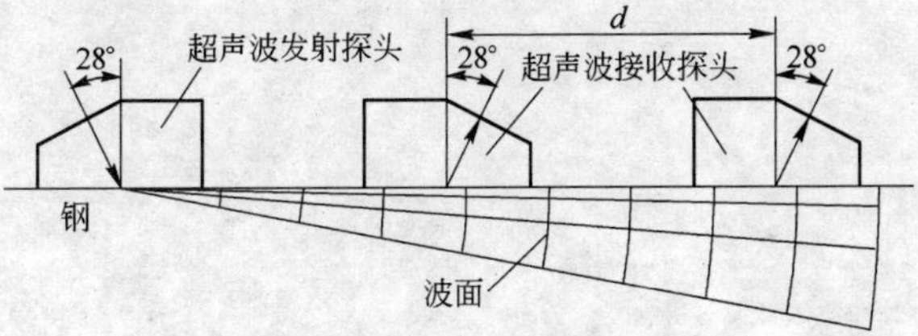

图 3-7　临界折射纵波的传播模式

262. 为什么要测量高速钢板带轧辊的辊形？

在板带钢生产过程中，要生产出尺寸精确、板形好、表面光洁和性能高的板带钢产品，轧辊的辊形设计、控制与检测就至关重要。随着轧制技术的不断成熟与完善，在特定的工艺条件下轧制某种钢材，轧辊应该具备特定的辊形才能保证轧制时辊缝均匀一致并生产出高质量的板带材。目前设计的板带钢的辊形，是在保证辊身每一横截面圆度较好的前提下，满足沿辊身长度方向上的凸度、凹度、波度（如S形）、锥度等几何参数。经磨削后的轧辊或轧制一定数量的板带材后的轧辊，还能否满足这些设计参数要求，就必须通过测量来检验。常用的测量工具有：

（1）千分尺；

（2）鞍式辊形测量仪；

（3）轧辊多参数测量仪；

（4）高精度智能辊形测量仪；

（5）带有测量系统的高精度磨床。

第4章 高速钢轧辊使用

一、高速钢轧辊加工

263. 高速钢轧辊加工中心孔有什么要求？

为了提高高速钢轧辊的外观质量和尺寸精度，对轧辊加工中心孔一般需作以下规定：辊身直径550mm以下，中心孔推荐采用60°B型，按GB 145执行，其他规格的轧辊，中心孔推荐采用75°B型，按下图4-1和表4-1执行。

表4-1 75°B型中心孔选择要求

D/mm	D_1（不大于）/mm	L_1（约等于）/mm	L/mm	a（约等于）/mm	选择中心孔参考数据 轧辊最大重量/kg
6	18	16	14	1.8	800
8	24	21	19	2	1500
12	36	31	28	2.5	3000
16	48	41	38	2.5	6000
20	60	53	50	3	9000
24	65	62	58	4	12000
30	90	74	70	4	20000
40	120	100	95	5	35000
45	135	121	115	6	50000
50	150	148	140	8	80000

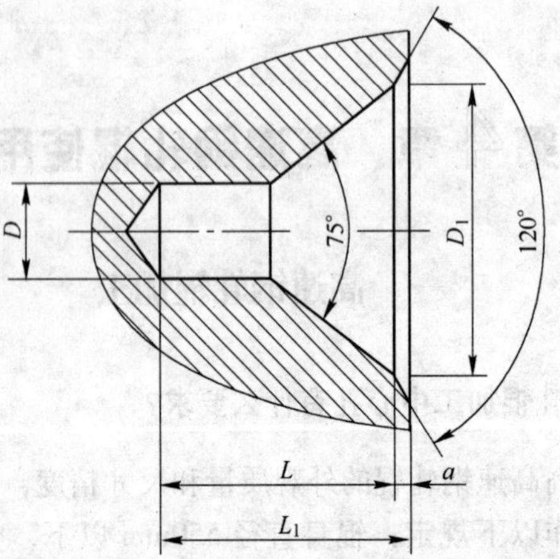

图 4-1　75°B 型中心孔

264. 高速钢轧辊直径和形位公差及表面粗糙度有什么要求？

一般高速钢轧辊的尺寸公差、形位公差和表面粗糙度应符合表 4-2 的规定，对连轧机使用轧辊，及采用滚动轴承、油膜轴承的轧机轧辊，其尺寸公差、形位公差、加工公差和表面粗糙度应按需方图纸加工，对于图纸未注加工精度的，轧辊总长按 GB/T 1804 的 c 级，其余按 m 级执行。

表 4-2　辊身直径尺寸公差、形位公差和表面粗糙度

轧辊类别	直径公差/mm	形位公差/mm	表面粗糙度/μm
板带轧辊	+0.5 0	0.05	≤3.2
支撑辊	+1 0	0.05	≤3.2
型钢轧辊	+1 −1	0.30	≤12.5

265. 如何根据带钢板型确定高速钢轧辊形位公差？

高速钢工作辊的辊型精度由磨削曲线与标准曲线之间的偏差、圆度和偏心度三部分组成。磨削曲线与标准曲线之间的偏差即磨削精度，主要受砂轮的硬度、宽度、磨削技能、磨削工艺、磨削道次、磨床性能影响。通常用最大正偏差与最大负偏差绝对值之和来表示，一般控制在 20 ~ 40μm 之内。圆度指轧辊横截面内直径差。最大直径与最小直径之差即为该截面之不圆度。轧辊设计及轧钢过程均对轧辊不圆度进行限制。轧辊成品辊身不圆度一般不得超过 0.02mm。辊身各截面最大直径与最小直径所处角度不一致，这种现象即造成偏心，这是辊身偏心的通常情况。

轧辊磨削圆度及偏心度受磨削支撑方式、轧辊支撑点及支撑物状态影响。磨削支撑方式有顶尖支撑、轴承座托持、辊颈轴承安装部位托持、辊肩托持，其中以顶尖支撑和辊颈轴承安装部位托持方式加工精度最高，辊肩托持次之，轴承座托持最差。顶尖与顶尖孔的状态、辊颈轴承安装部位的状态、辊肩状态均影响加工，而轴承座与托架间隙、轴承座与轴承间隙、轴承与辊颈间隙以及辊颈自身状态决定了轴承座托持方式的低精度。精轧工作辊辊肩托持是目前带轴承座磨削方式下最常见的方式，磨削过程中，辊肩的圆度与偏心度经放大后传递到辊身。

266. 怎样选择高速钢轧辊加工刀具的几何形状？

刀片形状对高速钢轧辊的切削性能影响较大，合理设计的刀片形状有利于提高切削加工的速度和质量。刀片几何形状应根据以下几个方面来选择[86]：

（1）根据铸造高速钢轧辊的加工特性，为了提高刀片自身的强度，一般选用不带孔刀片。夹紧形式采用上压式，注意压板不应干涉切屑流动。

（2）在一定的切削状态下，刀片的厚度直接影响其抗冲击和抗振动能力。在选择刀片厚度时，一般应尽量选用比国标刀片更厚一些的刀片。

（3）刀片形状一般选择圆形或方形。当机床、工件及其夹持刚性较高时，可采用圆刀片，或采用方刀片配以较小的主偏角，以提高切削效率。当机床、工件及其夹持刚性较差时，可选用方刀片，并采用较大的主偏角，以减小切削径向抗力，避免切削时的震动。

（4）图 4-2 所示为圆刀片与直刃刀片的切削性能比较。由图

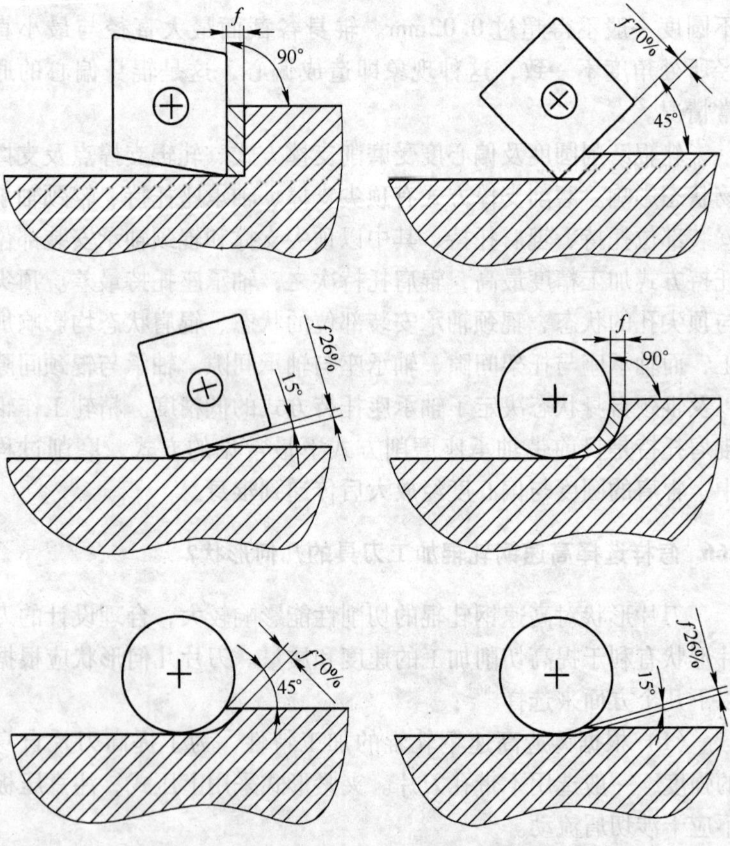

图 4-2　刀片形状对高速钢轧辊切削加工的影响[86]

可知，当切削深度减小时，圆刀片的主偏角随之变小，而直刃刀片的主偏角则不会发生变化。在加工高硬度高速钢轧辊时，主偏角效应非常明显。直刃刀片的刀尖是破损薄弱点，而圆刀片无刀尖，非常适合小切深加工。

267. 怎样选择高速钢轧辊加工时刀具角度？

粗加工高速钢轧辊时（见图 4-3），在机床、工件条件允许的情况下，选取较小的刀具主偏角 K_r 可以减小切屑厚度、增加切削刃长度，从而改善刀刃的受力状况和散热条件，提高刀具耐用度和切削效率。刀具的主偏角 K_r 对进给量的影响见表 4-3。在切削铸造高速钢轧辊时，选用合理的刃倾角 λ_s 可增加切削刃强度，并能使刀具切入、切出时更为平稳。还可使进刀时逐渐切入，无冲击边缘现象，选用合理的刃倾角 λ_s 也有利于增大切削刃长度，降低切削热，提高刀具耐用度。前倾角 γ 的大小影响到切削刃和刀尖的强度。在切削加工铸造高速钢轧辊时，选用 PCBN—MBN3500 可转位刀片以及 $\gamma = -6°$，$\lambda_s = -4°$ 的刀具角度组合，可获得较好的加工效果[86]。

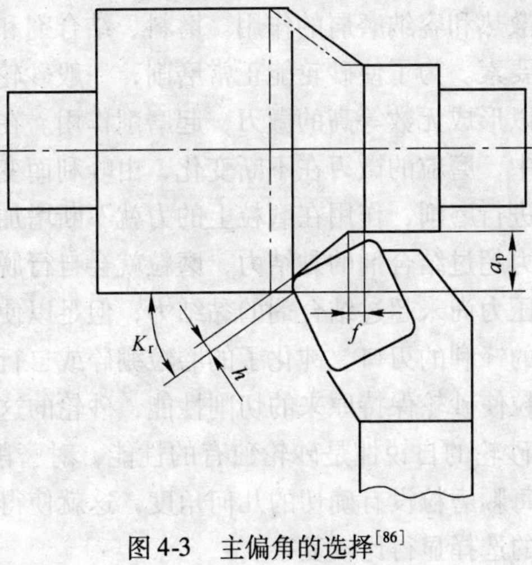

图 4-3　主偏角的选择[86]

表 4-3 加工高速钢轧辊时不同主偏角与进给量的关系[86]

轧辊硬度			切屑厚度	对应不同主偏角 K_r 的进给量/mm · r^{-1}							
HRC	HV	HB	h/mm	4°	6°	8°	10°	15°	20°	30°	45°
32	320	304	0. 26	3. 70	2. 50	1. 87	1. 51	1. 00	0. 75	0. 44	0. 36
35	350	333	0. 24	3. 43	2. 30	1. 73	1. 40	0. 94	0. 70	0. 41	0. 34
40	400	380	0. 22	3. 15	2. 11	1. 58	1. 27	0. 86	0. 64	0. 37	0. 31
44	440	418	0. 20	2. 86	1. 92	1. 44	1. 16	0. 78	0. 58	0. 34	0. 28
48	490	466	0. 18	2. 57	1. 73	1. 30	1. 04	0. 70	0. 52	0. 31	0. 25
52	550	523	0. 16	2. 29	1. 54	1. 15	0. 93	0. 62	0. 46	0. 27	0. 22
60	620	599	0. 14	2. 00	1. 35	1. 00	0. 81	0. 55	0. 41	0. 23	0. 19
64	700		0. 12	1. 72	1. 15	0. 86	0. 70	0. 47	0. 35	0. 20	0. 17
66	800		0. 10	1. 43	0. 96	0. 72	0. 58	0. 39	0. 29	0. 17	0. 14

268. 高速钢轧辊磨削时为什么要合理选择砂轮?

砂轮是由许多极硬的磨粒经过结合剂黏结而成的切削工具。砂轮表面上的多棱多角的坚硬颗粒称为磨料，起着切削作用。把磨料粘在一起的黏结材料叫做结合剂。磨料、结合剂之间有许多空隙，起着散热和容纳磨屑的作用。磨料、结合剂和空隙构成砂轮结构的三要素。为了使砂轮能正常磨削，一般砂轮的工作面要经过修整，以形成无数等高的微刃，起磨削作用。在高速钢轧辊的磨削过程中，磨粒的微刃在不断变化，由峰利而变钝，钝化了的磨粒继续进行磨削，作用在磨粒上的力就不断增加。有时磨粒所受到的压力超过结合剂的黏结力，磨粒就会自行脱落；有时磨粒所受到的压力尚未超过结合剂的黏结力，但足以使磨粒自身绷碎而形成新的锋利的刃口。钝化了的磨粒绷碎或自行脱落，又出现锋利的磨粒使砂轮保持原来的切削性能，砂轮的这种性能称为“自锐性”。砂轮的自锐性是砂轮独有的性能，对磨削影响极大。由于砂轮上每颗磨粒没有确切的几何角度，这就使得磨削高速钢轧辊时砂轮的选择显得比较复杂。

269. 高速钢轧辊磨削时怎样选择砂轮？

轧辊磨削精度和表面质量除了依靠精良的轧辊磨床工作精度之外，主要还取决于对特定的加工轧辊选用与之相匹配的砂轮、冷却液和磨削工艺参数。选择砂轮主要应满足如下要求：精磨时砂轮磨削时间要短，损耗要小；精磨时要求砂轮磨削发热小，微刃性好，磨削时不应有自励现象。通常对于淬硬或非淬硬的钢质轧辊选用刚玉砂轮；而冷硬铸铁轧辊则使用碳化硅砂轮。高碳高速钢轧辊中因含有较多的共晶碳化物，其物理性能更接近于铸铁，因此，磨削高碳高速钢轧辊一般选用碳化硅砂轮，也可选用刚玉砂轮。

对于碳化硅砂轮的粒度，粗磨时选用粗粒度（20～60 目）；精磨时选用细粒度（60～100 目）；精密磨削时采用 150 目粒度；超精磨削或镜面磨削时，一般使用微粉（W63～W14）砂轮。另外，磨削辊面越硬，砂轮硬度选择应当越软。在磨削高速钢轧辊时，如果砂轮磨损太快，说明对于特定加工的轧辊所选用的砂轮太软，可采取以下改善措施[1]：

（1）提高砂轮的线速度；

（2）提高拖板纵向进给速度，即轧辊每转拖板纵向进给量增加到砂轮宽度的 2/3～3/4；

（3）降低轧辊的速度。

如果磨削轧辊时，砂轮明显受阻（吃力），砂轮易黏着磨屑，说明选用的砂轮太硬，可采取以下措施改善[1]：

（1）降低砂轮线速度；

（2）提高轧辊速度。

270. 怎样选择高速钢轧辊磨削工艺参数？

为了提高高速钢轧辊磨削效率和获得良好的磨削表面，宜选用以下磨削工艺参数[87]：

（1）砂轮速度　粗、精磨高速钢轧辊：20～25m/s；超精磨削、镜面磨削：15～20m/s。

（2）轧辊速度　粗磨时30～50m/min；精磨时15～30m/min；精密抛光磨削时10～15m/min。当磨削细长轧辊时应采用低速，轧辊的速度小于10m/min。

（3）拖板纵向进给速度　粗磨时240～600m/min；或取工件每转拖板纵向进给量约为砂轮宽度的2/3～3/4。精磨时80～200m/min；或取工件每转拖板纵向进给量约为砂轮宽度的1/4～1/2。

（4）拖板每往复行程横向进给量　粗磨时横向进给量应根据轧辊的硬度和磨削辊面的直径而定，一般取0.03～0.05mm/往复行程。对于材料硬、辊颈大的轧辊，应减小横向进给量。精磨时0.005～0.01mm/往复行程。精密抛光磨削时0.002～0.005mm/往复行程。

271. 高速钢轧辊采用带辊形仪的在线磨辊机有什么好处？

热轧车间为了保证产品质量、降低成本、缩短交货期限，很重视自由轧制技术。其中，精轧机高速钢工作辊的磨损和表面的粗糙对产品质量有着极大的影响。普遍认为，F4～F7机架的板形和板断面形状的稳定是关键问题，而通过在线磨辊机对高速钢轧辊进行整形，是解决这一关键问题的有效手段。日本NKK京滨厂热轧车间以消除高速钢轧辊的表面粗糙为目的，首先在F4机架上安装了在线磨辊机（ORG）。该磨辊机具有磨辊并使其恢复表面光洁度的功能。随后又在F5机架上安装了带辊形仪（OPM）的在线磨辊机。该OPM可以测量轧辊形状。F5机架上ORG的特点是具有把轧辊磨削成任意形状的功能，它由安装在轧机入口侧机架上下框架上的各8个无驱动回转式砂轮构成。靠推压砂轮的液压缸使砂轮本身前进或后退，靠摆动液压缸使框架自身动作，以实现宽度方向的摆动。还设有砂轮升降装置，用于调整砂轮和工作辊的设定。为了磨削辊形，ORG还能使上下各8个砂轮分别动作。而OPM由安装在上下砂轮框架中心的各8个用于测量轧辊形状的超声波传感器构成。内部装有传感器的框架具有以下功能，即在测量时，能和砂轮框架独立完成行程动作。实际使用中发现，未使用 ORG 时，随着轧制量的增加，轧辊表面的粗糙度在变大。与此相反，当使用了 ORG 时，即使轧制量增加，轧辊表面粗糙度也几乎不变，粗糙度大约为 1μm。由此可见，ORG 具有防止轧辊表面粗糙的效果。值得注意的是，为延长高速钢轧辊的使用寿命，通过对用于高速钢工作辊辊形磨削的碳化硅砂轮和砂粒硬度更高的金刚石砂轮进行对比试验，发现碳化硅砂轮不适于磨削高速钢轧辊。与此相反，使用金刚石砂轮时，磨削量为 15～20μm，磨后的轧辊表面也不产生磨痕，可以确认金刚石砂轮对高速钢轧辊具有充分的磨削能力。

272. 高速钢轧辊加工怎样选用刀具？

高速钢轧辊的硬度提高后，加工比较困难。对用于棒线材轧机高速钢轧辊的孔型加工，特别是轧制螺纹钢轧辊在重复使用时的切削加工，由于是断续切削，其加工难度更大，因此选用合理的加工刀具和切削用量，是决定高速钢轧辊能否在棒线材轧机上正常使用的先决条件。在加工刀具选用上，如果有条件可采用进口的立方氮化硼（PCBN）或进口的硬质合金 K01 系列，如瑞典山特维克的 HIP 等牌号。如果是国产刀具，可选用 YD500 或 YD05 或 YG6A 等硬质合金刀具；对于轧制螺纹钢轧辊重复使用时的车削必须采用硬质合金刀具。对于螺纹钢的轧制，轧槽上需铣肋筋，铣床可采用飞刀铣床，铣刀可采用 YD500 或 YD05 或 YTI 等硬质合金铣刀。

以往采用氮化硅、氧化铝陶瓷、超硬硬质合金等刀具材料来加工高速钢轧辊，虽然能够加工，但刀具的磨损、破损、崩刃十分严重，切削效率极低。随着 CBN 纳米技术的开发和合成技术的创新，利用 PCBN（立方氮化硼）刀具加工高速钢轧辊已成为现实。与陶瓷刀片相比，PCBN 刀片具有更高的硬度、耐磨性、冲击强度和抗破碎能力。目前，PCBN 刀具材料的主要合成类型包括聚晶片（由 CBN 与结合剂合成的刀片）和复合片（CBN 与结合剂合成复合在硬质合金片上）。选择粗加工和精加工高速钢轧辊的 PCBN 刀片时，应选用金属陶瓷结合剂和超细微粒 CBN，目前应用较多的牌号是立方氮化硼烧结体 MBN3500 和 MBN5000。实际使用标明，MBN3500 和 MBN5000 是加工铸造高速钢轧辊的最佳刀片材料。

273. 怎样选择高速钢轧辊的切削量？

高速钢轧辊的切削用量，如果是平辊外圆加工，车削速度选用 10m/min 左右，进刀深度选用 1 ~ 3mm，进给量选用 0.2 ~ 0.5mm/r；如果是孔型加工或螺纹孔重复车削，车削速度选用 5m/min 左右，进刀深度选用 0.1 ~ 0.2mm 比较理想。

274. 怎样加工高速钢轧辊的成品架孔型？

高速钢轧辊的成品架孔型加工工序为[88]：减径→去旧横肋→粗车孔型→车孔型→成品。减径加工时，因轧辊带有旧槽，单边车削 2mm 会车到横肋的边角，有一定的断续切削工况，可用 MBN3500、SNMN1206 等方刀片，以 15°偏角切深 1 ~ 2mm，进给量为 0.7mm，线速度 20m/min，1 ~ 2 刀即可完成车削。去旧横肋时，使用 H6F 粗车成形刀，单圈进量 0.1mm，每 3 ~ 5 圈空转 1 ~ 2 圈，以消除让刀积累。因是强断续切削，刀具磨损较快，要及时换刀，直至旧横肋完全去除，最后进行孔型加工。

275. 怎样加工高速钢轧辊的横肋槽？

加工高速钢轧辊的横肋槽时，如横肋与钢筋夹角 β 无特殊要求，加工程序要用人工以两头方式编程，这样可提高加工效率，β 角也在国标范围内。刀杆使用前要保证铣刀孔和顶刀杆孔在中心位置，如位置偏差过大，刀头和刀杆极易非正常断裂，易出现废槽。顶刀杆的角度（$90° - \beta$）要准确，偏差不能大于 5°。ϕ12mm 带肋钢筋的横肋深一般为 1.2 ~ 1.4mm，铣削参数见表 4-4。

表 4-4　ϕ12mm 带肋钢筋成品辊的横肋铣削参数[88]

轧辊硬度，HRC	刀　具	飞刀轴速度 /r·min^{-1}	进给量 /mm	备　注
<60	KP10 H3F	150～180	0.06	可用变进刀量方法来提高效率：横肋深度 <0.5mm 时，进给量为 0.08～0.10mm；横肋深度为 0.6～1.0 时，进给量为 0.06mm；横肋深度 >1.0mm 时，进给量为 0.04～0.05mm。通过观察横肋底部，可知刀尖是否有小崩刃和磨损，及时换刀，以避免断刀
60～63	KP10 H3F	120～150	0.05	
>63	H3F	80～120	0.05	

276. 高速钢轧辊各种加工机床和刀具的使用效果如何？

机床和刀具的选择对棒线材用高速钢轧辊的加工至关重要，苗利河[88]选取了立方氮化硼、陶瓷、超细微粒硬质合金等超硬刀具材料，以及目前在国内钢厂和轧辊厂普遍采用的、可加工高速钢轧辊的不同配置的机床作为对比用机床，对棒线材用高速钢轧辊加工机床和刀具进行了比较，具体结果见表 4-5。

表 4-5　棒线材用高速钢轧辊加工机床和刀具比较[88]

刀具材质		刀具牌号	刀具形式及用途	性能简述
立方氮化硼	整体式氮化硼（CBN）	MBN2500	粗、精车用机卡式小孔型成形刀	MBN2500 硬度为 HRA95，强度和稳定性好，可作基圆小于 ϕ14mm 孔型成形刀使用，因成形刀吃刀面很大，故对机床的强度和刚性要求很高，只适用于工况良好的轧辊专用车床
		MBN3500	机卡片；粗、半精车外圆，数控车孔型	MBN3500 硬度为 HRA96.5，耐磨性好，强度稍低，用于工况良好的轧辊专用车床时能以较高的线速度进行重切削，在普通车床上降低切削量也能稳定使用
	氮化硼复合片（PCBN）	SB95，BN700	机卡或焊接刀，精车外圆，数控孔型	BN700、SB95 硬度大于 HV4000，耐磨性最高，但强度低、抗冲击性差，在高速小切削量工况下，可取得很高精度和表面光洁度，SB95 耐磨性能较 BN700 低，但价格低，可根据不同要求搭配使用

续表 4-5

刀具材质	刀具牌号	刀具形式及用途	性能简述
陶　瓷	CC650，FD22	机卡片 数控粗车 半精车孔型	陶瓷刀具各项参数介于 CBN 和 WC 之间，价格较低，可提供小规格仿形圆刀片（普通数控车床 CK6180 因本身强度刚性低，使用 ϕ9.5mm RCMX0907 刀片加工小孔型让刀严重，只能用 ϕ6.3mm RCGX0606 刀片）
超细微粒硬质合金（WC）	H6F	孔型成形刀	H6F 硬度为 HRA93.6，强度高，抗冲击性好，做成形刀（尤其是较大的，如切分孔）效果较好，能在较差工况下直接车旧轧槽横肋。H3F、KP10 硬度均为 HRA94，H3F 强度稍高，铣硬度大于 HRC62 的轧辊效果比 KP10 好，但 KP10 价格较低，可与 H3F 做高低搭配使用
	H3F	横肋铣刀	
	KP10	横肋铣刀	

二、高速钢轧辊使用方法

277. 热轧带钢轧辊冷却的目的是什么？

为了更好地提高轧辊冷却效率、降低水消耗，首先要了解轧辊冷却目的，主要有三[89]：

（1）控制热凸度。轧辊冷却的第一个目的是控制热凸度。以国内某 1580F1 精轧工作辊为例，如果辊身中心与辊身两端的温差为 20℃，在直径上相应的热凸度大约为 181.5μm（$\Delta D = D \cdot \Delta t \cdot \alpha$），此值比通常磨辊初始凸度值要高许多。因此为了较好地控制热凸度，在设计轧辊冷却水管时，需要调节辊身中心部分的水量，尽可能使辊身中心与辊身两端的温差变小。

（2）制约工作辊的氧化层厚度。氧化层的颜色表示其厚度，通常黄色表示厚度大约为 0.4μm，淡蓝色表示厚度大约为 0.7μm，黑蓝色表示厚度超过 1μm。随着氧化皮厚度的增加，轧辊抗剪能力下降，易发生剥落，当氧化层到达黑蓝色时就将产生剥落了。因此，实际轧钢生产中希望轧辊氧化层厚度小。影响氧化层形成速度的因素有：轧辊表面温度、在氧化介质（如空气、水蒸气）中暴露的时间、轧辊抗氧化能力。热轧精轧机组使用高速钢轧辊代替高铬铸铁轧辊时，因前者抗氧化能力低，易使氧化层增厚，需要采用较大的轧辊冷却水量，缩短轧辊表面高温时间来限制氧化层的增长。即轧辊冷却要尽早开始，尽快让其温度低于 300℃。

（3）减少轧辊表面热裂纹。轧辊使用中出现热裂纹是由于在热轧过程中辊身外层存在高温交变应力。如果热量尽快从这个区域移走，热透深度就会减小，热裂纹的数量和深度也会减少。

为了改善热轧带钢精轧机组高速钢轧辊的冷却效果，需要将更多的冷却水喷嘴尽可能布置在出口侧，整个冷却水流量的 3/4 给出口侧，只给入口侧 1/4。

278. 高速钢轧辊使用中热裂纹形成原因是什么？

轧辊在轧制过程中，要经受持续交变的热冲击，轧辊的表面在轧钢过程中瞬时表面温度将超过 600℃，经过冷却水冷却后，轧辊表面温度将降至 80℃ 以下。轧辊受热、冷却的循环作用引起轧辊表面热裂纹的形成。图 4-4 是高速钢轧辊使用后表面的典型热裂纹形式。轧辊表面及内部温度在轧制过程中会发生周期变化，图 4-5 显示了不同机架时轧辊表层与辊身近表层温度变化情况，这种热量的交替循环作用将会导致轧辊网状热裂纹的形成，当机械负荷非常大时网状热裂纹很容易扩展。实际轧钢生产中，堆钢一般会引起纵向热裂纹；冷却喷嘴堵塞时会在轧辊圆周方向形成热裂纹；局部应力过大会引起局部热裂纹的形成，某些情况也会产生一些机械裂纹，如轧制过程中甩尾、打滑、咬入等冲击

图 4-4　典型热裂纹形式

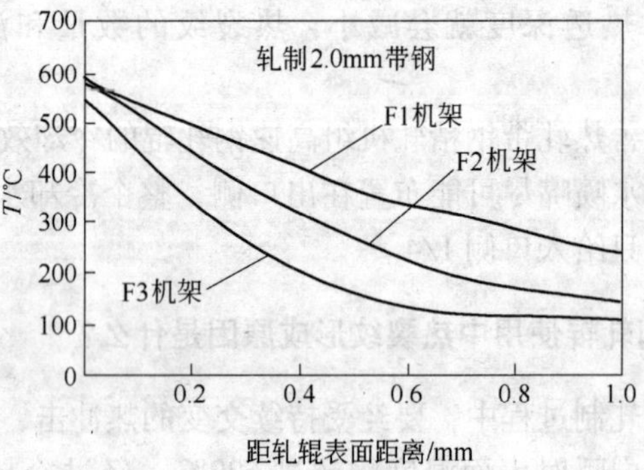

图 4-5　轧辊咬入至抛钢的一瞬间轧辊
表面温度沿径向的分布图

对轧辊产生机械伤害，会使局部热裂纹扩展。热裂纹是由于轧制过程中轧辊表层受交替的拉应力和压应力而产生的。轧辊受到冷却水的冷却后，缓解了轧辊表层的热疲劳，提高了轧辊使用寿命。图 4-6 显示了热裂纹的发展过程（这种发展导致了热裂纹恶化而引起轧辊剥落的产生，它经常出现在热轧带钢精轧前段 F1 ~ F3工作辊上）。

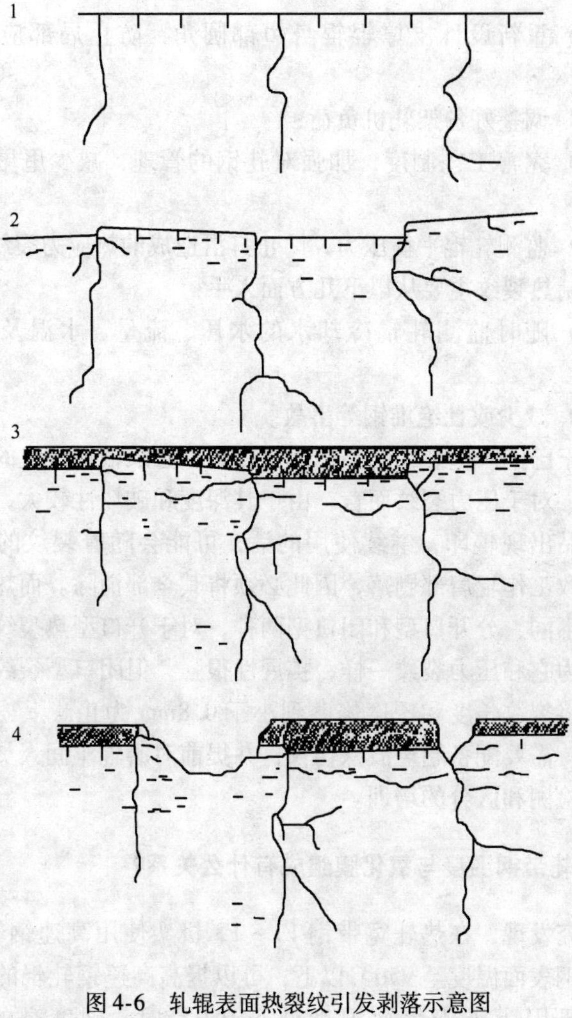

图 4-6　轧辊表面热裂纹引发剥落示意图

279. 怎样控制高速钢轧辊热轧带钢时的裂纹？

使用高速钢轧辊热轧带钢时，辊面易出现裂纹，常见的裂纹有压力裂纹和热裂纹，控制压力裂纹应从以下几个方面着手：

（1）重新设计支撑辊辊身边部圆角，防止局部应力裂纹产生；

（2）调整好各架轧机负荷；

（3）完善工艺制度，加强对轧钢的管理，减少甩尾、堆钢等事故；

（4）监测轧辊平衡压力，防止打滑造成的热应力裂纹产生。

控制热裂纹主要从以下几方面入手：

（1）随时监测轧辊冷却水的水压、流量、水温及喷嘴状况；

（2）减少或杜绝堆钢等事故。

对于已经产生裂纹的高速钢工作辊，必须根据裂纹的种类区别对待。对于压力裂纹而言，由于其深度和破坏性较大，会导致带钢成品出现辊印，继续使用的话，可能会随着裂纹的横向扩展，导致工作辊肩部剥落，因此必须将其全部消除。而热裂纹的情况则不同，分开口型和闭口型两种，对于开口型热裂纹必须消除，因为它和压力裂纹一样，扩展性很强，但闭口型裂纹则可根据经验将裂纹长度和深度修磨到小于 0.8mm 为止。上述工作进行之前，需要配备超声波探伤仪，并提前对磨辊车间人员进行轧辊裂纹检测和区分的培训。

280. 热轧带钢温度与氧化膜组成有什么关系？

研究发现，在热轧宽带钢 F1 ~ F3 机架使用高速钢轧辊时，降低带钢表面温度至 950℃以下，可以提高高速钢轧辊的使用寿命。这是因为带钢表面温度低于 950℃时，硬度高的 Fe_2O_3（HV1000）生长受到限制，带钢表面 Fe_2O_3 数量少，而硬度较低的 FeO（HV300）数量则较多，图 4-7 显示了热轧带钢温度与氧化膜组成关系。因此，降低带钢表面温度，可减轻高速钢轧辊磨损。

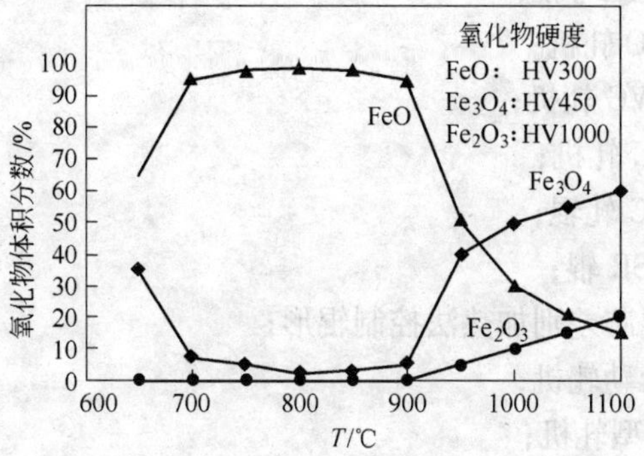

图 4-7　热轧带钢温度与氧化膜组成关系[90]

281. 温度对高速钢轧辊的氧化层厚度有什么影响?

高速钢轧辊的氧化层厚度与轧辊加热温度密切相关，一般来说，随着轧辊加热温度升高，氧化层厚度增加，如图 4-8 所示。由于 MC 碳化物易氧化，因此，随着温度升高，其氧化层厚度增加十分明显，而 M_2C 碳化物不易氧化，温度的变化，对其氧化层厚度影响不明显。

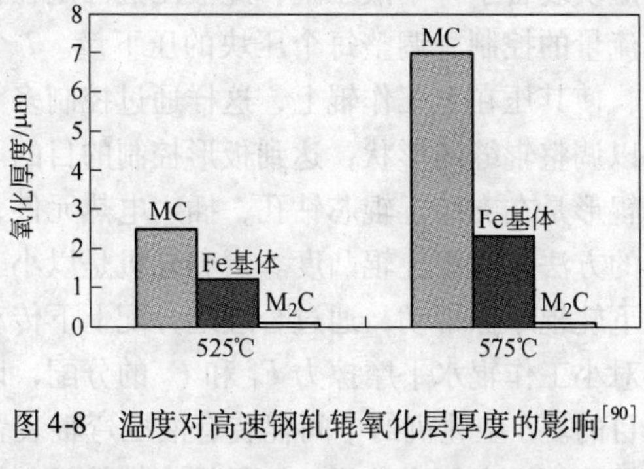

图 4-8　温度对高速钢轧辊氧化层厚度的影响[90]

282. 使用高速钢轧辊时的先进板形控制技术有哪些?

使用高速钢轧辊时的先进板形控制技术主要有[91]：

(1) 液压弯辊;

(2) HC 轧机;

(3) CVC 轧机;

(4) PC 轧机;

(5) VC 轧辊;

(6) DSR 辊;

(7) 辊芯差别加热法控制辊形;

(8) 泰勒轧机;

(9) Z 型轧机;

(10) SC 轧辊。

其中液压弯辊是通过向工作辊或支撑辊轴承座施加液压弯辊力，来瞬时改变轧辊的有效凸度或挠度，从而改变工作辊缝形状，达到改善板形目的，常见的弯辊方法有正弯辊和负弯辊。而 HC 轧机是上下辊可以轴向对称移动的轧机，具有板形控制能力高、边部减薄控制能力强和大压下轧制等特点，通过轧辊的周期横移可以分散工作辊的磨损及热凸度。DSR 是目前原理上比较理想的板形控制技术，DSR 辊是指支撑辊由金属套筒和固定辊轴组成，金属套筒可以绕着固定辊轴自由旋转。套筒内共有 7 个压块，每个压块装备了一个液压缸，此液压缸固定在辊轴上。通过对液压缸流量的控制，调整每个压块的压下量。7 个压块共同作用于套筒，使其压在上工作辊上，这样通过控制多个压块的压力分布就可以调整辊缝的形状，达到板形控制的目的。辊芯差别加热法控制辊形是在支撑辊辊芯钻孔，插入电热元件，分三段进行区别加热的方法来修正轧辊凸度。泰勒轧机是以小工作辊为游动辊，靠上下轧辊摩擦带动，通过合理地分配上下传动辊的马达电流来控制对小工作辊水平摩擦力 F_1 和 F_2 的分配，以达到控制小辊旁弯的目的。Z 型轧机的中间辊装有液压弯辊装置，同时可横移，工作辊两侧设有侧支撑机构，是综合性轧机，板形控制能力强。而 SC 轧辊由冷缩套在支撑辊辊轴中间部位上的一个辊套装配而成，在冷缩配合区外及辊轴和轴套间有一向轧辊两端逐渐增大的缝隙，当轧辊承受载荷时，这一缝隙部分闭合，因而在支撑辊和工作辊之间接触面的整个挠度将大大降低。

283. 什么是 CVC 轧辊和 CVC 轧机？

CVC（continuously variable crown）轧辊，就是连续可变凸度轧辊，其辊身曲线呈 S 形。两个外形相同的轧辊相互倒置 180°布置，通过两辊沿相反方向的对称移动，可获得从中凹到中凸连续变化的辊缝形状。采用 CVC 辊形的轧机，即 CVC 轧机，是德国 SMS(Schloemann-Siemag)公司于 1982 年开发的一种新型轧机。宝钢于 20 世纪 80 年代末从德国引进了采用 CVC 技术的 2050 热连轧机和 2030 冷连轧机并投入实际生产，已取得了较好的经济效益。高速钢轧辊已广泛应用于 CVC 轧机，CVC 轧机通过上下两个轧辊沿轴向反向移动，即可实现轧辊凸度的连续可变。移动方向不同，可得到凸形或凹形的辊缝。典型 CVC 轧机示意图见图 4-9，其中图 4-9*a* 为矩形辊缝；图 4-9*b* 为凸形辊缝，可防止中浪；图 4-9*c* 为凹形辊缝，可消除双边浪。其主要特点有：

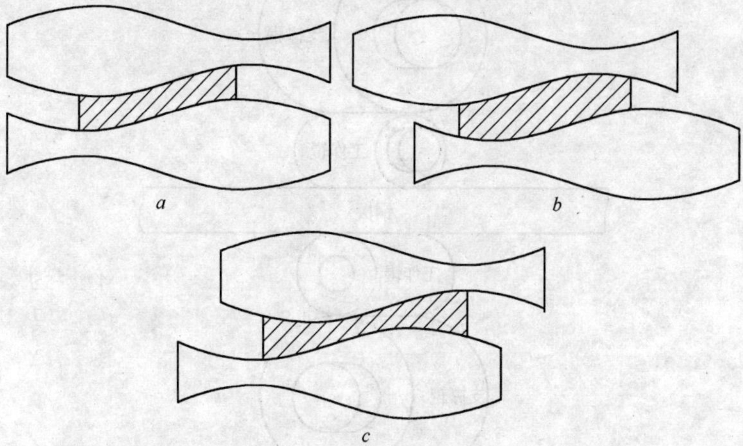

图 4-9　典型 CVC 轧机示意图

a—矩形辊缝；*b*—凸形辊缝；*c*—凹形辊缝

(1) 轧机工作辊横移时，辊缝凸度可连续由最小值变到最大值；(2) 调整控制板形的能力强。

284. 什么是 PC 轧机?

PC 轧机是上下辊交叉一定角度来改变辊缝形状的轧机。常见的交叉方式有：对辊交叉；工作辊交叉；支撑辊交叉。其中最常见的是如图 4-10 所示的上下工作辊与支撑辊成对交叉。成对辊交叉是将上工作辊和上支撑辊为一对，将下工作辊和下支撑辊为一对，两对辊之间进行很小角度的交叉。它最适用于轧制宽带钢。交叉角度越大，工作辊缝凸度越小。交叉角一般为 0° ~ 1.5°。PC 轧机的主要特点是：

(1) 凸度控制能力很大（凸度控制范围为 0 ~ 1.4mm）；

(2) 凸度控制的核芯部分模型简单，最适合在线动态控制，反应快速；

(3) 精轧机轧辊原始辊形具有一种曲线即可，不必研制多

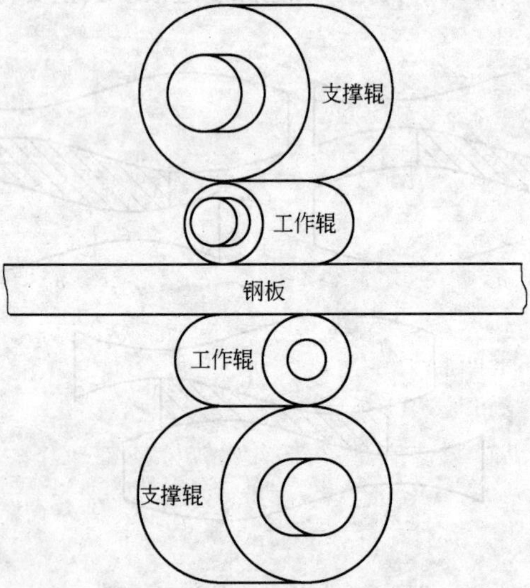

图 4-10 工作辊与支撑辊成对交叉示意图

种辊形的轧辊，备辊量少。

285. 什么是VC轧辊？

VC轧辊是指支撑辊由套筒和芯轴组成，在套筒和芯轴之间形成油室，在向油室输入高压油后，使套筒膨胀凸起，代替轧辊的磨削凸度，通过高压油压力的大小来调节轧辊的凸起程度，以达到控制板形的目的。在四辊轧机上，VC轧辊用作支撑辊。VC轧辊的主要特点是：

(1) 随内压不同，板凸度发生变化；

(2) 板越宽，板凸度变化量越大；

(3) 板凸度变化量与内压成正比，几乎不受轧制力的影响；

(4) 通过VC轧辊和液压弯辊的配合，不仅可以调整边波、中波这样的一次简单波形，也可以调整复合波等复杂的板形缺陷；

(5) 工作辊直径越小，则VC轧辊的板形控制能力越强。

286. 热轧带钢轧机对轧辊有什么具体要求？

热轧带钢轧机分为半连续轧机、3/4连轧和全连续轧机。仅有可逆式粗轧机和一组精轧机架所组成的叫做半连续式；具有数台粗轧机，其中有一台可逆式的称为3/4连轧机；具有数台粗轧机及一组精轧机架的称为全连续式。一般半连续式在粗轧部分设有一台二辊轧机和一台可逆式万能轧机，精轧机组设有六台精轧机架。而全连续式的粗轧部分分为前段（1~2座二辊轧机）和后段（3~4座四辊万能轧机）所构成。在精轧部分一般设置7~8个机架，如图4-11所示。

热连轧机轧制速度高（半连续轧机轧制速度一般在6~15m/s左右，全连续轧机轧制速度一般在20~25m/s左右，个别轧机速度甚至超过30m/s），各机架轧辊均承受着较大的机械应力、摩擦力、热应力以及很大冲击负荷，往往由于轧辊不适应这种繁重的工作条件而产生各种损坏。所以确切地分析各机架轧辊损坏

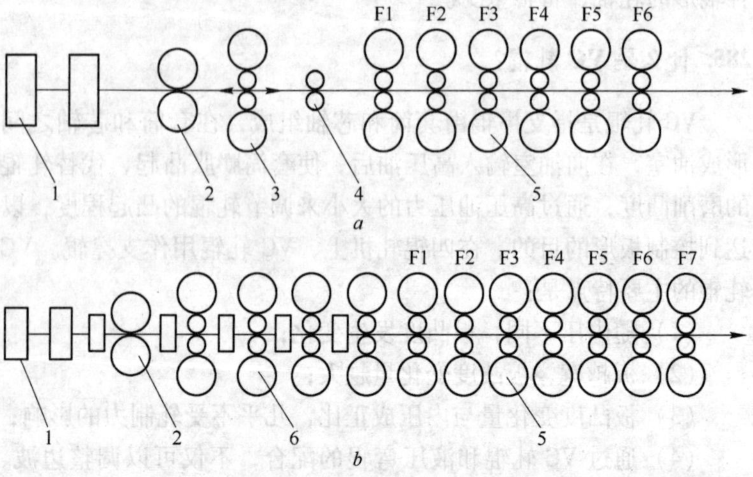

图 4-11 热轧带钢轧机平面布置图

a—半连续式热带钢轧机；*b*—连续式热带钢轧机

1—加热炉；2—二辊轧机；3—万能轧机；4—破碎机；

5—精轧机组；6—万能粗轧机和立辊轧机

的原因，是有效地选择轧辊材质和防范措施的前提。粗轧各机架和精轧机组的前后机架的使用条件不同，对轧辊的性能要求也有所不同，必须针对各架次轧制中所存在的问题和对轧辊使用性能的基本要求来恰当地选取轧辊材质，才能提高轧机的轧制效率和钢板质量。

粗轧前段机架的轧辊磨损严重，由于轧制压力较大、钢坯温度很高，容易产生较大较深的热龟裂，而且热龟裂相交后经常出现局部剥落，造成板材表面的周期性缺陷[1]。采用铸钢、锻钢等材质轧辊效果较好，有时也使用特殊的复合铸钢轧辊。粗轧后段机座的工作辊，因为有大型支撑辊，所以不论是连续式粗轧机，还是半连续式的可逆式粗轧机的工作辊，强度几乎不是太大的问题，它的主要问题是辊身表面产生粗糙。国内曾经使用过锻钢轧辊和无限冷硬铸铁轧辊，由于硬度低、耐磨性不好而被淘汰，后来改用球墨复合铸铁轧辊，与锻钢轧辊相比，使用寿命提高了几倍。国外这种轧机上一般采用半钢轧辊，对克服表面粗糙和抗磨损都很有效。20 世纪 80 年代初，国外在粗轧后段机座的工作辊采用高铬铸钢材质，使用效果比半钢轧辊明显改善。在此基础上，90 年代，国外在粗轧后段机座的工作辊采用半高速钢材质，使用效果明显优于以往所使用过各种轧辊材质。

为了确保带材的质量和提高轧机的生产效率，将精轧机组的轧辊在使用和制造上严格分为精轧前后两段是合理的。精轧前段一般属于 F1 ~ F4 架，F5 ~ F7 架属于后段。根据机组的轧制条件，精轧前段轧机轧辊容易产生斑带，使钢材表面粗化。对于这种机架轧辊产生斑带的原因，有的认为是氧化铁皮啄印；有的认为是由于辊身组织中存在着大块状渗碳体在受力后剥落而形成坚硬物磨削造成的。其根据是检验坚硬物的成分与辊身的成分一致，而与钢板成分根本不相同。国外的大量实践证明，这种机架使用半钢轧辊和高铬铸铁轧辊对解决斑带缺陷相当有效，一般冷硬铸铁轧辊在这种机架上满足不了使用要求。铸造高速钢轧辊问世以来，在精轧前段机架使用，用于代替半钢轧辊和高铬铸铁轧辊，使用寿命成倍提高，且可以彻底克服钢带表面的斑带缺陷[1]。

精轧后段工作辊存在的主要问题是辊身掉皮。同时，该段轧辊的辊身也极易磨损。因此，精轧后段工作辊必须具有抗剥落、抗磨损的性能。轧钢的实践证明，渗碳体是产生剥落的主要原因，所以，精轧后段工作辊不能靠增加碳化物的含量来提高辊身硬度，而应该用合金和热处理改变基体组织来提高基体的强度和硬度。国内外的轧钢生产实践表明，F5 和 F6 架使用高速钢轧辊，也具有良好的使用效果，F6 架使用改进型无限冷硬铸铁轧辊，可以明显提高轧辊寿命，并改善轧辊抗断裂能力。

287. 我国热轧宽带钢轧机发展情况怎样?

高速钢轧辊的主要应用领域是热轧宽带钢轧机的精轧机架，我国近年来热轧宽带钢轧机发展迅猛，截止 2009 年已建和在建的常规热轧宽带钢轧机共计59套（含中厚板坯连铸连轧机），设计产能1.93亿吨，见表4-6。另外，还有连铸连轧机共计11套，设计产能2620万吨，见表4-7，热轧宽带钢轧机的总产能超过2亿吨。另外，我国准备建设的热轧宽带钢轧机数量也较多，已开展前期设计并已获准的项目，以湛江、防城港和曹妃甸三大沿海基地为代表，设计产能3667万吨。随着上述热轧宽带钢轧机的陆续投产和达产，对高速钢轧辊的需求是非常巨大的。

表4-6 我国已建和在建的常规热轧宽带钢轧机[92]

序号	公司/厂简称	投产时间	轧机规格/mm	产品规格/mm	年产量/t		设计与供货单位
					设计	最大	
1	安阳热轧厂	2007.6	1780，半连续式	1.2~12.7	350×10^4	—	武汉院工厂设计、一重、Tmeic三电
2	鞍钢鲅鱼圈	2008	1580	1.2~12.7	390×10^4	—	一重、SiemensVAI供货，鞍钢院工厂设计
3	鞍钢二热轧厂	2000	1700，ASP	(1.8~8.0)×(710~1150)	80×10^4	250×10^4	鞍钢院设计，ASP流程
4	鞍钢三热轧厂	2005.12	2150，半连续式	(1.2~25.4)×(800~2000)	450×10^4	—	一重、SiemensVAI供货，鞍钢院工厂设计
5	鞍钢一热轧厂	2000.5	1780，半连续式	(1.2~19.0)×(800~1630)	350×10^4	400×10^4	日本MCG、一重、二重供货，重庆院设计
6	凌源钢铁公司	2009	1700，ASP	1.2~12.7	250×10^4	—	一重、SiemensVAI供货，鞍钢院工厂设计
7	包头热轧	—	1780，半连续式	(1.2~12.7)×(900~1630)	400×10^4	—	—
8	宝钢二热轧厂	1996.12	1580，半连续式	(1.5~12.7)×(700~1430)	280×10^4	380×10^4	一重、二重、三菱供货，重庆院设计
9	宝钢三热轧厂	2007.3	1880，半连续式	(1.2~21.7)×(800~1630)	370×10^4	—	日本三菱、Tmeic供货，重庆院设计

续表 4-6

序号	公司/厂简称	投产时间	轧机规格/mm	产品规格/mm	年产量/t		设计与供货单位
					设计	最大	
10	宝钢一热轧厂	1989.10	2050,3/4连续式	(1.2~25.4)×(600~1900)	400×10^4	560×10^4	SMS、Siemens、一重、二重供货,重庆院设计
11	北台钢铁公司	2007.8	1780	(1.2~19)×(900~1630)	320×10^4	—	北京院工厂设计,一重机械设备
12	本钢三热轧厂	2007	2300	1.2~25.4	515×10^4	—	重庆院工厂设计,SMS、Siemens 供货
13	本钢一热轧厂	2001.7	1700,3/4连续式	(1.5~10.0)×(750~1500)	242×10^4	400×10^4	改造与 SMS 合作,重庆院设计
14	广州联众不锈钢	2007	1780	(1.5~12.7)×(900~1300)	400×10^4	—	武汉院工厂设计,IHI 机械设备
15	邯郸二热轧厂	2007	2250	1.2~25.4	450×10^4	—	重庆院设计,SMS、Siemens 供货
16	汉中钢厂	2007	1500	(1.5~12.7)×(900~1350)	200×10^4	—	—
17	河北承德	2008.9	1780	—	300×10^4	—	一重机械设备,北京院设计,Siemens 电气
18	河北廊坊新钢	2010	1450	(1.2~18.0)×(900~1300)	200×10^4	—	中冶设备院、钢研总院
19	吉林通钢公司	2009	1450	(1.2~12.7)×(650~1300)	300×10^4	—	二重机械设备,Siemens 三电系统,重庆院设计
20	济南连铸连轧厂	2006.1	1700,ASP	(1.2~12.7)×(900~1550)	260×10^4	—	由鞍钢公司总承包,采用 ASP 生产工艺
21	酒钢炉卷轧机	2002	1800,双机架	(1.5~12.7)×(900~1600)	50×10^4	60×10^4	VAI、包头院
22	昆明炉卷轧机	2002.10	1725,双机架串列式	(1.5~12.7)×(600~1550)	60×10^4	80×10^4	Tippins、重庆院
23	莱芜热轧厂	2005.6	1500,半连续式	(1.5~12.7)×(700~1350)	220×10^4	—	大重机、电、液总承包

续表 4-6

序号	公司/厂简称	投产时间	轧机规格/mm	产品规格/mm	年产量/t		设计与供货单位
					设计	最大	
24	涟源钢铁公司	2009.6	2250	(1.2~25.4)×(900~2100)	440×10⁴	—	重庆院工程设计，一重、Tmeic 供货
25	柳钢二热轧厂	2009	1450	—	200×10⁴	—	二重机械设备、武汉院设计、Siemens 三电
26	柳钢一热轧厂	2005.10	2032，半连续式	(1.5~25.4)×(600~1840)	200×10⁴	250×10⁴	小马院工厂设计，中钢公司电气设计供货
27	马鞍山钢铁公司	2007.2	2250，半连续式	(1.5~25.4)×(1100~2130)	500×10⁴	—	小马院设计，SMS 提供机械设备，Tmeic 电气
28	梅钢热轧带钢厂	2002.7	1422，全连续式	(1.5~12.7)×(700~1300)	240×10⁴	350×10⁴	日本新日铁界厂二手设备，北京院设计，重庆院改造，SMS 改造
29	宁波建龙热轧厂	2008.5	1780，半连续式	(1.5~20.0)×(600~1630)	400×10⁴	—	北京院工厂设计，金自天正、二重供货
30	攀枝花钢铁公司	1992.12	1450，半连续式	(2.0~12.0)×(700~1300)	240×10⁴	280×10⁴	一重、二重机械设备，意大利皮恩梯公部分电气，重庆院设计
31	日照钢铁二热轧厂	2009	2150	(1.5~25.4)×(1100~2130)	500	—	一重机械设备、武汉院设计、Siemens 三电
32	日照钢铁一热轧厂	2006.11	1580，半连续式	(1.8~12.7)×(600~1430)	300×10⁴	—	武汉院设计，二重机械设备，北科大自动化，金自天正传动及 SVC
33	沙钢热轧厂	2005.6	1727，3/4 连续式	(1.5~16.0)×(800~1550)	350×10⁴	—	武汉院设计，德国 Horsch 二手设备，VAI 改造
34	沙钢热轧厂	2008	1580	(1.5~12.7)×(700~1430)	330×10⁴	—	—

续表 4-6

序号	公司/厂简称	投产时间	轧机规格/mm	产品规格/mm	年产量/t		设计与供货单位
					设计	最大	
35	山西中阳钢铁公司	2009	1250,半连续式	(1.5~12.7)×(650~1100)	200×10^4	—	二重设备、马鞍山院工厂设计
36	上钢一厂	2003.10	1780,半连续式	(1.5~12.7)×(700~1630)	270×10^4	350×10^4	日本三菱供货,重庆院设计
37	首钢京唐曹妃甸	2008.10	2250	(1.2~25.4)×(800~2100)	550×10^4	—	首钢院工厂设计,SMS 供货
38	首钢京唐曹妃甸	2009	1580	(1.2~25.4)×(800~1430)	350×10^4	—	北科大电气、一重设备
39	首钢迁安	2006.12	2160	(1.2~25.4)×(850~2000)	450×10^4	—	首钢院工厂设计,SMS 供货
40	首钢秦皇	2007.2	1250	(1.8~18.0)×(850~1100)	200×10^4	—	首钢院工厂设计
41	太钢二热轧厂	2006.6	225,半连续式	(1.5~25.4)×(800~2130)	300×10^4	400×10^4	重庆院工厂设计,SMS、Tmeic 供货
42	太钢一热轧厂	2002.11	1549,3/4连续式	(1.8~12.7)×(600~1320)	135×10^4	280×10^4	日本日新吴厂二手设备,北京院设计,重庆院改造,VAI 供货
43	唐钢热轧厂	2006.1	1700	1.2~16.0	300×10^4	—	北京院工厂设计,二重机械设备,金自天正、Siemens 电气
44	唐钢热轧厂	2008	1580,半连续式	(1.2~12.7)×(900~1430)	300×10^4	—	—
45	唐山不锈钢公司	—	1580	—	200×10^4	—	—
46	唐山港陆	2007.5	1500	(1.5~12.7)×(900~1351)	250×10^4	—	二重机械设备

续表 4-6

序号	公司/厂简称	投产时间	轧机规格/mm	产品规格/mm	年产量/t		设计与供货单位
					设计	最大	
47	唐山港陆热轧厂	2006.8	1250	1.2~12.7	150×10^4	200×10^4	小马院设计，二重机械设备，北科大自动化，金自天正传动及SVC
48	唐山国丰二热轧厂	2008	1450	1.2~12.7	260×10^4	—	包头院设计，Danieli工艺设计指导，二重机械设备供货，Siemens三电
49	唐山国丰一热轧厂	2006.1	1450XSP	1.2~12.7	100×10^4	100×10^4	中冶集团BT、包头院设计，Danieli工艺设计指导，二重机械设备供货，Siemens三电
50	天津天铁公司	2007.7	1750，半连续式	(1.5~12.7)×(700~1600)	400×10^4	—	重庆院工艺技术总负责，二重机械设备供货
51	武钢二热轧厂	2003.3	2250，半连续式	(1.5~25.4)×(700~2130)	350×10^4	450×10^4	SMS供货，重庆院设计
52	武钢三热轧厂	2007.11	1580	1.2~12.7	280×10^4	360×10^4	一重机械设备，Ansaldo三电，重庆院设计
53	武钢一热轧厂	1978.12	1700，3/4连续式	(1.2~12.7)×(500~1550)	350×10^4	—	从日本成套引进，重庆院设计
54	西南不锈	2009	1450，半连续式	(1.5~12.7)×(650~1300)	200×10^4	—	二重机械设备
55	新疆八一钢铁公司	2006.7	1750，半连续式	(1.5~12.7)×(700~1600)	300×10^4	—	重庆院工艺技术总负责，二重机械设备供货
56	新余钢铁公司	2008.10	1580	(1.5~12.7)×(700~1430)	300×10^4	—	重庆院工程设计，一重、Siemens供货
57	张家港GTA	2009.6	1450	(1.2~20.0)×(900~1300)	350×10^4	—	—

续表 4-6

序号	公司/厂简称	投产时间	轧机规格/mm	产品规格/mm	年产量/t		设计与供货单位
					设计	最大	
58	张家港浦项	2006.7	1750mm 炉卷轧机	(1.5～12.7)×(900～1600)	80×10⁴	—	—
59	重钢公司	2009	1780	(1.5～16.0)×(750～1630)	400×10⁴	—	重钢院工厂设计，二重、北科大供货

表 4-7　我国已建和在建的连铸连轧热轧宽带钢轧机[92]

序号	公司/厂简称	投产时间	轧机规格/mm	产品规格/mm×mm	年产量/t		设计与供货单位
					设计	最大	
1	包头连铸连轧厂	2001.12	1700，CSP	(1.2～20.0)×(900～1550)	200×10^4	—	SMS 供货，包头院设计
2	本钢二热轧厂	2005	1750，FTSR	(0.8～12.7)×(900～1550)	280×10^4	—	Danieli、三菱供货、北京院设计
3	邯郸一热轧厂	1999.12	1830，CSP	(1.2～20.0)×(900～1680)	125.2×10^4	240×10^4	SMS 供货，北京院设计
4	酒　钢	2005.12	1900，CSP	(1.0～12.7)×(900～1750)	250×10^4	—	SMS 供货，北京院设计
5	涟源连铸连轧厂	2004.2	1750，CSP	(1.0～12.7)×(900～1550)	100×10^4	200×10^4	SMS 供货，武汉院设计
6	马鞍山一热轧厂	2003.10	1700，CSP	(0.8～12.7)×(900～1600)	200×10^4	—	SMS 供货，马鞍山院设计
7	梅山 1780 热轧厂	2010	1780，FTS	(0.8～12.7)×(900～1630)	240×10^4	—	Danlieli 设备、重庆院工厂设计
8	唐山连铸连轧厂	2002.12	1850，FTSR	(0.8～4.0)×(900～1630)	150×10^4	280×10^4	PC 轧机，Danieli 连铸，北京院设计
9	通化连铸连轧厂	2003	1560，CSP	—	120×10^4	240×10^4	SMS 供货，北京院设计
10	武钢四热轧厂	2008	1750，CSP	(0.8～12.7)×(900～1600)	250×10^4	—	SMS 供货，武汉院设计
11	珠江连铸连轧厂	1999.8	1500，CSP	(1.2～12.7)×(900～1350)	120×10^4	240×10^4	SMS 供货，武汉院设计

三、高速钢轧辊使用失效

288. 怎样进行轧辊失效分析?

通过轧辊失效分析，找到轧辊损坏的主要原因，是轧辊制造和使用部门共同关注的课题。轧辊剥落、断裂、表面裂纹等问题产生以后，使用方要注意：

（1）保护好轧辊的断口；

（2）收集剥落块；

（3）收集和保护好该轧辊的换辊记录和涡流探伤检测记录等相关资料。

通过对剥落断口的宏观判断，技术人员可以初步判断出裂纹的生成区域和扩展，瞬时断裂区域、裂纹的生成区域应给予重点关注，同时可以对比换辊记录，查找在最近的换辊记录中是否有异常换辊，是否有轧辊表面异常损坏的情况，初步判断造成剥落的原因。

如果单凭肉眼不能判断裂纹的形成原因，可以在裂纹生成区域取样进行分析，分析的项目包括金相组织分析，酸浸试验，化学成分分析等，以判断轧辊的原始组织是否正常，碳化物的分布是否合理，轧辊表面是否受到过异常的机械和热损伤。

289. 热轧辊轧钢过程中辊面热应力怎样分布?

热轧带钢工作辊使用环境恶劣，当钢坯从加热炉出炉时，其表面温度达到1250℃左右，轧钢过程中，轧辊与钢坯直接接触，加之钢坯要产生塑性变形，在不足1s的时间内，辊面温度从50～80℃迅速升高至500～600℃，随后的水冷使辊面温度在大约4s的时间内快速冷却至80℃左右。如图4-12所示，当辊面加热时，在轧辊的纵向和圆周方向产生压应力；当辊面冷却时，则在轧辊的纵向和圆周方向产生拉应力。辊面温度的不断变化，引起辊面的压应力和拉应力交替变化，使辊面 1 ~ 2mm 深度范围内产生热疲劳，最终有可能形成裂纹，裂纹扩展后易引起辊面剥落。

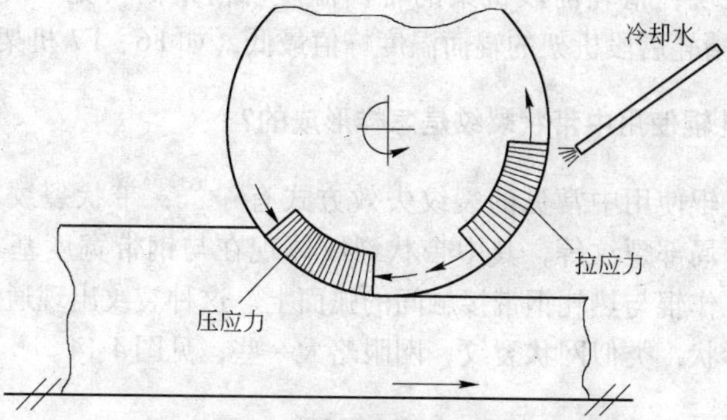

图 4-12　热轧工作辊表面的热应力分布示意图[93]

290. 带钢热轧过程中精轧段轧辊的辊面温度怎样变化？

热轧带钢过程中，由于高温钢坯与轧辊直接接触，加之轧制力的作用，带钢产生塑性变形，导致轧辊的辊面温度急剧升高。图 4-13 是热轧带钢精轧段不同机架轧辊的辊面温度随时间的变

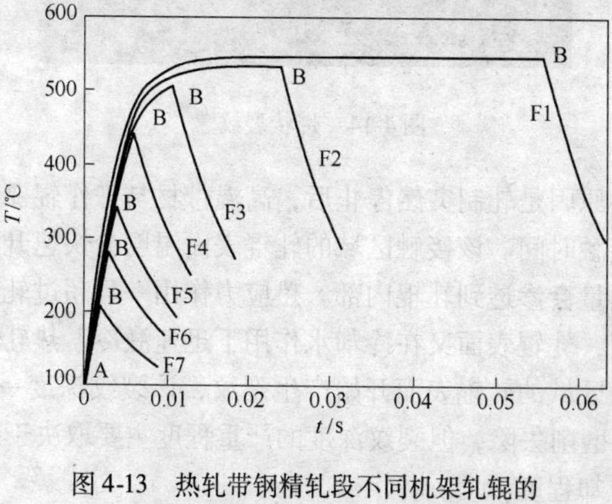

图 4-13　热轧带钢精轧段不同机架轧辊的
辊面温度随时间的变化情况[93]

化情况。当带钢与轧辊接触时（图中 A 点），辊面温度迅速升高；带钢离开轧辊时（图中 B 点），辊面温度开始下降。从图中可以发现，精轧前段机架的辊面温度峰值最高（如 F1、F2 机架），精轧后段机架的辊面温度峰值最低（如 F6、F7 机架）。

291. 轧辊使用中带状裂纹是怎样形成的？

轧辊使用中常见的裂纹失效方式有[94,95]：带状裂纹、梯形裂纹、局部裂纹等，其中带状裂纹体现在与钢带宽度基本相对应，工作辊与热轧钢带接触间的弧面上。这种裂纹出现通常是不规则形状，类似网状裂纹，网眼略大一些，见图 4-14。

图 4-14 带状裂纹[94]

主要原因是轧制突然停止后，高温带材与工作辊要有相当长的一段接触时间。该接触区域的轧辊表面温度会快速升高，无法散失的热量会渗透到轧辊内部。热应力作用一旦超过轧辊材料的屈服强度，轧辊表面又在冷却水作用下迅速激冷，热轧带材与工作辊接触区域的轧辊表面开始产生裂纹，该裂纹深度一般为 3 ~ 5mm，可磨削去除，但裂纹深度的严重程度主要取决于接触时间和迅速冷却程度。

主要的预防措施是：防止轧制停留与钢坯黏着事故发生。一旦发生轧制停留与钢坯黏着问题，应立即打开辊缝、断开冷却水、移走带钢，让轧辊有充分的时间在不接触水的前提下自然冷却，均衡轧辊表面温度。对已出现事故的轧辊，要采取磨削方式将轧辊烧（烫）伤层去除后再上机使用，严禁轧辊微裂纹研磨不彻底上机使用。关于裂纹是否去除彻底，可采用着色探伤法进行检验判定。

292. 轧辊使用中梯形裂纹是怎样形成的?

轧辊使用中在辊身的一个环状带内，出现了多条纵向的裂纹，如图 4-15 所示，其裂纹特点沿辊面母线方向平行发展扩散。此类裂纹起源于轧辊冷却水不足，例如冷却喷嘴被堵等。由于强大的热量渗透到辊身，热应力作用超过轧辊材料的屈服强度造成的。主要的预防措施是：确保水冷系统工作正常；轧机换辊之前要检查轧机各个冷却喷嘴是否有堵塞现象发生，一旦发生堵塞要及时检修处理。

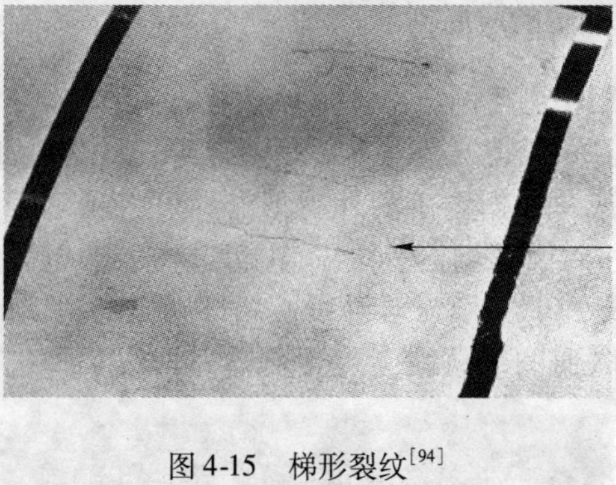

图 4-15　梯形裂纹[94]

293. 轧辊使用中局部裂纹是怎样形成的?

轧辊使用中在辊身局部区域内出现裂纹，有时还伴有局部压痕甚至局部剥落现象发生，见图 4-16。此类裂纹起源于机械应力和热应力相结合共同作用于轧辊表面局部部位。当机械应力和热应力超过辊身材料的屈服强度时，易诱发裂纹，随后的激冷激热加剧了裂纹的扩展。诸如冲击碰痕、带钢黏结、带钢边或尾部起皱（重叠褶皱、堆钢、甩钢）等轧机事故都可能是引起这类裂纹的直接原因。主要的预防措施是：改善轧制条件，避免这种轧制事故发生。轧辊一旦出现局部损伤，应立即换下轧辊进行仔细检查，并采取研磨手段对轧辊损伤部位进行修复。

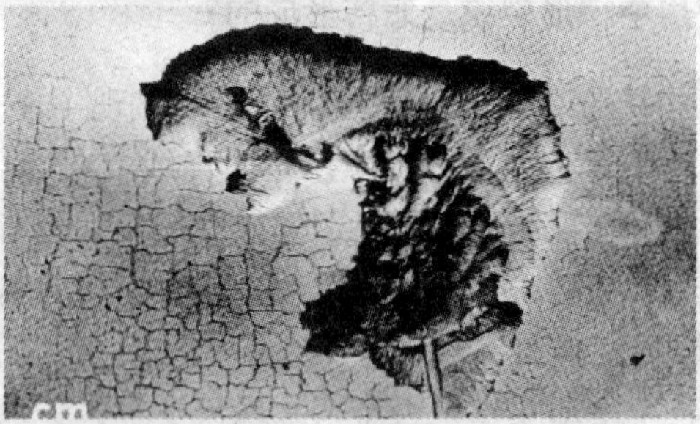

图 4-16　局部裂纹[94]

294. 什么是轧辊的浅层剥落?

轧辊使用中剥落的产生，直接影响板带的质量，严重时会造成轧辊报废。一般情况下，剥落是由辊身表面裂纹的扩展或轧辊内部缺陷造成，根据剥落的外观形态，可将剥落分为浅层剥落（小掉肉）和大面积剥落等[96]。轧制过程中卡钢等生产事故形成的网状或蜂窝状裂纹，若继续使用，则出现裂纹的不断扩展、联通，随后联通的部位就会发生剥落，形成小掉肉，如图 4-17

图 4-17　工作辊浅表面剥落

所示。预防这种剥落形式的方法如下：

（1）合理控制冷却水量及冷却水的分布，以便控制裂纹的产生和扩展；

（2）控制换辊周期，避免过量轧制；

（3）合理控制磨削制度，根据已产生的热裂纹控制在安全范围。

295. 什么是轧辊的大面积剥落？

大面积剥落事故的发生原因有两种，一是轧辊内部原因引起的；二是表面裂纹的扩展引起的，其扩展过程中的主要特征就是在原始缺陷处沿着与轧辊旋转方向相反的方向发展。

（1）内部原因引起的剥落。内部原因主要包括结合层缺陷、工作层缺陷和加工残余应力过大等。结合层缺陷通常表现为结合不良（气孔、夹渣等）、分层等，工作层缺陷包括夹杂等。像工作层分层的缺陷，使用过程中很容易发展，当发展到工作层不足以担负轧制力时，就发生大面积剥落，造成轧辊完全报废（如图 4-18*a*）。对于结合层气孔、夹渣、工作层内夹杂等，有一部分在使用过程中容易在缺陷周围产生裂纹，然后裂纹沿轧辊周向扩展，当扩展超过一定的限度后，就发生大面积剥落。一般这类缺陷可在轧辊验收时通过细心做超声波探伤而查出，根据实际情况可将带有这些缺陷的轧辊分为不可使用和协议辊，不可使用的必须拒绝接收。对于协议辊可以用超声波探伤法进行跟踪使用，在使用前期阶段，每次下机后对轧辊进行内部探伤，对所存在的缺陷做定性、定量的记录、分析，观察原始缺陷是否扩展，扩展的速度如何，对于缺陷扩展的轧辊，必须停止使用，对于缺陷不扩展的轧辊，可以根据实际情况对轧辊进行继续跟踪。而轧辊加工残余应力过大引起的剥落，在生产中是无法预知和预防的，它通常是在一瞬间产生的，它的主要预防措施，就是生产厂家在轧辊制造时合理控制奥氏体含量，将热处理后的轧辊应力控制在安全范围内。

（2）表面裂纹引起的剥落。表面裂纹由于磨削不彻底而残

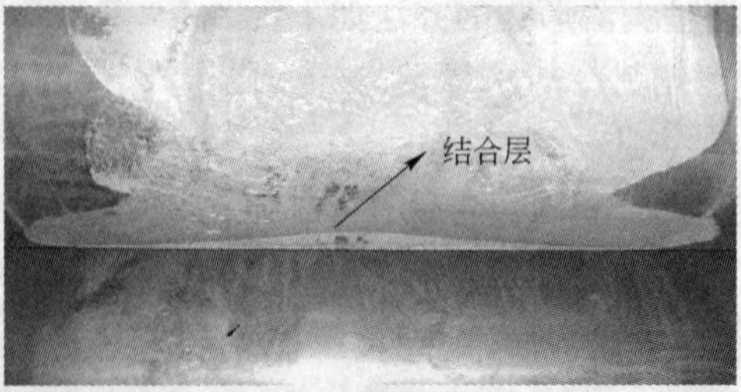

a

b

图 4-18 轧辊结合层缺陷导致轧辊剥落（*a*）和表面裂纹引起的剥落（*b*）

留，在周期性疲劳应力作用下，裂纹沿一定的角度向辊身内部发展，当发展至某工作层的某一深度或结合层时，然后沿周向与平行于辊面弧线的方向快速扩展延伸，形成一定宽度和长度的平坦带状分层，严重时缠绕辊身几圈，当强度不足以承受较大的轧制力时，大面积瞬间脆性破断造成剥落，如图 4-18*b* 所示。此类事故的破坏性虽然很大，可通过预防裂纹的产生来预防此类事故的发生。若在检测时一旦发现具有此特性的发展过程中的裂纹，则应立即将轧辊停止使用、判废。

296. 怎样区分轧辊剥落？

轧辊剥落对轧钢的危害非常的大，在所有的剥落事故中，由轧辊表面裂纹引发的剥落占到很高的比例，通常这种剥落先是产生一个表面细小的裂纹，然后裂纹沿着轧辊转动相反的方向斜向扩展到过渡层以后沿着圆周扩展，行成“猫舌”或者“车轨”痕迹，内部开裂大到一定程度以后，形成瞬时开裂区。表4-8列出了轧辊剥落的主要类型及改进措施。

表4-8 轧辊剥落的主要类型及改进措施

类 型	典型特征	主要原因	改进措施
带状剥落	断口平滑呈灰色或者暗灰色的块状或带状的疲劳区域	轧钢事故、磨削损伤等表面裂纹未及时清除	1. 减少轧制事故； 2. 采用表面探伤； 3. 改进磨削工艺
贝壳状剥落	断口底部有明显的同心的贝壳状条纹，有时可以看到材质缺陷	近表面的夹杂等冶金缺陷在轧制中作为裂纹源扩展而成的剥落	1. 熔炼时进一步净化材质； 2. 凝固时细化凝固组织； 3. 控制制造工艺
热冲击剥落	剥落在粘钢等事故后直接产生	局部遭受断带、粘钢等强烈热冲击	控制轧制事故
端部环状剥落	辊身端部整个工作层环状剥落	淬火残余应力和工作应力过大	减少残余应力
区域点状剥落	在一定的区域内出现大量的点状剥落	接触疲劳大，换辊周期过长	1. 调整换辊周期； 2. 调整技术要求

297. 怎样防止剥落的产生？

要防止轧辊剥落的产生，首先在轧辊铸造工艺参数设计与控制时，要以满足工作层深度要求为前提。常规轧辊单面工作层厚度控制，要大于轧辊单面使用报废厚度5～10mm。轧辊上机使用前，用超声波对轧辊工作层厚度进行探伤检查确认，可有效防止类似问题发生。另外，建立良好的轧辊管理制度，定期对轧辊结合部位进行微裂纹超声波探伤检查。对发生过轧制事故的轧辊，应进行100%裂纹探伤检测。轧辊在采购时应向轧辊制造者正确提供有关轧制负荷（t/m 带钢宽度）等相关信息及轧辊使用曾出现过的各种问题，这样他们会改变常规设计提供能够承受更高轧制负荷、具有更高强度性能的工作辊及抗事故性轧辊。

要防止轧辊剥落的产生，必须有制造商和使用方共同努力，轧辊制造方要保证钢水质量，降低夹渣物的总量，同时采用变质处理等措施，改善碳化物分布，优化热处理工艺，确保轧辊辊面硬度均匀。作为使用方，要精心操作，要建立轧辊的磨削制度，事故辊的处理制度，推广表面探伤检测，杜绝轧辊带伤上机工作。

298. 热轧型钢轧辊的断裂形式有哪些?

型钢轧辊由于受轧槽的影响，应力集中较严重，轧钢生产过程中时常发生断辊事故。热轧型钢轧辊常见的断裂形式见表 4-9。

表 4-9　热轧型钢轧辊常见的断裂形式[97]

序　号	轧辊断裂形式	断裂部位及特征
1	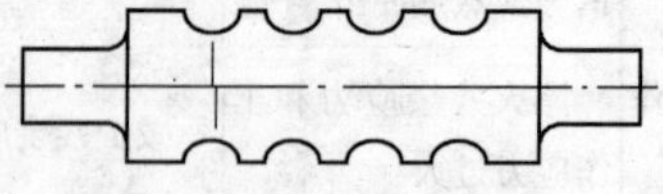	产生于轧辊辊身，断面在沿同一孔型槽底，断口平直
2	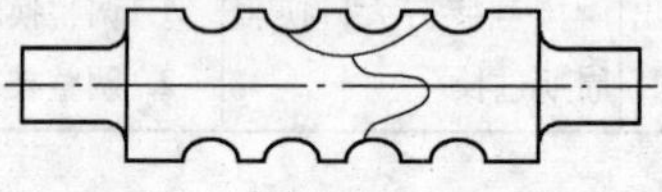	同侧孔型发生大块剥落并发生径向断裂，断口中心比边缘凸出，断口不平
3	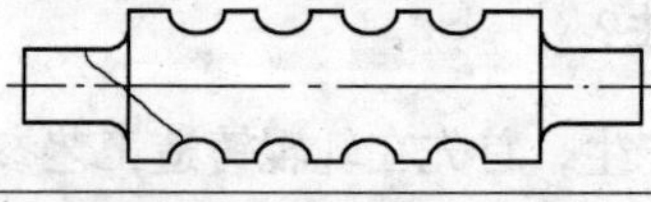	沿辊颈斜向至轧辊孔型槽底处断裂
4	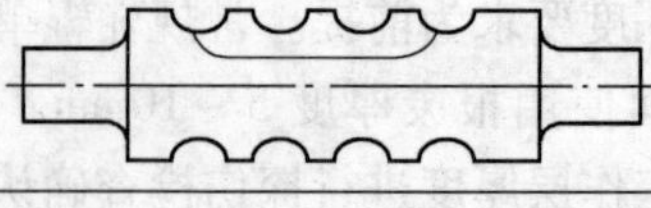	沿同侧孔型槽底处发生大块剥落、断裂
5	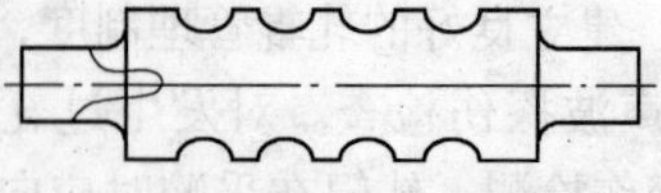	沿一侧辊颈发生前端至辊身的环形断裂。断口中心凸出

续表 4-9

序　号	轧辊断裂形式	断裂部位及特征
6	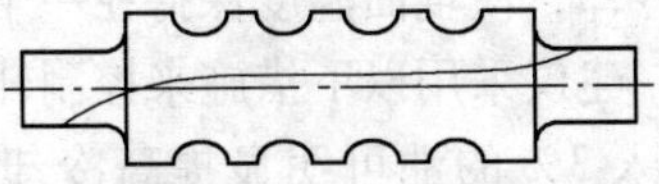	沿辊颈一端纵向穿过轧辊，另一端辊颈处发生断裂
7	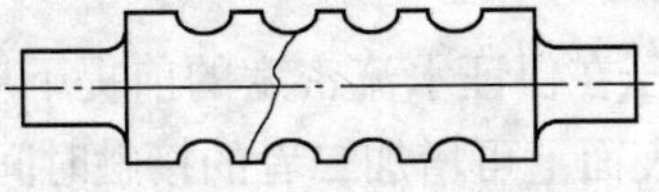	沿上、下孔型槽底处与轧辊轴线约成 75° 角斜向断裂，断口较平直
8	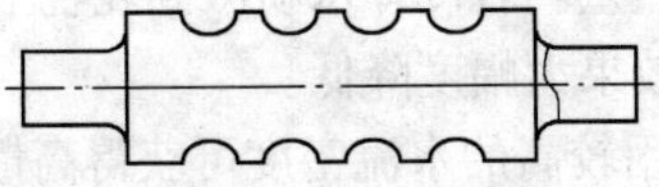	沿辊颈横向发生斜向断裂，断口平滑
9	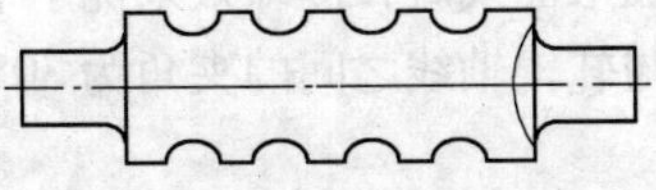	沿辊颈与辊身交界处发生螺旋形断裂
10	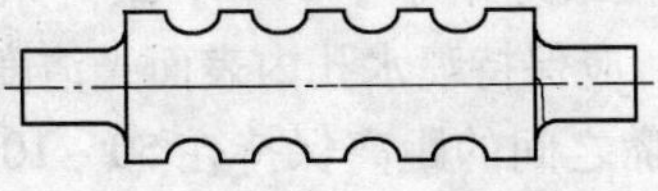	沿辊颈斜向至辊颈与辊交界处发生断裂
11	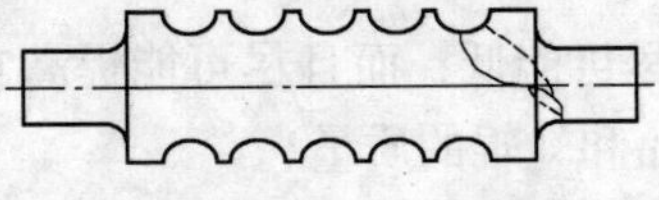	穿过辊颈与轧辊孔型槽底的螺旋形断裂
12	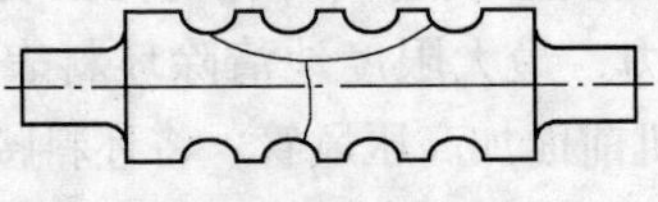	同侧孔型发生大块剥落，并发生径向断裂，断口平直

299. 怎样控制热轧型钢冷却水？

热轧过程中，高温坯料的热辐射及热传导使轧辊温度升高。在热轧型钢开坯区，由于坯料体积大、温度高，故轧辊表面温度迅速升高，当轧辊温度较高时会降低表面硬度，影响轧辊抗磨性。轧辊表面被加热会发生体积膨胀，但因轧辊整体温度较低而形成内外温差，产生较大的热应力。轧材离开轧辊后，热传导停止，轧辊表面温度随之下降，此状态呈周期变化，易产生热裂。因此，对轧辊进行科学冷却，使辊面温度保持在一个合理范围是非常必要的，一般来说，建议采用以下措施来控制轧辊冷却[98]：

（1）在冷却水中融入3%的油可明显提高冷却水的热传导效率。

（2）轧辊冷却水水压在保证水流密度的前提下应尽可能低，冷却水平稳地流到轧辊表面上可增加二者的接触时间，从而增加冷却水从轧辊上带走的热量。若冷却水喷溅到轧辊上，二者的接触时间明显缩短，冷却效果大幅度降低。

（3）喷水冷却区采用较高的水流密度可获得高散热率。

（4）喷水冷却区为弧形曲线时，冷却效果优于平行线。

（5）当喷嘴喷水线与轧辊轴线之间的夹角为30°时，可产生最佳冷却效果。

（6）喷嘴喷水孔直径最好不小于3mm，最好采用扁平型喷嘴，为避免冷却水分叉，应保持喷水孔内表面光洁度。

（7）轧辊表面与喷嘴之间的距离保持在50～100mm范围内为最佳。

（8）冷却水温度应尽可能低，而且尽可能提高它的纯净度，防止水中的杂质影响产品和轧辊的质量。

（9）为避免因氧化铁皮磨损造成的轧辊孔型表面毛刺，一方面可以提高除鳞机压力，最大限度地清除坯料表面的氧化铁皮；另一方面可以在轧机前面加高压风管，将坯料腰部的氧化铁皮吹尽。

300. 控制热轧型钢轧辊断裂的措施有哪些？

热轧型钢轧辊的断裂形式多种多样，可采用以下措施防止其断裂[97]：

（1）保证上机轧辊质量。轧辊安装前表面不得有凹坑、麻点、沙眼等表面缺陷。同时，应提高轧辊的磨削质量，磨削是消除轧辊裂纹、预防轧辊断裂、剥落的有效措施，对下机后的轧辊辊面裂纹情况进行检测记录，加大磨削量，必须将压应力裂纹完全消除。为有效磨净裂纹，应配合进行磁粉探伤和超声波探伤。

（2）确保轧辊有良好的冷却。在生产中必须加强对轧辊冷却喷嘴的管理，保证轧辊冷却水水压正常、过滤网及冷却喷嘴无堵塞、喷嘴角度正常、水量足够，使轧辊温度控制在一定范围内，保证轧辊的正常使用。减少轧辊的温度梯度，降低轧辊热应力。

（3）推行标准化作业，提高工艺操作水平。采用严格的工艺制度，可控制好轧制节奏，使钢料加热温度均匀，消除阴阳面。同时，应合理分配压下量，使钢料从孔型中平直出口，牢固安装导卫板，防止缠辊现象发生。此外，精心操作，防止钢料喂错孔或轧双钢，还要杜绝轧制低温钢、黑头钢，以免造成轧制压力增加，使轧辊处于疲劳状态，甚至造成断辊。

301. 怎样评价高速钢轧辊表面？

轧辊作为轧钢工具，其表面状况是其主要特性之一。工作辊的磨损，作为辊面评价的特征之一，基本取决于轧辊材质和轧制工艺条件，如轧制温度、变形量与变形速率，接触区中轧辊与轧材的摩擦条件等等。轧制开始阶段，在辊缝中辊面氧化物的形成堆积成平滑的氧化膜，这层氧化膜由于机械负荷和热负荷会产生不同程度的破坏，从而导致辊面材料的磨损，甚至是大片区域的氧化膜脱落。这些氧化膜损坏或脱落区域可能在随后的轧制过程中自我修复氧化膜或重新生成氧化膜，氧化膜修复或生成程度取决于轧辊材质和轧制计划组成。轧辊评价只能给出一个静止的图片，很难就轧制开始阶段辊面状况给出一个清晰的结论。然而轧制结束后从轧机中抽出轧辊时的辊面，能提供给轧钢技术人员有关轧机和轧辊的重要信息。对精轧前段机架工作辊表面氧化膜，根据其形貌、织构可分为七级，见表4-10。

表 4-10 精轧前段机架工作辊表面氧化膜评价

指 数	表 象	条 件
1	平滑表面，完整的氧化膜	精细、黑色氧化膜
2	均匀糙化辊面，橘皮脱落	均匀、褐色氧化膜
3	带初裂的轻微糙化辊面	局部损坏的氧化膜
4	鱼骨形状	带织构的糙化氧化膜
5	均匀的全辊身刮擦痕	带裂纹的氧化膜
6	均匀刮擦痕糙化（有剥皮现象）	局部氧化膜脱落
7	非常粗糙，局部严重氧化膜脱落	大范围的氧化膜脱落

四、高速钢轧辊使用效果

302. 轧辊消耗量决定于哪三个因素？

轧机部件中轧辊的工作条件最为复杂。轧辊在制造和使用前的准备工序中会产生残余应力和热应力。使用时又进一步受到了各种周期应力的作用，包括有弯曲、扭转、剪力、接触应力和热应力等。这些应力沿辊身的分布是不均匀的、不断变化的，其原因不仅有设计因素，还有轧辊在使用中磨损、温度和辊形的不断变化。此外，轧制条件经常会出现异常情况。轧辊在使用后冷却不当，也会受到热应力的损害。所以轧辊除磨损外，还经常出现裂纹、断裂、剥落、压痕等各种局部损伤和表面损伤。一支好的轧辊，其强度、耐磨性和其他各种性能指标间应有较优的匹配。不仅在正常轧制条件下持久耐用，又能在出现某些异常轧制情况时损伤较小。所以在制造轧辊时要严格控制轧辊的冶金质量或辅以外部措施以增强轧辊的承载能力。合理的辊型、孔型、轧制制度和轧制条件也能减小轧辊工作负荷，避免局部高峰应力，延长轧辊寿命。轧辊消耗量决定于三个因素：

（1）轧机、轧材和轧制条件，以及轧辊的合理选择；

（2）轧辊材料及其制造质量；

（3）轧辊的使用和维护制度。

303. 影响高速钢轧辊辊缝形状的因素有哪些?

影响高速钢轧辊辊缝形状的主要因素有：

（1）轧辊的热膨胀。在轧制中沿辊身长度方向上，轧辊的受热和散热条件不同，一般是辊身中部较两侧的温度高，因而使轧辊呈凸形（辊缝中部尺寸小于边部尺寸）。

（2）轧辊的磨损。在轧制中工作辊与支撑辊均将逐渐磨损（后者磨损较轻），轧辊磨损使轧辊呈凹形（辊缝中部尺寸大于边部尺寸）。

（3）轧辊的弹性弯曲。这是由轧制压力引起的，中部较大，使轧辊呈凹形（辊缝中部尺寸大于边部尺寸）。

（4）轧辊的弹性压扁。轧辊的弹性压扁包括工作辊在变形区与轧件接触引起的弹性压扁及工作辊与支撑辊间的相互弹性压扁两部分。由于单位压力分布不均匀，压扁沿辊身长度分布是不均匀的，中部较大，使轧辊呈凹形（辊缝中部尺寸大于边部尺寸）。

（5）轧辊的原始辊形。为了补偿上述因素对辊缝形状的影响，一般将轧辊磨削成一定的形状，原始形状通常有三种：凸形（冷轧机上）、凹形（二辊叠轧薄板轧机，产生大的热凸度）、圆柱形（在设有弯辊装置的轧机上）。

304. 高速钢轧辊在热轧带钢粗轧机的使用效果怎样?

过去热带粗轧机的工作辊一直使用半钢轧辊，但随着轧辊耐磨性和耐粗糙性要求的提高，已改为使用性能更好的高铬铸钢轧辊。由于对轧辊的要求越来越高，希望开发比高铬铸钢辊性能更好的轧辊。为了适应这样的要求，日本日立金属公司若松厂开发了用高速钢作为外层材质的工作辊。新开发的高速钢轧辊与过去所用的高铬铸钢轧辊相比，前者的碳化物为 5% ~10%，硬度

HS 70 ~ 80，基体硬度600℃时为HV 100 ~ 200，后者的碳化物为10% ~ 15%，硬度 HS 75 ~ 85，基体硬度 600℃时为 HV 200 ~ 300，通过对该高速钢轧辊以及半钢辊和高铬铸钢辊进行了轧制模拟磨损试验，其结果是：半钢辊的磨损量为36μm，高铬铸钢辊为18μm，高速钢轧辊仅为8μm。可见，高速钢轧辊的耐磨性比半钢辊和高铬钢辊要好得多。通过将所选择的高速钢材质用离心铸造法制成轧辊的外层辊套，轧辊结构为组合式。这种轧辊用于热带轧机的粗轧机。该厂已向3个公司提供了这种轧辊。其结果是，与过去的高铬铸钢辊相比，使用寿命明显提高，可见热带粗轧机使用高速钢轧辊是成功的。

305. 高速钢轧辊在超宽带钢轧机的使用效果怎样？

高速钢轧辊不仅可应用于普通带钢轧机，南非 Iscor Vanderbijlpark 公司已将高速钢轧辊成功应用于2050mm 超宽带钢轧机上，开始时应用于 F2 机架，后来推广到 F1 ~ F6 机架。轧钢过程中，轧辊温度大概在 65 ~ 85℃，冷却水温度为 25 ~ 35℃，带钢厚度 1.5 ~ 20mm，轧制锰钢和低合金钢，平均轧钢量为 600 t/h。使用高速钢轧辊后，毫米过钢量达到 12100t，而高铬铸铁轧辊仅有 5000t。

306. CPC 高速钢轧辊与离心铸造高速钢轧辊的使用效果有何差别？

国内某厂在热轧宽带钢轧机上详细比较了 CPC 高速钢轧辊与普通离心铸造高速钢工作辊的使用性能，两种轧辊的使用数量都是8支，比较结果见表4-11。CPC 高速钢轧辊的价格大约是普通离心铸造高速钢轧辊的1.5倍，因此，若取同等经济代价，普通高速钢轧辊的过钢吨位是 CPC 高速钢轧辊的 1.1383 倍，过钢长度是 CPC 高速钢轧辊的 1.1525 倍，因此，单纯从辊耗（kg/t）角度，CPC 高速钢轧辊有利于辊耗的降低，但经济性稍差。另外，从两次磨削间使用次数比较发现，CPC 轧辊平均使用 7.5 次，而普通高速钢轧辊仅为 6.5 次，因此，CPC 辊可减少磨辊工作量。

表 4-11　使用效果比较

轧辊种类	总过钢量/t	总过钢长度/km	总消耗直径/mm	过钢量波动范围		平均值		寿命价格比	
				t/mm	km/mm	t/mm	km/mm	t/元	km/元
CPC	3166431	19251	112.376	22000～37000	140～220	28177	171.31	1	1
普通	4351560	26788	203.515	16500～25780	101～171	21382	131.62	1.1383	1.1525

307. 高速钢轧辊在角钢轧机的使用效果怎样?

大型不等边不等厚角钢的轧制过去主要使用半钢轧辊，由于材料的塑性流动和轧材的相互移动引起黏附和摩擦，使轧辊黏附橘皮状物，轧后要对轧辊和产品进行清理，增加了工序和成本。铸造高速钢轧辊用于轧制大型角钢后，发现高速钢仅部分出现 1～2μm 的黏附，没有出现塑性流动，而半钢轧辊材料则产生全面黏附，高铬钢轧辊介于二者之间。高速钢的磨损量为半钢材料的三分之一。另外，高速钢轧辊几乎没出现黏附和橘皮状缺陷，证明了其基体强化的效果。至此，高速钢轧辊轧制后不再进行清理，产品清理比传统减少 20%。轧辊寿命提高 8.4 倍，轧后的磨削量大幅减少。

308. 高碳高速钢辊套在高线及棒材生产线的使用效果怎样?

高碳高速钢辊套在高线及棒材生产线上的使用效果见表 4-12，在提高轧机的生产效率、降低吨钢成本、提高轧材质量、稳定负偏差轧制、增加经济效益等方面均取得明显的效果。同时也为无头轧制技术的应用和推广创造了更有利的条件。高碳高速钢辊套使用中应注意以下几点[99]：

（1）辊套裂纹的产生和扩展。合理的辊套牌号的选择和尺寸设计可以避免裂纹在内孔上的形成及其在整个辊套端面上的快速扩展。

表 4-12　高碳高速钢辊套的应用效果[99]

轧材规格/mm	使用机架	高速钢轧辊		贝氏体球铁轧辊
		单槽轧制量/t	重车修磨量/mm	单槽轧制量/t
ϕ12 圆钢	成　品	350	0.5～1.0	80
ϕ12 带肋钢筋	成　品	300	2.0	100
ϕ14 带肋钢筋	预切分	2000	2.0	500
ϕ16 带肋钢筋	成　品	700	2.0	200
ϕ16 圆钢	成　品	1000	0.5～1.0	300
ϕ18 带肋钢筋	成　品	800	2.0	250
ϕ22 带肋钢筋	成品前	3000	0.5～1.0	800
ϕ28 圆钢	成　品	2000	0.5～1.0	500
ϕ35 圆钢	成　品	2500	0.5～1.0	600

（2）辊套的冷却条件对于高碳高速钢的应用至关重要。辊套冷却的目的主要有两个：一是防止辊套过热最终导致破碎；二是可延长热疲劳裂纹产生的时间和阻碍其裂纹快速扩展。另外，温度对高速钢的性能有明显的影响，温度过高时，硬度和耐磨性能会急剧下降，导致轧辊表面产生明显的磨损。

（3）辊套在使用过程中不可避免地会产生热裂纹，对于由于热疲劳导致的热裂纹，要求在轧辊修磨时必须完全消除，防止因裂纹扩展发生爆辊事故。

（4）低速轧制也将使热量更深地渗透而导致更深的裂纹。因而高速钢辊套一般不用于轧制速度较低的粗、中轧机组。

309. 国外高速钢轧辊在长材轧机的使用效果怎样？

国外高速钢轧辊用做轧制长材轧机的工作辊，在窄带钢、棒材和扁钢轧机上使用，效果良好（见表 4-13）。高速钢轧辊取代高镍铬无限冷硬铸铁轧辊后，毫米过钢量提高 7～8 倍，取代高铬铸铁轧辊后，毫米过钢量提高 1.6～3 倍。另外，用高速钢轧辊轧制的产品表面质量更好，尺寸偏差更小。

表 4-13 高速钢和铸铁轧辊的性能比较（t/mm）[100]

轧辊材料	轧机 A	轧机 B	轧机 C	轧机 D
高镍铬无限冷硬	143	222	125	—
高铬铸铁	—	—	330	700
高速钢	1080	1350	996	1165
用　途	轧机 A	轧机 B	轧机 C	轧机 D
机　架	A6-精轧机架	A2-切分机架	A6-精轧机架	A5-精轧机架
轧制产品	约 3/8in（棒材）	约 10mm（棒材）	扁　钢	窄　带

310. 国内大型高速钢轧辊使用效果怎样?

目前，国内已有多家企业能成功制造大型高速钢复合轧辊。据中国企业报（2008 年 10 月 8 日）报道，国内某轧辊制造公司在高速钢轧辊材质设计、离心复合铸造技术、热处理技术以及检测技术等方面进行了系统攻关研究，经过近几年的基础试验和产品试制，设计出适合于带钢热连轧机组使用的大型离心复合高速钢轧辊，形成了生产热轧宽带钢轧机用高速钢轧辊的专有技术。某钢厂的 CSPF4 机架使用证明，国产高速钢轧辊综合使用效果达到传统高铬铸铁轧辊的 3 倍以上。另外，据中国冶金报（2008 年 11 月 22 日）报道，国内某钢铁公司轧辊厂也成功试制了两根大型高速钢复合轧辊，应用于热轧带钢精轧机组，经过 15 批次的上机试轧，共生产出 34500t 优质板材，轧制长度达 720km，毫米轧制量超过 4×10^4t。但是，国产大型高速钢轧辊仍存在质量稳定性稍差的不足，期待进一步提高其质量。

311. 高速钢轧辊能应用于 CSP 生产线吗?

CSP 生产线是 20 世纪 90 年代发展起来的先进的连铸连轧薄板坯生产线，对轧辊的性能要求更高。邯钢将高速钢轧辊用于 CSP 生产线的 F2、F3 机架，有时也用于 F1 机架，主要轧制 SS400、SPHC、SPA2H 等钢种，对应厚度范围分别为：1.8 ~ 6mm、1.5 ~ 3mm、3 ~ 6mm。统计其毫米轧制量分别为 10500t, 7800t, 8200t，平均毫米轧制量达到 8900t，是普通高铬铁轧辊的 2 ~ 3 倍，产品表面质量明显提高；轧辊每周期可在机连续使用 2 ~ 3次、减少轧辊磨削 1.6 次，减少磨削损失 0.4mm，正常情况下每根轧辊减少轧辊消耗 25mm 左右。由此可见，CSP 生产线使用高速钢轧辊是成功的。

312. 高速钢轧辊在 CSP 生产线的使用效果怎样?

珠钢 CSP 线自投产以来，热轧机组前段机架一直使用高铬轧辊。随着市场对薄规格热轧板需求的激增和质量要求的提高，高铬轧辊的应用逐渐显现出与生产的不协调，影响高比例薄规格热轧板的生产和带钢表面质量等。目前，高速钢轧辊已经广泛应用于精轧机组前段机架，并取得了以下成效[101]：

(1) 减少换辊次数，提高生产效率。前段机架应用高速钢轧辊，换辊周期 2 倍于高铬轧辊，3 倍于 F4 ~ F6 轧辊，从而减少了换辊次数，提高了生产效率，促进了高比例薄规格热轧板的生产。

(2) 降低了轧辊的使用成本。由高速钢轧辊与高铬轧辊每磨削一次的每毫米轧制吨位和轧制公里数的比较可知，高速钢轧辊每磨削一次的轧制吨位约为高铬轧辊的 5 倍，高速钢轧辊的使用降低了轧辊的应用成本。

(3) 改善带钢表面质量。对比高铬轧辊，高速钢轧辊具有更高的耐磨性，较好地改善了带钢的表面质量。应用高速钢轧辊后，集装箱板带钢的表面麻点状况也得到了较好的改善。

313. 高速钢轧辊在热轧窄带钢精轧机组的使用效果怎样?

国外高速钢轧辊主要用于热轧宽带钢机组，而我国热轧窄带钢机组数量也相当多，但窄带钢机组的生产稳定性以及轧辊冷却效果不如宽带钢机组好，试验发现，高速钢轧辊在 500mm 全连续热轧窄带钢生产线上使用，效果也非常良好。整条生产线共有 16 架轧机，粗轧机组 8 架，为三立五平，精轧机组 8 架，为一立七平，年设计能力 30×10^4t，经改造后达到产量 80×10^4t 水平，产品厚度为 2.3 ~ 7.0mm、宽度为 183 ~ 450mm，主要钢种为低合金钢和普碳钢。在精轧机组的 7 架水平轧机中，因 F3、F4 机架稳定性较好，高速钢轧辊初期主要在这两架轧机上使用，高速钢轧辊在轧制过程中辊面保持一层连续光滑的氧化膜，如果没有这层氧化膜，即使在低磨损情况下也会引起辊面恶化。另外，高速钢轧辊轧钢量达到 3000t 时，其上、下辊的磨损量分别比高镍铬铸铁轧辊轧制 3000t 时还分别少 0.05mm 和 0.04mm，显示出优良的耐磨性。

314. 高速钢轧辊在钢管轧机的使用效果怎样?

日本川崎钢铁公司知多厂为了提高连续轧管机轧辊的使用寿命，多年来一直在进行轧辊材质的研究，并且已从使用球墨铸铁轧辊改为使用寿命长的高铬铸铁轧辊。为了进一步提高轧辊使用寿命，采用了高速钢轧辊。由该厂制造的离心铸造高速钢轧辊的主要成分为：2% ~3% C、5% ~8% Cr、5% ~7% V 和 1% ~3% Nb。该厂将使用高速钢轧辊与使用球墨铸铁轧辊和高铬铸铁轧辊时孔型底部的平均粗糙度（R_a）情况进行了比较。使用球墨铸铁轧辊时，随着轧制量的增加，R_a 也增加，轧制约 2000 根钢管时，需进行换辊。使用高铬铸铁轧辊并使用轧辊润滑时，在轧制初期随着轧制量的增加，R_a 也增加，其后 R_a 变化不大。而使用高速钢轧辊时，从轧制初期开始，R_a 就稳定在较低值，可以连续轧制 12000 根钢管。并且用高速钢轧辊时，对碳素钢轧材不需采用轧辊润滑，仅对合金钢轧材需采用轧辊润滑。该厂对这三种轧辊轧制后的磨损量进行了比较。其结果是：高速钢轧辊的磨损量约是球墨铸铁轧辊的 20%，约是高铬铸铁轧辊的 50%。因此，在连续轧管机上使用高速钢轧辊并结合采用轧辊润滑技术，可大幅度提高轧辊使用寿命和降低轧辊单耗。

315. 为什么说热带钢精轧机架要大力推广高速钢轧辊？

在热带钢轧机精轧机架全面推广高速钢材质工作辊，已成为工作辊材质发展的必然趋势，这主要取决于其优越的物化性能。通过不同合金配比的高速钢成分及严格的热处理制度得到的优异组织，在充分的轧机适应条件下，能长时间保持良好的轧辊表面，从而保证高品质的带钢表面。加拿大 DOFASCO 二热轧厂使用高速钢轧辊后已没有氧化铁皮细孔问题，且高速钢工作辊的耐磨性比高铬铸铁轧辊提高 3～5 倍，能有效地降低轧辊消耗，日本、韩国的轧机辊耗，已达到 0.35～0.40kg/t 的巅峰水平。良好的表面与耐磨性能，能成倍延长换辊周期，突破轧制计划编制的制约，从而可实现自由轧制。

316. 高速钢轧辊轧制不锈钢的使用效果怎样？

从实际轧机的辊形测量来看（见图 4-19～图 4-21），高速钢

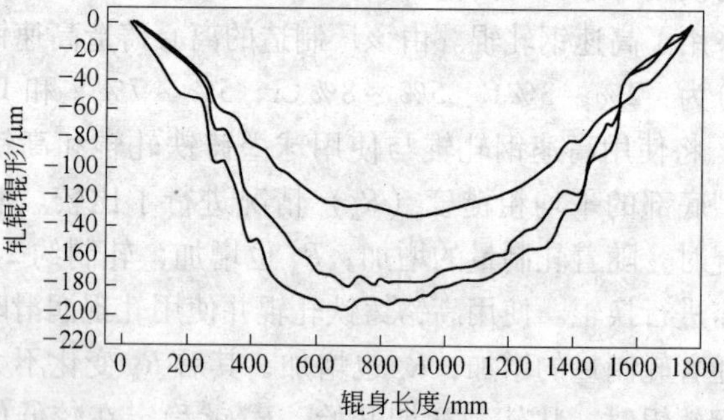

图 4-19　高速钢轧辊三次使用的辊形比较[102]

轧辊的耐磨性比高铬铸铁好得多，使用一次后，依然保持良好的辊形，这给高速钢多次使用提供了保证。而轧制不锈钢与轧制碳钢相比，轧辊的磨损相差很多，因此应该采取相应的措施，如调整分配率、使用轧制油等方法降低磨损，以提高轧辊的使用效率。

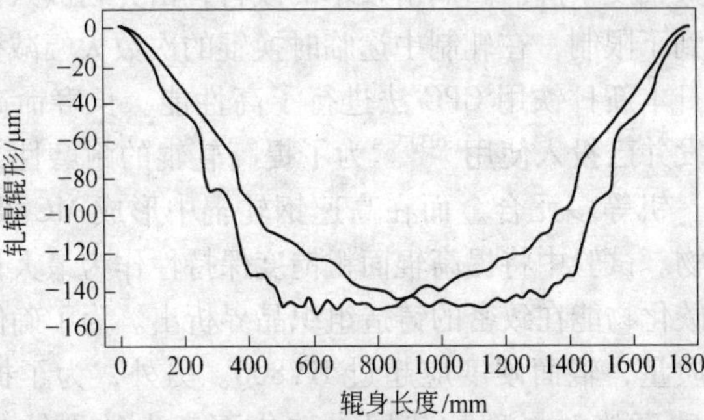

图4-20 高速钢轧辊与高铬铸铁轧辊各使用一次的辊形比较[102]

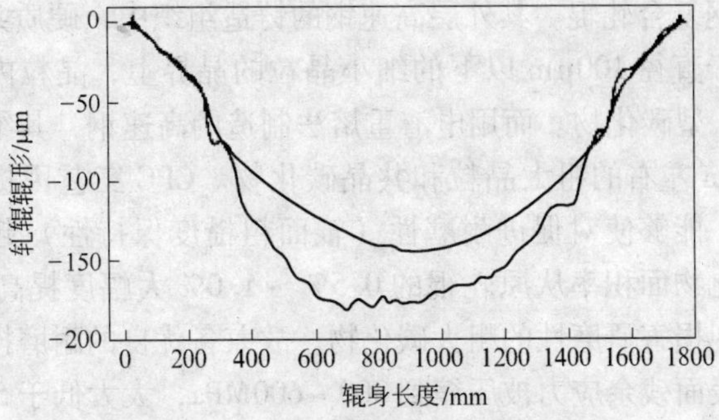

图4-21 轧制不锈钢与碳钢时轧辊辊形的比较[102]

317. CPC 高速钢轧辊能应用于冷轧机吗？

日本新日铁公司1988年用CPC法成功开发了高速钢复合轧辊，其耐磨性约为一般轧辊的5倍，已广泛用于热轧带钢的精轧机上，结果大幅度缓和了轧制限制，实现了自由轧制，大幅度改善了操作性和轧材质量。

在冷轧生产中，自20世纪实现了串列式冷轧机的连续化以来，还开发了酸洗工艺及连续退火生产线，从而提高了生产率和成品率。随着连续化的普及，上部和末端划痕类缺陷及钢板断裂发生频率大幅度下降。因润滑技术的改善，由异物嵌入而产生的凹陷也受到了限制，在轧制中途临时换辊的次数大幅减少。在此背景下，日本新日铁用CPC法进行了高性能、长寿命高速钢冷轧辊的开发并已投入使用[103]。为了提高轧辊的耐磨性，利用加入铬、钼、钒等多元合金而在高速钢轧辊中形成MC及M_6C型硬质碳化物。试验中将提高辊面粗糙度保持性作为最大目标，使上述硬质碳化物能在致密的铸造组织晶界析出。为了确保轧制产品的表面质量，辊面硬度应超过HV800。另外，为了抑制使用中遇到滑动事故对局部加热回火软化而产生的裂纹，采用了500℃以上的高温回火，以稳定其组织。

用CPC法制造了直径583mm、辊长1422mm、全长3365mm的高速钢复合轧辊。其外层高速钢的铸造组织中，硬质共晶碳化物分布于直径100μm以下的细小晶粒的晶界上，晶粒内弥散有粒状MC型碳化物。而用电渣重熔法制造的高速钢，其组织是粒度400μm左右的粗大晶粒和共晶碳化物。CPC工艺因提高轧辊合金化，能够使对促进耐磨性（辊面粗糙度保持性）起重要作用的碳化物面积率从原轧辊的0.5%～1.0%大幅度提高到5%，且未发现损害研磨性的粗大碳化物，故兼备优良的耐磨损和研磨性。其表面残余应力被压缩到300～600MPa，大大低于5% Cr锻钢辊900MPa左右的值，故抗剥落性也优良。

CPC高速钢复合轧辊分别安装在1号和3号冷轧机架上单独进行试验，在1号机架上，原5% Cr锻钢轧辊的前滑率随轧制的进行而急剧下降，轧制600t钢材后更换了轧辊；而CPC轧辊即使轧制量达2400t时也仍保持了较高的前滑率，仍然可继续进行稳定轧制。另外，在中途两次累积轧制吨数达1000t和1700t的前滑率虽然下降了，但这是因为受到后方2号机架所用5% Cr锻钢轧辊粗糙度下降的影响，将之更换后就恢复了正常轧制。3 号机架的张力也有同样的倾向，原来 5% Cr 轧辊的张力随轧制的进行而急剧下降，曾被迫早期更换轧辊。而 CPC 高速钢复合轧辊即使轧制 1700t 时也能保持足够的张力而进行稳定轧制。另外，CPC 轧辊遭遇事故时的磨削量极小，还不到原 5% Cr 锻钢轧辊的 1/3。由此可见，CPC 高速钢轧辊应用于冷轧机上是非常适宜的。CPC 高速钢轧辊还可进行连续逆转轧制（即先轧窄带后轧宽带），且可确保钢材表面的高质量，在冷轧领域实现自由程序轧制，其他冷轧辊则无此优势。

318. CPC 高速钢轧辊在冷轧中表面粗糙度怎样变化？

CPC 高速钢轧辊在冷轧机上使用前后轧辊表面粗糙度的变化见图 4-22，即使经过大量轧制，CPC 高速钢轧辊表面粗糙度的下降也很少并稳定于某个值。这是因其组织致密，在晶界有碳化物的铸造组织对粗糙度的保持起到了促进作用。另外，从轧后辊表层的显微镜观察确认，大量轧制后，CPC 高速钢轧辊的初期粗糙度基本上可原样保持下来。

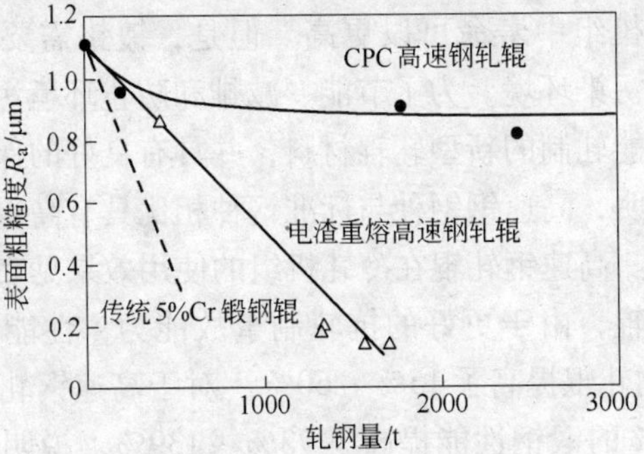

图 4-22　轧钢量对冷轧辊表面粗糙度的影响[103]

319. 高速钢轧辊在冷轧带钢轧机的使用效果怎样？

铸造高速钢轧辊不仅可应用于热轧机组上，还可成功应用于冷轧机组上。日本日立公司采用电渣熔铸法生产的铸造高速钢复合轧辊已在冷轧机上取得了良好的使用效果，与常规的含 5.0% Cr 和含 10.0% Cr 的整体锻钢轧辊相比，铸造高速钢轧辊的磨损少，疲劳层浅，因而轧辊消耗显著减少。另外，高速钢冷轧辊耐热冲击性能好，高温回火型高速钢比低温回火型高速钢复合轧辊的耐热冲击性大幅改善，更好于 5% Cr 和 10% Cr 锻钢轧辊。高速钢复合冷轧工作辊使用寿命长，日立公司在串列式轧机初始机架上用半高速钢复合轧辊轧制低碳钢，生产相同数量的冷轧带钢，轧辊消耗量仅为 5.0% Cr 整体锻钢轧辊的 21%。川崎制铁用高速钢轧辊轧制难加工材料，辊耗减少 53%。

320. 高速钢轧辊代替镀铬锻钢轧辊后的使用效果怎样？

目前，多数冷轧工作辊均采用锻钢辊，带钢与轧辊之间的摩擦导致初始粗糙度的磨损超过几微米，而锻钢辊的镀铬可使工作辊具有更好的保持粗糙度能力。与没有镀铬的传统锻钢轧辊相比，采用镀铬的工作辊在冷连轧机组中的使用寿命可以提高一倍，在平整机组中寿命可以更高。但是，镀铬需要消耗大量电能，且严重污染环境。为了节能、减排和防止环境污染，需要开发不镀铬就能轧制的新型轧辊材料，并具有良好的保持粗糙度能力。实践证明，高速钢钢种与标准钢种相比具有高得多的保持粗糙度的能力。高速钢轧辊在冷轧机组的使用效果见表4-14，对于半高速钢轧辊，由于更好的抗轧制事故能力，性能比标准的含 Cr5% 的锻钢轧辊提高了 15% ~60%。对于高速钢轧辊，性能比标准含 Cr5% 的锻钢性能提高了 73% ~139%。说明高速钢轧辊的性能已经达到不用镀铬来延长使用寿命。由此看来，免去镀铬是高速钢冷轧辊的主要优点。高速钢不仅可用于冷轧工作辊，还可用于冷轧中间辊上，用半高速钢作为中间辊，在冷连轧机组的第五机架上的轧钢量增加了 40%。

表 4-14　冷轧机组高速钢工作辊的性能（t/mm）

轧　机	Cr5 锻钢轧辊（镀铬）	半高速钢轧辊	高速钢轧辊	备　注
镀锡钢板	1490	2380	3571	提高 60% ~139%
镀锡钢板	1859	2488	3225	提高 34% ~73%
薄　板	3933	5899		提高 50%
薄　板	18868	21739	43500	提高 15% ~130%
薄　板	7936	9901		提高 24%

321. 粉末冶金高速钢轧辊在冷轧的应用效果如何？

通常高铬耐磨冷作工具钢轧辊硬度为 HRC 54 ~ 63，普通高速钢轧辊为 HRC 60 ~ 65，而粉末冶金高速钢（PM HSS，如：ASP 2023 和 ASP 2053）轧辊的硬度最高可达 HRC 65 ~ 66。由于 PM HSS 的晶粒和碳化物尺寸细小，且均匀分布，有效地消除了偏析现象而使这种钢具有相对较高的抗弯强度。冷轧板板面愈宽，冷轧辊长度也愈长，冷轧辊受到的弯曲应力也愈大。据悉，一般冷轧辊在 800t 压力下即易断裂，目前山西太原钢铁（集团）有限公司由德国引进的特宽板轧辊，轧辊毛坯尺寸为 ϕ210mm × 3000mm，单重近 850kg，在森吉米尔（Sendzmir）和森德维克（Sundwig）冷轧板轧机上，将承受的抗力可达 3000t。用 PM HSS 工作辊比通常用的真空脱气冶炼的高铬耐磨工具钢（AISI D2，D3，D6）和普通高速钢 M7 工作辊的使用寿命长。因为 PM HSS 具有较高的强度、硬度和耐磨性。PM HSS 的高碳、高钒（ASP 2023 和 ASP 2053 的碳含量分别为 1.28% 和 2.48%；钒含量分别为 3.1% 和 8.0%）显著提高了轧辊的耐磨性。第三代 PM HSS 的非金属夹杂物含量极低，可保证冷轧辊表面具有极佳的镜面表面粗糙度（$R_a \leqslant 0.2\mu m$）。另外，普通高速钢轧辊存在严重的碳化物偏析，这些粗大的一次碳化物的硬度（M_6C 为 HV1600，MC 为 HV2400）远高于基体的硬度（HV800），因此，这种硬度差异会在运行中造成轧辊表面有细微的不均匀磨损，从而使冷轧钢板表面有因碳化物偏析造成的不光滑印痕，而 PM HSS 却无此危害。

322. 高速钢轧辊能用于铝材轧制吗?

高速钢轧辊不仅可用于轧钢生产中，还可以用于铝材的轧制，且具有较好的使用效果。在铝锭的两辊热轧开坯轧机上，采用半高速钢轧辊的产量是标准锻钢轧辊产量的1.5~2.0倍。在两辊热轧开坯机组，采用半高速钢轧辊可以避免热疲劳，因为半高速钢轧辊提高了屈服强度。在用于铝箔轧制的四辊轧机中，高速钢轧辊在冷轧时超高的光洁度保持力能使轧机在整个轧制过程中保持一个高的轧制速度。

323. 使用高速钢轧辊对节能减排有什么效果?

高速钢轧辊的特点主要体现在以下七个方面：

（1）碳化物硬度高。以往使用的轧辊，其基体上分布的多为 Fe_3C 型或 M_7C_3 型共晶碳化物，组织粗大，硬度较低。高速钢轧辊一般采用高碳、高钒型高速钢，另外还含有较多的铬、钼、钨、铌和钴等合金元素，在凝固和热处理过程中，这些合金元素形成了一次和二次碳化物。高铬铸铁轧辊碳化物是 M_7C_3（HV1500~1800）和 $M_{23}C_6$（HV1600）。无限冷硬铸铁轧辊中，碳化物是 Fe_3C（HV800~1300）。而高速钢轧辊主要含有 MC（HV3000）、M_7C_3（HV1500~1800）和 M_6C（HV2000），它能替代一般轧辊，从而提高耐磨性。另外，随着钒含量增加，高速钢组织中骨骼状的 M_6C 型碳化物向粒状的 VC 型转化。

（2）热稳定性好。高速钢轧辊中含有较多的钨、铬、钼、钒和铌等元素，具有较好的热稳定性，研究发现，普通轧辊材质的硬度随温度升高而明显下降，而高速钢轧辊在600℃仍保持有500HV，这必将大大提高轧辊的耐磨性。特别是当添加分布于基体组织的钴元素时，这种倾向更加明显。

(3) 使用中易形成氧化膜。轧制过程中如在轧辊表面形成连续、致密、均匀、黏结性好的氧化膜，不但可降低轧辊与轧材间的摩擦系数，而且可提高轧材尺寸精度和表面质量。普通轧辊使用初期由于无氧化膜保护，磨损较大。高速钢轧辊使用中氧化膜能很快形成，氧化膜的出现，可减轻带钢与轧辊表面的摩擦，防止轧辊粘钢，提高轧辊寿命。同普通轧辊相比，高速钢轧辊的初期磨损较低，这对于提高高速钢轧辊耐磨性是十分有利的。

(4) 淬透性好。高速钢轧辊具有良好的淬透性，在室温下，工作层 50mm 范围内，从辊表面到芯部的硬度降小于 HS3，可以确保轧辊从外到内都具有良好的耐磨性。

(5) 优良的强韧性。高速钢轧辊与一般的无限冷硬铸铁、高铬铸铁和半钢轧辊相比较，其基本机械性能抗拉强度和断裂韧性值均优于高铬铸铁轧辊和无限冷硬铸铁轧辊，与半钢轧辊接近。

(6) 良好的抗热裂性。高速钢由于其特有的组织特点，能有效地抑制裂纹的形成和扩展。在实际使用中发现，高速钢轧辊的确具有比高铬铸铁轧辊更好的抗热裂性。因此若发生一般的生产事故，可以通过正常磨削量或附加很小的磨削量就可以消除事故带来的影响，使处理过程更为简化，并且也节约成本。

(7) 良好的耐磨性。与半钢、高铬铸铁和高镍铬无限冷硬铸铁轧辊相比，高速钢轧辊轧制吨位大幅度提高，F1 ~ F4 机架约为 10000t，F5 机架约为 6000t，显示高速钢轧辊具有良好的耐磨性。高速钢轧辊轧制吨位的增加，导致其辊耗明显下降，在相同轧钢条件下，高速钢轧辊的辊耗在 F1 机架是高铬铸铁轧辊的 1/5，F2 机架是高铬铸铁轧辊的 1/7，F4 机架是高镍铬无限冷硬铸铁轧辊的 1/13，F5 机架是高镍铬无限冷硬铸铁轧辊的 1/8。

由于高速钢轧辊具有上述系列优点，应用于轧钢生产中，可以明显减少轧辊消耗。以 2008 年我国轧辊消耗近 50 万吨，其中 25% 采用高速钢轧辊，而高速钢轧辊辊耗比合金铸铁轧辊平均降低三倍估算，全年可节约轧辊材料近 10 万吨，而生产 10 万吨轧辊将消耗大量能量、水资源和合金等，并排放较多的废水、废渣和废气，可见推广使用高速钢轧辊具有良好的节能、减排效果。

五、高速钢轧辊使用注意问题

324. 高速钢轧辊使用中为什么要采用合理的冷却方式？

高速钢材质热膨胀量大，辊温分布不佳易产生不均匀热膨胀和氧化膜异常脱落，影响轧辊的热凸度和辊缝精度。影响高速钢轧辊氧化膜和热凸度的关键因素是轧辊辊面温度。因此，理想的轧辊冷却方式、缩短辊面处于高温状态的时间，是控制辊面的氧化膜厚度、控制热凸度、减少热裂纹的重要手段。热轧过程中轧辊的瞬时接触温度为 600 ~ 750℃，辊体温度超过 50℃，辊面从接触弧出来后，必须尽快将温度由 700℃ 降至 300℃ 以下，以防止进一步氧化。轧辊经过瞬时高温接触区后，快速工作在 100% 水冷环境中有利于生成具有最佳保护性能的 Fe_3O_4 氧化膜。加大出口侧冷却水量、减少入口侧水量、降低切水板高度可以加强轧辊的冷却效果，但仍存在辊面温度高、分布不均匀的问题。通过优化轧辊冷却水分布，加大轧辊中部的冷却水量，能够明显降低辊面温度、改善温度分布均匀性。

325. 润滑对高速钢轧辊的使用效果有什么影响？

在精轧机组中采用润滑油轧制的目的是为了降低轧制力，减少轧制能耗和轧辊磨损，降低辊耗，改善轧辊表面状态，提高带钢表面质量。为改善轧制状态，提高产品表面质量，应该投入工艺润滑系统。热轧工艺润滑技术是指在轧件进入辊缝前，将混合后的油水用喷嘴喷向轧辊表面。油水混喷油浓度大约为 0.1% ~ 0.8%。使用时工作辊冷却关闭，将润滑剂喷洒在入口侧工作辊表面上，由于热轧润滑剂燃烧能形成燃烧残留物，同时润滑剂在变形区的高温、高压下发生汽化和分解，形成高温、高压的气垫，燃烧残留物及气垫可将轧辊与带钢隔开，起到润滑作用，降低轧辊与板带间的摩擦系数。热轧工艺润滑能形成覆盖高速钢轧辊辊面的保护膜，阻碍轧件向轧辊传热，降低轧制力、辊温并减少磨损、改善辊面状态，同时还可以防止氧化铁皮的压入，提高带钢表面质量。除此之外，通过机架间冷却来合理控制板带表面温度，使板带表面形成极薄的 FeO 层，对于降低高速钢轧辊与板带间的摩擦系数，保护辊面氧化膜、减少轧辊磨损、降低轧制负荷也是非常有利的。并且这一技术与辊缝喷淋配合使用，能够有效减轻工作辊氧化膜脱落，降低变形区内工作辊表面的温度，减轻工作辊的热循环应力，从而也可抑制裂纹的产生。在实际生产中，工艺润滑与高速钢轧辊配合使用，不但消除了高速钢轧辊高的摩擦系数带来的轧制力升高，并且它们共同作用，在改善产品质量、降低辊耗及能耗等各方面，已表现出了十分明显的效果。

326. 高速钢轧辊使用中为什么要优化辊形设置？

在正常冷却条件下，高速钢轧辊的热膨胀量为 100 ~ 150μm，超过传统材质热轧辊的热膨胀量。为了补偿热膨胀产生的热凸度，获得稳定的轧制辊缝和均匀的轧制力分布，避免辊面应力集中和氧化膜破损，高速钢轧辊需设置优化的初始凸度。不同的轧制产品和轧机机型所设定的初始凸度也不同，热轧精轧机前段机架高速钢工作辊的初始凸度一般设定为 50 ~ 200μm。

327. 高速钢轧辊在热轧窄带钢精轧机上的使用要注意哪些问题？

高速钢轧辊的高温性能超过了高镍铬铸铁轧辊，在热轧窄带钢精轧机组上具有良好的使用效果，但高速钢轧辊存在热膨胀系数较大的不足，为此在使用上应注意以下问题：

（1）高速钢轧辊对裂纹的产生比高镍铬铸铁轧辊和高铬铸铁轧辊更敏感，裂纹主要有机械裂纹和热裂纹，机械裂纹主要因带钢咬入轧机瞬间产生的强大冲击载荷或轧辊打滑而引起，这种裂纹的方向一般有变化，并且在轧制过程中由于周向剪切力作用，直接导致轧辊在使用中剥落。热裂纹一般由堆钢引起，其方向一般垂直于辊面向内部延伸，基本在轧辊中部，继续使用时不会向其他方向扩展，如不及时消除，开口会越来越大直至剥落。通过配备超声波探伤仪，定期检测使用中的轧辊，确定裂纹类型并及时车削，确定合理的车削值，可防止轧辊在机剥落。

（2）正常情况下规定高速钢轧辊的轧制量为3000t时更换轧辊，但轧制量达到2500t时如需更换其他轧辊，也要将高速钢辊一起更换，且一次上机最多使用3个班次，轧钢产量最多不超过3300t。

（3）使用高速钢轧辊的机架，冷却水流量较其他机架高12%以上，在发生堆钢事故时立即停水，同时将轧辊迅速抬起，并在最短时间内将钢移开，以避免热裂纹产生。

（4）为减少支撑辊对高速钢轧辊的损坏，可用半钢支撑辊代替堆焊支撑辊。

328. 共晶碳化物细化对高速钢轧辊的使用效果有什么影响？

近年来，随着热连轧精轧机高速钢轧辊的广泛使用，提高轧辊耐磨损性能和耐表面粗糙性能的要求也更高了。研究共晶碳化物细化和基体强化等问题，从根本上改进合金设计，开发出高性能的离心铸造高速钢轧辊极其必要。以前离心铸造轧辊中，M_7C_3 碳化物在晶界首先发生热裂纹，由此形成表面微观剥落的起源。因此将晶界析出的碳化物破断、细化，进一步强化基体能有效控制由热疲劳引起的表面粗糙程度。为使外层高速钢材料的碳化物细化，试验材料的成分（%）为：1.5～2.5C、0～1Ni、1～10Cr、2～8Mo、0～5W、3～8V、0～2Nb 和 0～4Co。研究了碳、铬、钼、钨、钒等合金元素含量和碳化物细化及基体硬度的关系，在此基础上决定新型高速钢轧辊的化学成分。根据研究结果确定的化学成分，按轧辊实际尺寸采用离心铸造法铸造出3层复合高速钢轧辊，并进行淬火和回火处理，对轧辊外层显微组织的观察表明，新开发轧辊材料共晶碳化物尺寸细化了60%，且基体硬度提高了 16%。把新开发表面耐粗糙性能优良的轧辊，在精轧机组第 3 机架使用结果表明，轧辊表面耐粗糙性能提高，轧材产量提高约 40%。在第 4 架和第 5 架上使用，轧材产量也提高了 25% ~ 30%。

329. 棒材轧机高速钢轧辊怎样冷却效果最好？

棒材轧制过程中，对轧辊进行冷却的目的有三[104]：一是防止轧辊过热最终导致剥落；二是防止辊面温度过高，致使辊面组织发生变化，影响轧辊耐磨性和轧材表面质量；三是延长热疲劳裂纹形成的时间和阻止热疲劳裂纹的扩展。理想的冷却系统应当是喷嘴呈环形分布，并能向轧槽喷射出持续、充足的水流。在这些喷嘴中，靠近出口导卫处应为主喷嘴，从主喷嘴喷出的水量为整个轧槽上总水量的 30%，喷射角为 20° ~ 30°。主喷嘴的作用是一定要保证将冷却水迅速喷到轧槽中刚刚脱离轧件的部位上。水压控制在 0.4 ~ 0.6MPa，每槽水量不低于 500L/min，水流不能散射。冷却水需进行沉淀，尽可能降低固体粒子的含量。在冷却方式和水压相近情况下，增加轧辊的冷却水量对降低轧辊温度、减少辊面热裂纹具有显著效果。由于高速钢高温时对裂纹的敏感性很强，因此无论如何控制水压、水量及喷嘴角度，最终的冷却效果应以辊面温度为准，通常在轧机停轧 20 ~ 30min 时，辊面温度不超过 55℃为宜。

330. 高速钢轧辊和传统高铬铸铁轧辊的区别有哪些？

目前，高速钢轧辊已广泛应用于热轧带钢轧机，用于取代高铬铸铁轧辊，大幅度延长了轧辊的使用寿命，但高速钢轧辊和传统高铬铁轧辊有诸多区别，使用中应引起重视，主要区别如下[105]：

（1）热凸度。与高铬铁轧辊相比，高速钢轧辊的热膨胀要大得多，这主要是因为高速钢的导热系数比高铬铸铁高（高速钢的导热系数为 25.5W/(m · K)，高铬铸铁导热系数为 20W/(m · K)。由于这个原因热量更容易通过高速钢轧辊的工作层传至芯部材料，造成高速钢轧辊更大的热凸度。所以高速钢轧辊在使用过程中应有更好的冷却条件，并在使用高速钢轧辊时，改进热凸度的数学模型。

（2）轧制过程中轧辊表面的氧化。氧化膜的形成都是从基体组织和碳化物的结合处开始，由于碳化物的含量不同，高速钢氧化膜的生成和生长速度不如高铬铸铁。高铬铸铁轧辊的表皮剥落是由于典型的机械裂纹扩展遍及到皮下层，使轧辊材料的小颗粒剥落和轧辊表面粗化造成的。而高速钢轧辊表面要光滑得多，不易剥落，使用周期长。

（3）轧制力。在热带轧机上使用高速钢轧辊，在某些情况下，摩擦系数提高 3% ~5%，而在另外一些情况下，根据不同的轧制工况，摩擦系数可能大大提高。现在已经注意到使用高速钢轧辊，带钢表面的温度会提高约 50℃，一般来说，带钢的下表面要比上表面的温度高 30℃。

（4）轧入氧化铁皮。轧入氧化铁皮的问题与轧材的厚度过薄（<2mm）、低碳含量（≤0.03%）和低硅含量有关。轧入氧化铁皮往往发生在带材的下表面，由于下辊往往磨损要严重些，使得轧辊表面变坏。这说明氧化铁皮的轧入与轧辊表面损坏有关。使用高速钢轧辊，由于摩擦系数提高会增加轧材表面的温度，促进高硬度氧化物的生成，因此采用机架间冷却和表皮冷却，对解决轧入氧化铁皮的问题效果较好。

（5）热裂纹。高速钢轧辊与其他材料的热轧带钢轧辊相比具有良好的抗热裂纹性能，特别是具有十分良好的抗热裂纹扩展性。

（6）剥落。由于高速钢轧辊的残余应力比高铬铸铁轧辊高，高速钢轧辊通常对机械裂纹十分敏感，在受到强力的冲击载荷时，迅速集中载荷和局部过载就易发生机械裂纹，一旦产生机械裂纹，在残余应力和轧制应力的共同作用下，裂纹向纵深方向迅速扩展，以致造成剥落或灾难性断裂。

331. 高速钢轧辊的抗表面粗糙性怎样？

高速钢轧辊的表面粗糙度与轧制过程中在其表面形成的氧化

膜密切相关，高速钢轧辊用于热带钢轧机上时，比常规轧辊能更快在辊面形成一层氧化膜。在轧制过程中，保持氧化膜的连续、光滑是非常重要的。高速钢辊面氧化膜与其他类型轧辊相比很薄，厚度通常低于 1μm，可根据辊面颜色判断氧化膜厚度，辊面颜色越暗氧化膜越厚，相反则越薄。当氧化膜颜色由灰色到蓝色时，氧化膜厚度一般为 0.4 ~ 0.7μm，此时的氧化膜黏结性好，可降低摩擦系数，防止轧辊粘钢，此时高速钢轧辊表面粗糙度小，可保证良好的轧材表面质量。这种类型氧化膜边形成边磨损，由于这类氧化膜很薄，即使脱落对轧材质量也无不良影响，高速钢轧辊在这种氧化膜状态下工作是十分理想的。当轧制条件设定不当，氧化膜颜色发黑时，此时氧化膜厚度约为 1μm，该类型氧化膜黏结性差，易破碎，导致辊面粗糙度增大，并且氧化膜剥落后辊面磨损量急剧增大，应设法避免轧辊在这种状态下工作。表 4-15 给出了不同材质轧辊在 F2、F4 机架使用后的表面质量分级情况。平均轧制 3000t 后，F4 机架使用的高速钢轧辊 95% 能保持 1 级或 2 级表面，在 F2 机架使用后则为 85%。由表 4-15 的对比结果可看出高速钢辊面质量明显优于高铬铸铁轧辊。

表 4-15　不同材质轧辊使用后的表面级别

机　架	轧辊材质	辊面级别比例/%			
		1	2	3	4
F2	高速钢	32	55	12	1
	高铬铸铁	24	53	17	6
F4	高速钢	54	42	4	0
	高铬铸铁	22	45	11	22

注：1 级轧辊的辊身表面为均匀的灰色、银白色或蓝色；2 级轧辊的辊身表面大部分有均匀的氧化膜，与钢带边部接触的辊面已开始发黑，但无剥落；3 级轧辊的表面为黑色，氧化膜部分剥落；4 级轧辊的表面氧化膜已大量剥落。1 级和 2 级轧辊不必重新修磨，可直接返回轧机使用，3 级、4 级轧辊需进行修磨。

332. 怎样强化 F1 至 F6 机架高速钢工作辊的使用管理？

由于高速钢轧辊材质的化学成分、金相组织、物理性能及机械性能与普通轧辊有很大区别，又因为高速钢轧辊价格较高，高速钢使用要取得优良的业绩，必须做到以下几点：

(1) 旧式轧机必须增加 F1 至 F6 机架冷却水量、水压，新式轧机在冷却水的分配上也要遵循向辊面中部集中和板卷出口侧大于入口侧的原则，其目的主要是减少辊面热凸度和获得辊面氧化膜持久性。

(2) 修改辊形曲线以适应线膨胀系数较大的高速钢材质。

(3) 建立高速钢轧辊使用后目视观察辊面质量判断标准，以保证在不磨削连续使用情况下的安全性及板卷表面质量。

(4) 修改轧制模型中相关参数。

(5) 高速钢工作辊磨削后，必须用表面超声波探伤跟踪，进行裂纹管理。

(6) 使用小直径轧辊时，需要对结合层进行超声波探伤跟踪的裂纹管理。

333. 高速钢轧辊与高铬铸铁轧辊相比摩擦系数是否有差异？

与常规高铬铸铁轧辊相比，采用高速钢轧辊不仅导致了较高的平均摩擦系数，而且导致了在轧制周期中摩擦系数的不同变化，如图 4-23 所示。对于高铬铸铁轧辊，在轧制开始时，因为表面氧化膜的形成，因而摩擦系数在减小，接着摩擦系数根据轧

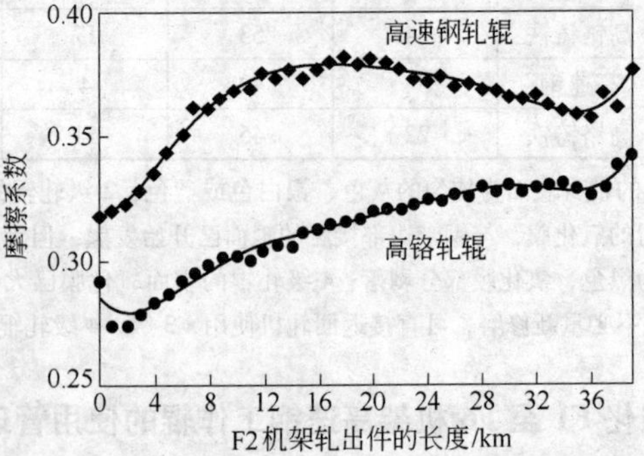

图 4-23 不同轧辊在轧制过程中摩擦系数的变化

辊表面情况或者保持接近恒值或者增加，摩擦系数的增加是由于轧辊表面情况恶化而引起的。与此相反，高速钢轧辊在轧制开始时摩擦系数就一直增加，由于高速钢具有较高的氧化速率，通常认为其氧化膜应具有较好的润滑功效并降低摩擦系数，而事实恰好相反，这可能是由于在高速钢表面产生氧化膜与高铬表面产生的氧化膜具有不同成分的缘故，此后摩擦系数在轧制中期达到最大值，在轧制后期逐渐减小。通过在奥氏体区使用常规的润滑进行轧制所得的结果表明，采用高速钢轧辊导致轧制力增加了10% ~20%，电能消耗增加，这将抵消一部分因采用高速钢轧辊所带来的收益。

334. 高速钢轧辊在低温轧制时有什么优势?

根据摩擦系数，高速钢轧辊在铁素体区轧制时的行为与奥氏体区轧制时完全不同，其平均值比常规高铬铸铁轧辊还低，如图4-24 所示，其中高速钢轧辊的成分及热处理制度见表 4-16。另外，与高铬铸铁轧辊在轧制周期中摩擦系数的变化相比，高速钢轧辊的变化更加稳定。高速钢轧辊在铁素体区轧制结束时，发现轧辊表面具有一个光滑的、薄的氧化层，由此可见，在铁素体区轧制时能明显改善高速钢轧辊的使用性能，与此相反，高铬铸铁轧辊则没有这么大的改善。

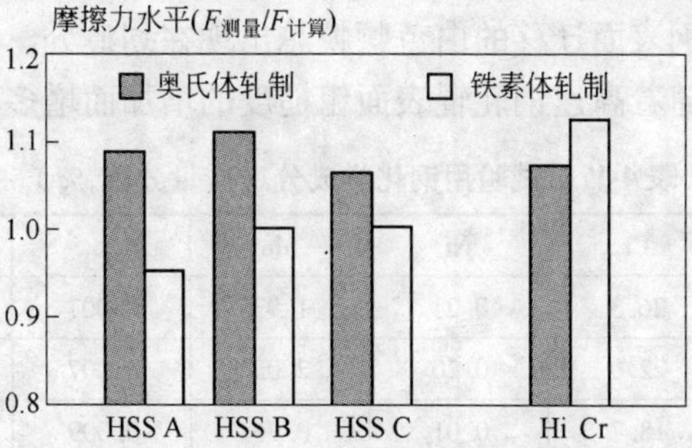

图 4-24　不同轧辊在铁素体区和奥氏体区轧制时的轧制力比较[106]

表 4-16　高速钢轧辊的成分及热处理制度

牌　号	化学成分(质量分数)/%					热处理制度	
	C	Cr	Mo	W	V	淬火	二次回火
A	1.65	4.5	5.0	6.4	5.0	是	是
B	1.90	5.9	3.5	1.9	4.3	否	是
C	1.65	4.6	3.7		5.8	是	是

335. 高速钢轧辊轧制不锈钢时为什么易发生黏结?

黏结是指在热轧过程中，轧材碎片黏结到工作辊表面，从而恶化轧辊与轧材表面质量的现象。尤其在铁素体不锈钢热轧过程中，黏结现象频繁发生，从而在带钢表面形成所谓的辊痕，即小凹坑或类似划痕等缺陷。同时也会引起轧辊寿命缩短、带钢表面质量严重恶化等问题。Jin 等人[107]借助黏结模拟试验装置，研究了表 4-17 所示 5 组铬含量不同的铁素体不锈钢使用高速钢轧辊轧制时的黏结现象，轧辊表面粗糙度对黏结的影响见图 4-25，当高速钢轧辊表面的粗糙度低于 0.5μm 时，不发生黏结，但是，当轧辊表面粗糙度达到临界值时，除铬含量较低的 409L 外，均出现黏结，且铬含量越高，黏结越严重。图 4-26 是 444 不锈钢轧制模拟试验后的高速钢轧辊表面组织，轧辊表面有较多的划痕，且随高速钢轧辊表面粗糙度的增加而明显增多，在热轧试验中从不锈带钢表面迁移的白色颗粒总出现在划痕处，同时，黏结颗粒的数量随着高速钢轧辊表面粗糙度的增加而增多。

表 4-17　试验用钢化学成分（质量分数,%）

钢　种	Cr	Ni	Mo	C	其　他
446	26.3	0.21	1.93	0.007	0.15Nb
445	22.0	0.20	2.05	0.007	0.24Nb
444	18.7	0.01	0.96	0.009	0.45Nb
430	16.3	0.08	0.01	0.060	
409L	11.4	0.07		0.025	0.30Ti

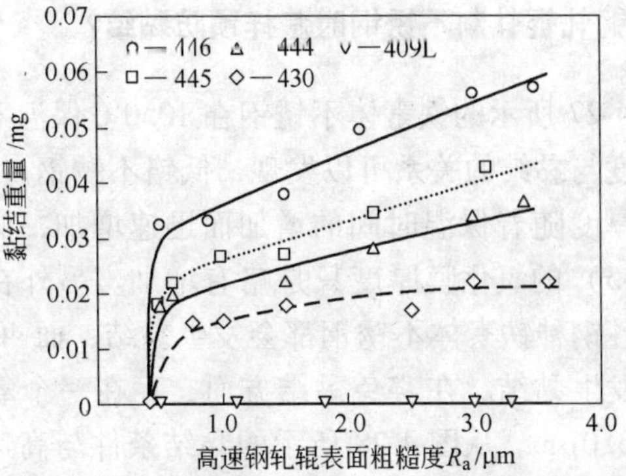

图4-25 高速钢轧辊表面粗糙度对铁素体不锈钢黏结的影响（1050℃保温10s）[107]

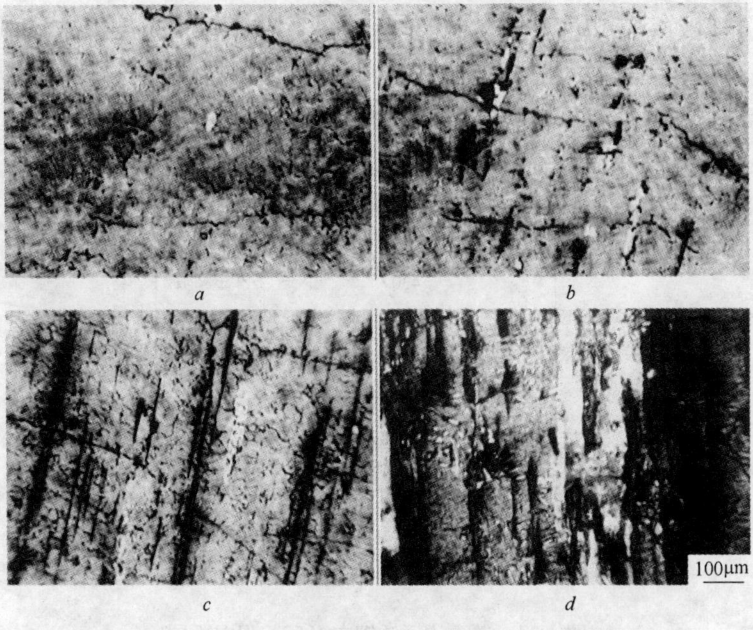

图4-26 444不锈钢黏结模拟试验后不同粗糙度的高速钢轧辊表面显微组织[107]

a—0.5μm；*b*—1.0μm；*c*—2.0μm；*d*—3.0μm

336. 高速钢轧辊轧制不锈钢时怎样预防黏结?

从图 4-27 所示的铁素体不锈钢在 1050℃保温不同时间后的氧化膜厚度与黏结的关系可以发现，低铬不锈钢（409L 和 430）的氧化膜厚度随着保温时间的增加而迅速增加，而高铬不锈钢（446 和 445）的氧化膜厚度只是略有增加。另外在氧化膜薄的情况下，各钢种铁素体不锈钢都会发生黏结，而 409L 因氧化膜太厚，不发生黏结。在避免黏结方面，存在一个氧化膜临界厚度，约为 3.0μm。从图 4-28 所示的黏结条件与高速钢轧辊表面粗糙度和不锈钢在 1050℃保温时间的关系来看，铬含量较高的钢，黏结区域大，抗黏结性较差，因此铬含量较高的铁素体不锈钢需要相对较长的保温时间，以形成较厚的氧化膜，以抑制黏结。与之相反，铬含量较低的钢氧化膜形成快且厚度大，因此抗黏结性好。因此，高速钢轧辊轧制中高铬铁素体不锈钢时，要防止黏结可采用降低辊面粗糙度和延长带钢加热保温时间等措施。

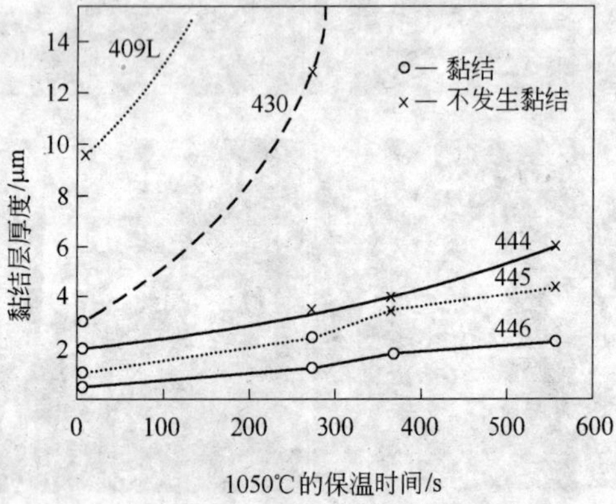

图 4-27 铁素体不锈钢在 1050℃保温不同时间后氧化膜厚度和黏结的关系（高速钢轧辊表面粗糙度 1.0μm）[107]

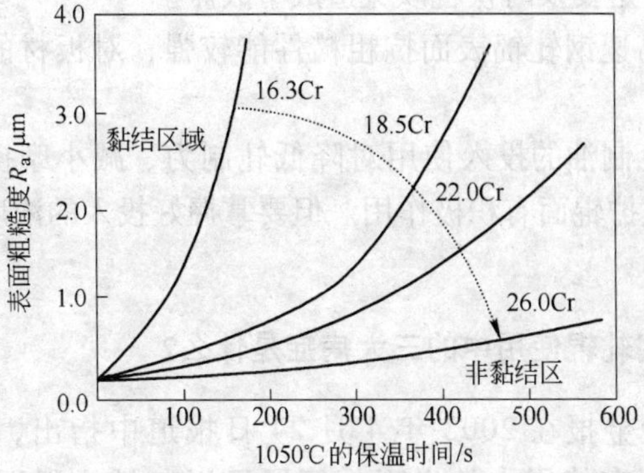

图 4-28　黏结条件与高速钢轧辊表面粗糙度和不锈钢在 1050℃保温时间的关系[107]

337. 高速钢轧辊轧制不锈钢时有哪些注意事项？

高速钢轧辊用于轧制不锈钢时，有以下七方面问题值得引起注意。

（1）不锈钢轧制时温度高，其板凸度变化较大，并且会造成辊面温度升高，致使轧辊热凸度增大，因此要注意对辊形的优化。

（2）不锈钢的高温变形抗力大，轧制力会相应增大，引起轧辊磨损加大。为了不影响带钢质量，对轧制计划的制订、工艺和生产条件的安排要多做研究，以寻找适宜的单元轧制量。

（3）不锈钢表面易形成一层很薄的氧化膜（Cr_2O_3），可阻止金属的进一步氧化。氧化膜轧制后被碾碎，仍黏附在钢板表面上，由此增加了钢板表面的摩擦系数。

（4）高速钢轧辊与不锈钢均含有较高的铬，这使得两者有一定的亲和力，轧制时辊面很容易产生粘钢现象，应适当提高辊面光洁度、使用轧制油以避免粘钢现象。

（5）不锈钢导热性大，边部温降快，轧制时容易出现边裂，对辊面特别是板宽处有很大的损伤，所以一定要注意跟踪，如有此类异常一定要及时换辊以免造成事故。

（6）高速钢轧辊表面抗粗糙性能较强，对板材的表面质量很有利。

（7）轧制油的投入使用对降低轧制力、减小摩擦系数、减少磨损、保护辊面有积极作用。但要掌握好投入的浓度，以免造成打滑。

338. 高速钢轧辊使用中的三大病症是什么？

中国冶金报在 2008 年 4 月 24 日报道中指出，我国目前高速钢轧辊在使用中常出现的问题可以归纳为以下三大“病症”：

（1）轧辊表面易产生氧化、裂纹、剥落等缺陷。要针对不同的轧机架次和轧制环境选择不同化学成分和金相组织的轧辊。高速钢轧辊冷却条件比高铬铸铁轧辊冷却条件强，冷却水量应尽可能充分，宜采用扁平嘴取代原来的锥形喷嘴，并且将 3/4 冷却水用于轧辊出钢口侧的冷却，将轧辊表面温度控制在 50℃以下。另外，辊身中部的冷却水量应成倍于辊身边部的冷却水量，否则不仅易造成轧辊裂纹，而且在过钢量不太多时易出现带钢“三点差”过大或“飘带”现象。一些轧钢厂家甚至需要增加 40%～60%的冷却水，因此轧钢厂家在使用高速钢轧辊前应考虑冷却水量的问题。

（2）轧辊与轧材之间摩擦系数增加。高速钢轧辊与轧材之间的摩擦系数大，轧制负荷增加，易出现打滑现象，可通过适当控制各机架压下量，采取油润滑、带钢表面冷却、降低坯料温度等方式来减小摩擦系数。降低坯料温度可能使带钢边部温度较低，可通过感应加热器来控制带钢边部的冷却。另外，优化高速钢轧辊成分也是降低摩擦系数的有效手段。

（3）因轧钢事故造成轧辊损坏。由于高速钢材料冲击韧性较低，脆性大，抗事故性能差，因此要加强管理，确保轧机正常运转，减少轧制事故对轧辊造成的损坏。

339. 高速钢轧辊使用中表面氧化膜的应力状态怎样?

热轧高速钢轧辊在轧钢过程中易在辊表面形成连续、致密、均匀、黏结性好的氧化膜，不但可降低轧辊与轧材间的摩擦系数，而且可提高轧材尺寸精度和表面质量。氧化膜中主要存在两种应力，氧化膜恒温生长时产生的生长应力和温度变化时因金属与氧化物热膨胀系数不同而产生的热应力。氧化膜内最终存在的应力是部分应力释放后获得的平衡应力。氧化膜内应力的释放主要通过 3 种途径：

（1）氧化膜塑性变形；

（2）金属基体塑性变形；

（3）氧化膜发生开裂和剥落。氧化膜应力释放的大小与冷却速度密切相关，当冷却速度较快时，氧化膜通过蠕变释放的应力很小；如果氧化膜中应力不能通过塑性变形得以释放，当累积达到一定值时，氧化膜会发生开裂和剥落。轧辊处于激冷激热工况下，氧化膜应力累积到一定值也会开裂和剥落。

340. 高速钢轧辊表面氧化膜裂纹的形成和剥落原因是什么?

高速钢轧辊使用中，轧辊表面氧化膜在通过轧制区时将受到沿轧辊圆周方向交变剪切应力作用，在前滑区剪切力指向出口方向，在后滑区剪切力指向入口方向，交变剪切应力加速了在长大应力和热应力作用下氧化膜裂纹的形成和扩展[108]。随着轧制时间的延长，氧化膜厚度达到一定值，当氧化膜在辊面的黏附能力小于剪切力作用时，将发生剥落，所以氧化膜的剥落主要发生在轧制区内，主要是氧化膜内应力（长大应力和热应力）和轧制区内交变剪切应力共同作用的结果。另外，轧制过程中轧辊氧化膜是一个由形成到剥落、再形成再剥落如此循环反复的过程，氧化膜剥落过程带走了轧辊工作层材质，造成氧化磨损。

341. 怎样防止高速钢轧辊使用中表面氧化膜的剥落?

高速钢轧辊使用中表面氧化膜的内外应力是影响氧化膜剥落

的主要因素，要防止氧化膜的剥落，应采取以下措施：

（1）严格控制轧制温度，优化冷却环境，使轧辊尽快冷却，控制氧化膜内应力的累加和氧化膜增厚；

（2）优化辊形曲线，合理分布轧制力，避免局部应力集中造成该处氧化膜过早剥落。

342. 高速钢工作辊烫辊处理有什么好处？

高速钢复合轧辊的外层导热系数较低，弹性模量高，轧辊上机初期易在工作层形成较大温度梯度，热应力高，因此烫辊是轧钢操作中不可缺少的工序。烫辊的主要目的是控制辊面的升温速度，减小轧辊升温造成的热应力。烫辊过程采用低负荷、小压下量轧制工艺，烫辊钢坯数量不应小于5块。上机前辊温越低，烫辊时间越长。如烫辊不当，有时造成结合层分离、剥落，严重时会产生断辊。另外，高速钢轧辊烫辊期间，另一很重要的内容是在辊面形成稳定、致密氧化膜，氧化膜的建立与轧辊烫辊过程的水量控制、轧制工艺有很大关系。烫辊期间，辊温太低则辊面氧化膜形成困难。为解决烫辊期间辊面升温速度与氧化膜形成间的矛盾，部分厂家将烫辊后期冷却水量适量减少。

343. 使用高速钢轧辊出现轧制事故时怎样处理？

目前我国冶金轧辊非正常使用的消耗占整个轧辊消耗量的30%左右，加强企业现场管理、严格轧制工艺、确保轧机正常运转、减少轧制事故，对降低轧辊消耗是极为重要的。当棒线材轧机使用高速钢轧辊出现卡钢或堆钢时，应立即停水，迅速将上辊抬起，使轧材离开辊面，并同时将堆积在下辊上的轧材立即移开，使受热的轧槽在空气中缓慢冷却，事故处理后重新生产时，必须换槽，而且要隔2～3个槽，绝对不允许使冷却水冲到或流到受热的轧槽上，如果确实无法避免而又不能换槽，则必须换辊，待其自然冷却后再重新上机使用，否则将冷却水直接浇到过热的轧槽上，轧槽易出现裂纹。当板带材轧机使用高速钢轧辊出现卡钢或堆钢时，应立即停水，迅速将上辊抬起，并同时将轧辊卸下换上新轧辊，待轧辊在空气中自然冷却后再重新上机使用，如果辊面状况较好，可以不需要修磨，直接上机使用。如果不换辊，那么重新开机后，冷却水直接浇到过热的辊面上，辊面极易出现裂纹，特别是下辊更为严重，从而将造成轧辊损坏。

344. 高速钢轧辊的维护管理方面应注意哪些问题？

高速钢轧辊的维护管理方面，应注意以下三方面的问题[109]：

（1）正确判断使用次数。高速钢轧辊两次磨削之间的使用次数，取决于每次下机后辊面氧化膜和粗糙度保持状况，正常情况下，前段机架可使用3～7次，后段机架可使用2～4次，CPC高速钢轧辊甚至可以使用10次以上。

（2）利用辊面探伤手段避免轧辊失效事故。高速钢轧辊下机后需立即进行水冷或空冷，确保下次使用前消除热膨胀。高速钢轧辊易萌生热裂纹，如有轧制异常停机需要立即更换高速钢轧辊。为了避免轧辊剥落等失效事故，轧辊冷却后应采用超声波探伤仪进行辊面裂纹检测。

（3）利用专业工具强化磨削效果。由于高速钢轧辊硬度高，研磨比较困难，要选用专用砂轮和自动磨床。研磨完成后，采用涡流探伤仪和超声波探伤仪进行辊面的复合探伤。正常下机的高速钢轧辊磨削后可残留微热裂纹上机使用。轧制事故下机的高速钢轧辊，需在磨削清除辊面裂纹基础上，增加一定的磨削量。

345. 高速钢轧辊表面氧化膜对轧钢有什么影响？

由于高速钢材质和热轧工作辊的高温、高应力、水蒸气等工况条件的特点，工作辊表面容易形成一层薄的黑色氧化膜。氧化膜不仅可以降低带钢和工作辊之间的摩擦因数、防止热裂纹向辊体扩展、阻止带钢热量向辊体扩散，而且可以改进带钢的表面质量。相反，氧化膜不均匀脱落，将造成辊面的不均匀磨损，直接影响辊形、动态辊缝和带钢断面凸度。

346. 高速钢轧辊表面氧化膜情况怎样？

正常情况下，高速钢热轧工作辊与带钢接触，辊面均匀分布一层呈银灰色或浅蓝色的薄氧化膜。不同颜色的氧化膜意味着厚度不同，颜色越深则氧化膜越厚。当颜色呈深蓝色或黑色时，氧化膜的厚度通常超过 3μm。抗剪强度及与基体的结合强度随着氧化膜的厚度增加而降低。氧化膜呈深蓝色或黑色时，在轧制力的反复作用下，氧化膜沿碳化物周围萌生微裂纹，致使辊面粗糙度升高、耐磨损性能下降。氧化膜进一步增厚，裂纹明显扩展，造成辊面氧化膜脱落，形成流星斑、回纹、斑带和大面积脱落等氧化膜异常缺陷。图 4-29 是国内某厂热轧带钢 F2 机架高速钢下辊使用第 4 次下机后的正常氧化膜宏观和局部形貌，图 4-30 为 F2 下辊温度和粗糙度分布情况，发现随着高速钢轧辊使用次数的增加，其辊面粗糙度增大，其辊面状况不断恶化。

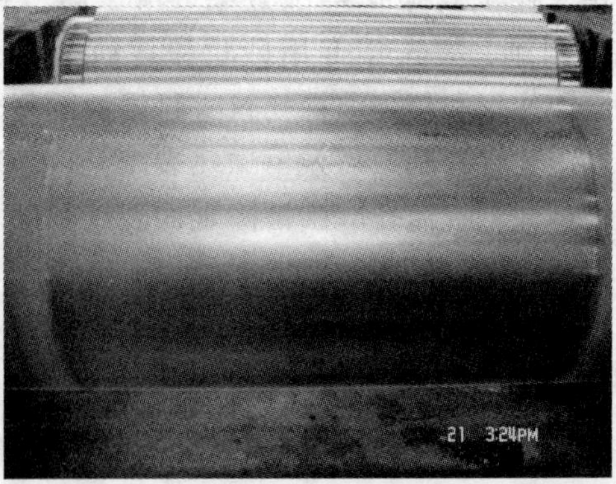

a

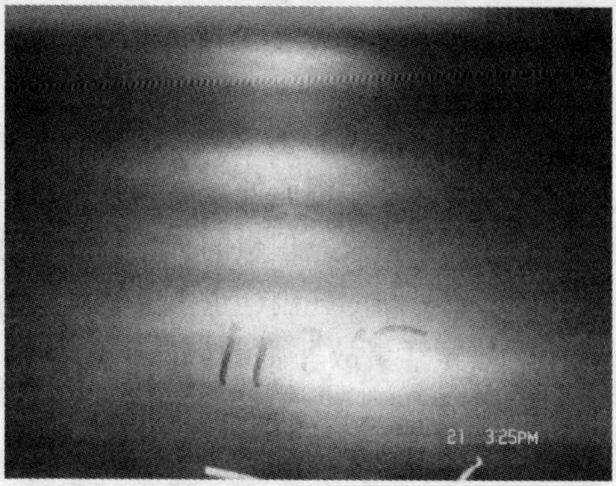

b

图 4-29　F2 高速钢下辊使用四次后的辊面宏观（*a*）和局部（*b*）形貌

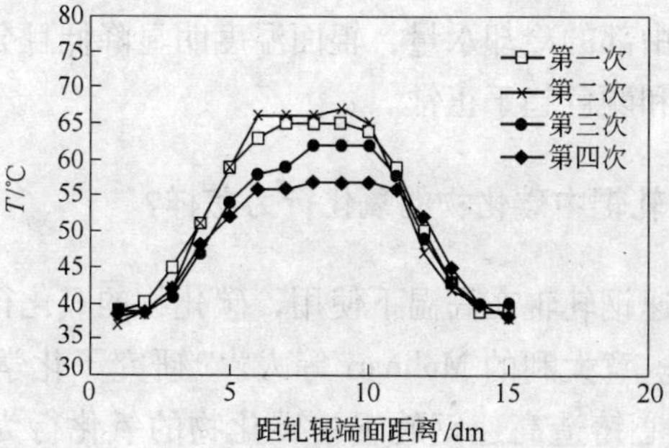

a

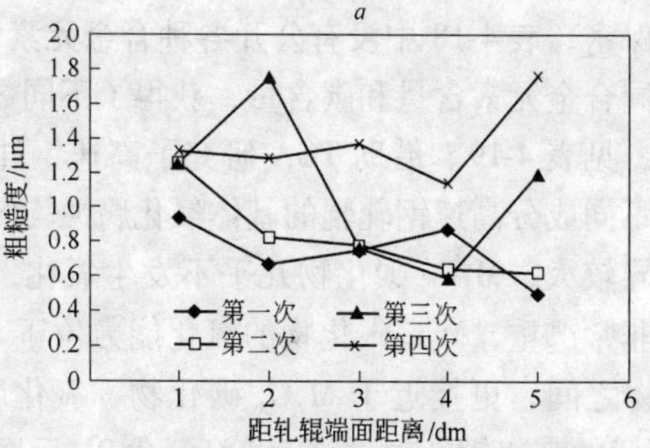

b

图 4-30　F2 高速钢下辊温度和粗糙度分布

a—温度分布；*b*—粗糙度分布

347. 影响高速钢轧辊氧化膜生长的关键因素是什么?

影响高速钢轧辊氧化膜增长的关键因素是工作辊表面温度，理想的工作辊强制冷却，缩短辊面处于高温状态的时间，是控制辊面的氧化膜生长的重要手段。理想的工作辊冷却意味着辊面颜色保持银灰色，经过长时间的轧制，也不会发生脱落，这对于减少热轧工作辊磨损和异常事故非常有利。国内某热轧精轧机组F2 机架工作辊全部采用进口铸造高速钢轧辊，在轧辊入口侧布置一排喷嘴、出口侧布置三排喷嘴的冷却水装置，通过加大出口侧冷却水量、减少入口侧水量以加强工作辊的冷却效果。但辊面温度仍较高，且分布不均匀，这直接影响了高速钢工作辊氧化膜的保持和带钢断面控制，存在氧化膜较厚和剥落现象[110]。通过加大工作辊中部的冷却水量，辊面温度明显降低且分布均匀，氧化膜的厚度和颜色趋于正常。

348. 高速钢轧辊中碳化物的氧化行为怎样?

热轧高速钢轧辊在高温下使用，碳化物的氧化行为影响轧辊的使用效果。意大利的 Molinari 等人[111]研究了化学成分如表 4-18 所示的离心铸造高速钢轧辊中碳化物的氧化行为，由于轧辊制造企业的保密，表 4-18 中没有公开各种合金元素的具体含量。通过调节不同合金元素含量和碳含量，获得了不同数量和不同类型的碳化物，见表 4-19。借助 TGA 研究了高速钢轧辊的抗氧化行为，发现不同成分高速钢轧辊的基体氧化腐蚀均匀，而碳化物的腐蚀性差异较大，M_7C_3 碳化物几乎不发生氧化，而 MC 碳化物氧化腐蚀非常严重，M_2C 碳化物的氧化能力位于 M_7C_3 碳化物和 MC 碳化物之间，更接近于 M_7C_3 碳化物，氧化腐蚀很轻微，从图 4-31 所示的高速钢轧辊试样 500℃氧化 2h 后腐蚀纵截面照片看，MC 碳化物氧化腐蚀非常严重，而 M_7C_3 碳化物的氧化腐蚀轻微。

表 4-18　离心铸造高速钢轧辊成分

合金元素	C	Cr	V + Nb	Mo + W
成分/%	2.4 ~ 2.8	6.5 ~ 9.5	4 ~ 7	3 ~ 9

表 4-19　高速钢轧辊中不同类型碳化物的体积分数

轧辊材料	M_7C_3/%	M_2C/%	MC/%	碳化物总量/%
HC1	8.8	微量	8.4	17.2
HC2	8.3	1.0	8.9	18.2
HC3	12.1	2.4	9.8	24.3
HC4	17.5	1.3	6.4	25.2
HC5	8.0	1.5	10.5	20.0

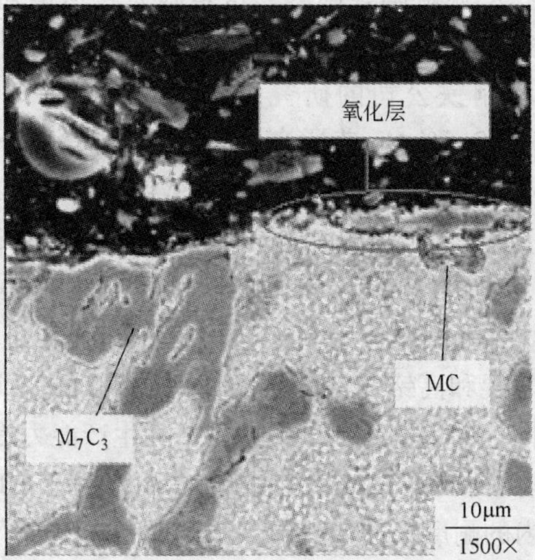

图 4-31　高速钢轧辊试样 500℃氧化 2h 后腐蚀纵截面

349. 高速钢轧辊的氧化特性怎样？

用于轧机前架的高速钢轧辊表面的氧化层是轧辊本身氧化造成的。高速钢的化学成分范围较广，其中各化学元素都有不同的氧化特性。高速钢轧辊是唯一可以通过调整化学成分从而改变其氧化特性来适应不同轧机机架的轧辊材质。热轧带钢轧制过程至少存在三种不同的氧化区域：粗轧架次、F1～F3 精轧前架、F4～F6 精轧后架，在实际生产中要根据轧辊的具体使用机架来选择不同氧化特性的轧辊。高速钢轧辊与高铬铸铁轧辊相比，剥落的轧辊氧化层表面外观相似，但是高速钢轧辊的氧化层厚度比高铬铸铁轧辊要薄得多。经许多轧钢厂家证实，高速钢轧辊氧化层表面的光洁度明显好于高铬铸铁轧辊，高速钢轧辊表面光洁度和耐磨性能的提高可改善轧材表面质量。

350. 如何降低高速钢轧辊的轧制负荷？

普通高速钢轧辊用于轧机前段机架时，存在着轧制负荷增大而诱发钢板鳞皮疤缺陷等问题，这是因为高速钢轧辊中的硬质 MC 型碳化物在轧辊表面形成微细的凸起，使轧制面摩擦力加大。日本川崎制铁公司的研究结果发现，在含 2.2% C-5% V-1.5% Nb-6% Cr-2.5% Mo 普通高速钢轧辊（简称 HSS1）中，同时提高碳、铬和钼含量至 3.0% C-5% V-1.5% Nb-12% Cr-5% Mo（简称 HSS2），增加了高速钢轧辊中准硬质相共晶碳化物数量，且镶嵌在易磨损的基体部分，使轧辊磨损面变得平整，见图 4-32。这样既可降低轧制负荷，还可延长轧辊寿命，图 4-33 是不同高速钢轧辊和高铬铸铁轧辊的使用效果对比。HSS2 具有高铬铸铁轧辊同等的轧制负荷，但单位磨耗生产能力提高 5 倍。而 HSS1 的轧制负荷比高铬铸铁轧辊增加 30% 以上。HSS2 轧辊表层 80mm 之内的耐磨性均匀一致，这对提高轧辊连续使用性是必

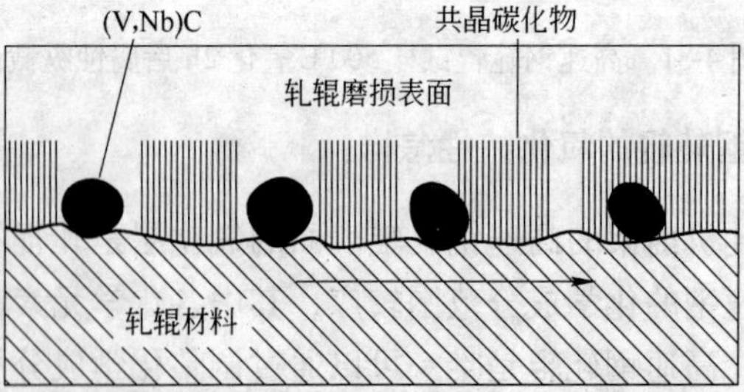

图 4-32 提高铬、钼含量后高速钢轧辊的磨损表面示意图[112]

不可少的，生产实际如图 4-34 所示。HSS2 耐磨性提高的主要原因是铬、钼含量增加后，促进了碳化物的韧化所致。研究还发现，增加铬、钼含量，共晶碳化物中的铬、钼浓度增加，铁浓度下降，改善了碳化物自身的结合力，可抑制轧辊磨损过程中表面碳化物的破坏。而只增加碳和铬的情况下，虽然碳化物量增加，但耐磨性几乎不提高。

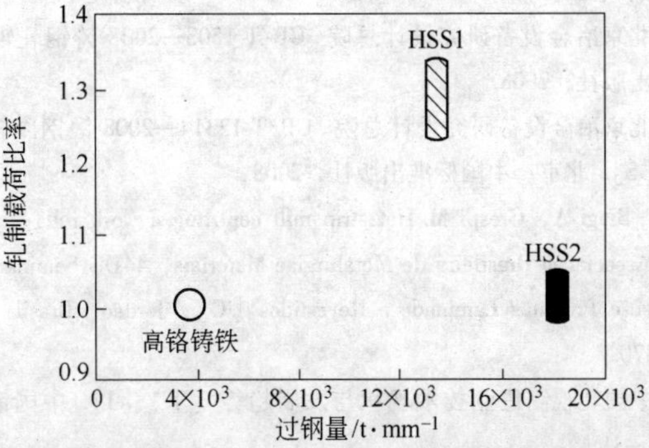

图 4-33 不同轧辊在热轧带钢 F2 机架的实际使用效果[112]
（轧制载荷比率 = 使用高速钢轧辊的轧制载荷/使用高铬铸铁轧辊的轧制载荷）

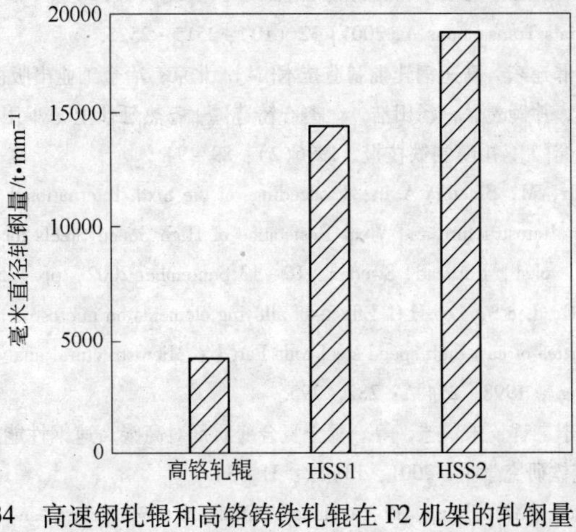

图 4-34 高速钢轧辊和高铬铸铁轧辊在 F2 机架的轧钢量比较[112]

参考文献

[1] http://www.china-roll.com.

[2] 边金生．轧钢机械设备[M]．北京：冶金工业出版社，2003.

[3] 费祎若．轧辊新技术讲座[N]．中国冶金报，2004-11-11.

[4] 王殿刚，杨和林．铸铁轧辊生产[M]．北京：冶金工业出版社，1983.

[5] 中冶集团北京冶金设备研究设计总院．GB/T 1504—2008 铸铁轧辊[S]．北京：中国标准出版社，2008.

[6] 中冶集团北京冶金设备研究设计总院．GB/T 1503—2008 铸钢轧辊[S]．北京：中国标准出版社，2008.

[7] 中冶集团北京冶金设备研究设计总院．GB/T 13314—2008 锻钢冷轧工作辊通用技术条件[S]．北京：中国标准出版社，2008.

[8] Tremea A, Biggi A, Grespi M. Hot strip mill centrifuged work rolls: quality and results[A]. Associacao Brasileira de Metalurgiae Materiais, 44DG Seminario de Laminacao Processose Produtos Laminadose Revestidos [C]; Jordao; Brasil; 16-19 2007, pp. 860~870.

[9] 贾建平．中国轧辊制造业技术现状与发展趋势（下）[J]．中国钢铁业，2008(10)：27~31.

[10] 丁刚，强颖怀．复合电渣冶金法制造钢结硬质合金复合轧辊新工艺[A]．全国轧辊技术研讨会论文集[C]. 2005，46~50.

[11] Kang Y J, Oh J C, Lee H C, et al. Effects of carbon and chromium additions on the wear resistance and surface roughness of cast high-speed steel rolls[J]. Metallurgical and Materials Transactions A, 2001, 32 (10): 2515~2525.

[12] 符寒光，邢建东．高速钢轧辊制造技术[M]．北京：冶金工业出版社，2007.

[13] 市野键司，片岡義弘，汤田浩二．离心铸造によゐ热延仕上ミル用高耐磨耗ロールの開発[J]．川崎制铁技报，1996(2)：89~94.

[14] Boccalini Jr, M, Sinatora A. in: Proceedings of the Sixth International Tooling Conference on Microstructure and Wear Resistance of High Speed Steels for Rolling Mill Rolls[A]. vol. 1, Karlstad, Sweden, 10~13 September 2002, pp. 425~436.

[15] Hwang K C, Lee S, Lee H C. Effects of alloying elements on microstructure and fracture properties of cast high speed steel rolls Part Ⅰ: Microstructural analysis[J]. Mater. Sci. Eng., 1998, 254 A: 282~295.

[16] 宋延沛，李秉哲，朱景芝，等．稀土复合变质剂对高碳高速钢性能及组织的影响[J]．钢铁研究学报，2001，13(6)：31~34.

[17] Fu Hanguang, Xiao Qiang, Li Yanxiang. A Study on the Structures and Properties of

Fe-V-W-Mo Alloy Modified by Rare Earth[J]. Materials Science and Engineering A, 2005, 395: 281~287.

[18] 张新庄, 魏世忠, 倪锋, 等. 稀土变质处理对高钒高速钢中碳化钒形态的影响[J]. 铸造技术, 2008, 29(7): 869~872.

[19] Chaus A S. Application of bismuth for solidification structure refinement and properties enhancement in as-cast high-speed steels[J]. ISIJ International, 2005, 45(9): 1297~1306.

[20] 大城桂作, 小野幸德, 周宏, 等. 压延ロール用高炭素ハィス系合金の凝固機構[J]. 鉄と鋼, 1995, 81(9): 912~917.

[21] Arikan M M, Cimenoglu H, Kayali E S. The effect of titanium on the abrasion resistance of 15Cr-3Mo white cast iron[J]. Wear, 2001, 247: 231~235.

[22] Kheirandish Sh, Mirdamadi Sh, Kharrazi Y H K. Effect of titanium on cast structure of high speed steel[J]. Materials Science and Technology, 1998, 14: 312~316.

[23] Chaus A S. Modifying cast tungsten-molybdenum high-speed steels with niobium, zirconium, and titanium[J]. Metal Science and Heat Treatment 2005, 47(1): 53~61.

[24] Li Yanjun, Jiang Qichuan, Zhao Yuguang, et al. Influence of Ti on MC carbide in M2 steel[J]. Journal of Materials Science and Technology, 1997, 13: 471~474.

[25] 焦金玲. 轧辊用高速钢复合变质及热处理工艺研究[D]. 山东大学学位论文, 2007.

[26] 甘宅平. 高速钢离心复合铸造轧辊的研究[D]. 武汉科技大学学位论文, 2006.

[27] Zhang Xipeng, Kou Guojun, Wu Chunjing, et al. Effect of ferrovanadium inoculation on microstructure and properties of high speed steel[J]. China Foundry, 2008(2): 95~98.

[28] 邵抗振, 魏世忠, 龙锐, 等. 碳对高钒高速钢凝固过程的影响[J]. 铸造技术, 2005, 26(11): 1015~1019.

[29] Wei Shizhong, Zhu Jinhua, Xu Liujie, et al. Efects of carbon on microstructures and properties of high vanadium high-speed steel[J]. Materials and Design, 2006, 27(1): 58~63.

[30] 刘耀辉, 刘海峰, 葛辽海. 钒铌复合加入对高速钢中MC型碳化物的影响[J]. 电子显微学报, 1999, 18 (增刊): 69~70.

[31] Shirasaki K, Takita M, Nomura H. Effect of semisolid casting process with cooling plate technique on microstructure and properties of high speed steel with high vanadium and carbon contents[J]. International Journal of cast Metals Research, 2008, 21(1~4): 45~48.

[32] 周宏. 高碳、钒高速钢及其复合轧辊的研究[D]. 吉林工业大学学位论

文，2000.

[33] Kim C K, Park J I, Lee S, et al. Effects of alloying elements on microstructure, hardness, and fracture toughness of centrifugally cast high-speed steel rolls[J]. Metallurgical and Materials Transactions A, 2005, 36(1): 89 ~ 97.

[34] 宋亮，张晓丹，孙大乐，等. 不同类型碳化物在基体中的分布对高速钢轧辊性能的影响[J]. 金属热处理，2006，31 (9): 1 ~ 4.

[35] 符寒光. 高速钢轧辊制造技术研究进展[J]. 铸造，2009 年，58(7): 690 ~ 697.

[36] 谢志彬，王晓勇，任建平，等. W9Mo3Cr4V 高速钢的氧化脱磷[J]. 特殊钢，1998，19(3): 23 ~ 26.

[37] 符寒光，邢建东，高义民，等. 一种低偏析高速钢轧辊及其制备方法：中国，ZL200710017610. 2 [P]. 2007-04-03.

[38] 符寒光. 离心铸造高速钢轧辊关键技术研究[D]. 西安交通大学学位论文，2004.

[39] Fu Hanguang, Xiao Qiang, Xing Jiandong. A study of segregation mechanism in centrifugal cast high speed steel rolls. Materials Science and Engineering A, 2008, 479: 253 ~ 260.

[40] Fu Hanguang, Xing Jiandong. A fundamental research of electromagnetic centrifugal cast high speed steel (HSS) roll. Steel Research Int., 2007, 78(3): 266 ~ 272.

[41] 李丘林，刘伟，宋亮. 一种新型高碳高钨高速钢轧辊及其制备方法：中国，CN100999804 [P]. 2006-12-21.

[42] 孙大乐，范群，姚利松，等. 一种电磁离心铸造高速钢复合轧辊工作层材质：中国，CN101274359 [P]. 2007-03-28.

[43] 范永祥，李丘林，张晓丹，等. 外加磁场对离心铸造高速钢轧辊组织和性能的影响[J]. 金属热处理，2008，33(7): 20 ~ 23.

[44] 符寒光，蒋志强，施进发. 一种低裂纹型高速钢轧辊及其离心铸造方法：中国，ZL 200610041705. 3 [P]. 2006-01-19.

[45] Kim S W, Lee U J, Woo K D et al. Solidification microstructures and mechanical properties of vertical centrifugal cast high speed steel[J]. Materials Science and Technology, 2003, 19(12): 1727 ~ 1732.

[46] 袁乃博，毛卫民. 高速钢离心复合轧辊结合层质量的研究[J]. 中国铸造装备与技术，2007(4): 19 ~ 22.

[47] 郭小军，陈彦春. 离心铸造球铁芯复合轧辊辊颈缩松的控制[J]. 现代铸铁，2006(6): 31 ~ 33.

[48] 万虹. CPC 高速钢复合轧辊连续铸造温度场有限元模拟及参数优化设计 [D]. 武汉理工大学学位论文，2008.

[49] 钢铁研究总院. 连续复合轧辊制造技术[J]. 技术与市场, 2009, 16(2): 85.
[50] 王俊刚. 高速钢复合轧辊制备工艺的研究[D]. 东北大学学位论文, 2006.
[51] 謙田俊夫, 下夕村修, 児玉英世, 等. ESR 複合法による高性能压延用ロール. 素形材, 1990, 31(10): 15~18.
[52] Zhou C D, Fan J F, Le H R, et al. Microstructural characteristics and mechanical properties of spray formed high speed steel for work roll[J]. Acta Metallurgica sinica, 2004, 17(4): 548~553.
[53] 葛永胜, 朱国芳, 王成辉, 等. 半高速钢轧辊的锻造工艺研究[J]. 大型铸锻件, 2006(2): 1~3.
[54] 张坤, 陈光南. 轧辊表面激光处理技术的应用分析与展望[A]. 中国金属学会, 全国轧辊技术研讨会论文集[C]. 江苏无锡, 2005.10, pp.219~220, 224.
[55] 佗劲红, 陈岁元, 周利, 等. 激光表面改性对轧辊用高速钢组织与硬度的影响[J]. 金属热处理, 2006(31)1: 56~59.
[56] Suh D W, Lee S, Koo Y M, et al. The effect of high-energy electron-beam irradiation on microstructural modification of a high-speed steel roll[J]. Metallurgical and Materials Transactions A, 1996, 27A(10):3149~3161.
[57] 张平, 李军伟, 谭俊. 离子注入氮硼对 W6Mo5Cr4V2 钢磨损性能的影响[A]. 中国电工技术学会第七届学术年会论文集 [C], 2001, 北京, pp.394~397.
[58] 丰振军. 热处理工艺对高钒高速钢显微组织和性能的影响 [D]. 西安建筑科技大学学位论文, 2009.
[59] 赵海杰. 高速钢轧辊磨损试验研究 [D]. 北京工业大学毕业设计论文, 2009.
[60] M. Hashimoto, H. Takigawa and T. Kawakami. Development and application of high-speed tool steel (HSS) rolls in hot strip rolling[A]. 37th Mechanical Working and Steel Processing Conference Proceedings [C], ISS, Warrendale, PA, 1996, vol.33, pp.275~282.
[61] Lee J H, Oh J C, Park J W. Effects of tempering temperature on wear resistance and surface roughness of a high speed steel roll[J]. ISIJ International, 2001, 41(8): 859~865.
[62] 张自立, 高春利, 宫开令. 高速钢轧辊热处理断裂原因分析[J]. 轧钢, 2008, 25(2): 49~52.
[63] Pellizzari M, Cescato D, Straffelini G, et al. Studio del trattamento termico di acciai rapidi per cilindri di laminazione a caldo[J]. la metallurgia italiana, 2008(4): 7~13.
[64] 孙大乐, 范群, 姚利松. 奥氏体化保温时间对高速钢工作辊组织和耐磨性的影响[J]. 金属热处理, 2005, 30(12): 9~12.
[65] 吴荣花, 吴春京, 张西鹏等. 热处理对高速钢球墨铸铁复合轧辊芯部性能的影

响[J]. 铸造技术, 2007, 28(2): 190 ~ 194.

[66] 胡冰, 那顺桑, 陶进长, 等. 离心铸造双金属结合层的研究[J]. 热处理, 2008, 23(6): 51 ~ 54.

[67] 栾义坤, 白云龙, 宋男男, 等. 离心铸造轧辊用高速钢的热处理[J]. 金属学报, 2009, 45(4):470 ~ 475.

[68] 付月有, 李宇山, 苗金手. 超硬型高速钢二十辊轧机工作辊热处理工艺研究[A]. 第七届全国冶金轧辊学术交流年会论文集[C]. 2004, 140 ~ 142.

[69] 刘德富, 尹钟大, 徐德祥等. 冷轧工作辊用半高速钢中碳化物的溶解和析出[J]. 钢铁, 2005,40(4): 69 ~ 71, 82.

[70] 周利, 孙大乐, 刘常升, 等. 热轧粗轧用半高速钢轧辊材料中碳化物的氧化行为[J]. 钢铁, 2007, 42(8): 69 ~ 73.

[71] Wu Q, Sun D L, and Liu C S. Effect of austenitizing temperature on microstructure and mechanical properties of semi-high-speed steel cold-forged rolls[J]. Journal of Materials Engineering and Performance, 2009, 18(7): 952 ~ 958.

[72] Wu Qiang, Sun Dale, Yao Lisong, et al. The evolution of carbides in the temping process of semi-high speed steel cold rolls with nitrogen addition[J]. Baosteel Technical Research, 2009, 3(2): 42 ~ 45.

[73] 刘冠宇. 高硼低合金高速钢轧辊凝固和热处理组织研究 [D]. 北京工业大学毕业设计论文, 2009.

[74] 符寒光, 雷永平, 邢建东, 等. 含硼低合金高速钢轧辊: 中国, 200910091187. X [P]. 2009-08-14.

[75] 符寒光, 雷永平, 邢建东, 等. 含硼低合金高速钢轧辊中间层: 中国, 200910091186. 5 [P] . 2009-08-14.

[76] Malbrancke J, Uijtdebroeks H, Walmag G. A new procedure to assess the hot rolling work roll materials[J]. La revue de metallurgie CIT, 2007(10): 512 ~ 520.

[77] Dobrzanski L A. Melting and crystallization behaviour of W-V-Si high speed steels[J]. Steel Research, 1986, 57(1): 37 ~ 45.

[78] Powell G L F, Lloyd P G. A deep etching technique for the examination of the carbide of high chromium cast iron in a scanning electron microscope[J]. Metallography, 1981, 14(3): 271 ~ 274.

[79] 中冶集团北京冶金设备研究设计总院. GB/T 13313—2008 轧辊肖氏、里氏硬度试验方法[S]. 北京: 中国标准出版社, 2008.

[80] 杜国华, 张永兴. 推广探伤技术让轧辊延年益寿[N]. 中国冶金报, 2007-01-30.

[81] 陶军, 胡学雄. KRAUTKRAMER 机载表面波探伤仪在高速钢轧辊检测中的应用[J]. 新技术新工艺, 2009(3): 113 ~ 115.

[82] 陶军．论轧辊涡流探伤仪改造中的新技术应用[A]. 2006 年热轧厂技术干部会议论文，宝钢分公司热轧厂，2006.

[83] 杨英春．在用高速钢轧辊无损检测[J]．无损探伤，2005，29(6)：46 ~ 47.

[84] 张翠梅．复合轧辊残余应力的测试研究 [D] ．河北理工学院学位论文，2004.

[85] 虞付进，华云松，张克华，等．轧辊表面残余应力测试方法的对比试验研究[J]．表面技术，2008，37(6)：44 ~ 46，56.

[86] 解海滨．高速钢轧辊的加工特性与切削刀具研究[J]．工具技术，2008，42(7)：65 ~ 68.

[87] 王凯．轧辊磨床磨削工艺参数合理选择对轧辊质量的影响[J]．现代机械，2008(4)：1 ~ 2.

[88] 苗利河．棒线材用高速钢轧辊的孔型加工工艺[J]．轧钢，2008，25(2)：70 ~ 72.

[89] 陈波涛，赵华国，孙晓洁．改善热轧工作辊工作状况的几种方法[J]．一重技术，2007(4)：9 ~ 11.

[90] Walmag G，Skoczynski R J，Breyer J P. Improvement of the work roll performance on the 2050 mm hot strip mill at Iscor Vanderbijlpark[J]. Revue de metallurgie：Cahiers d'informations techniques，2001，98(3)：295 ~ 304.

[91] 王廷溥．板带材生产原理与工艺[M]．北京：冶金工业出版社，2006.

[92] 黄波．我国热轧宽带钢轧机建设情况综述[J]．轧钢，2009，26(1)：47 ~ 52.

[93] Belzunce F J，Ziadi A，Rodriguez C. Structural integrity of hot strip mill rolling rolls [J]. Engineering Failure Analysis，2004，11：789 ~ 797.

[94] 刘绍昌，郝耀华，刘建民，等．热轧带钢精轧辊的正确使用及其失效原因分析[J]．现代铸铁，2009(3)：57 ~ 62.

[95] 郭继友，马叶红，李欣波，等．热连轧工作辊热裂纹的原因分析及预防 [J] ．冶金丛刊，2007(2)：4 ~ 5.

[96] 王蕊，马玥珺，王磊磊．轧辊失效原因分析及预防措施[J]．太原科技大学学报，2006，27(增刊)：85 ~ 86，99.

[97] 吴成军．热轧型钢轧辊的断裂行为分析及对策[J]．锻压技术，2007，32(1)：97 ~ 99.

[98] 何佳礼，量茂松，褚双学，等．冷却水和氧化铁皮对轧辊辊耗的影响[J]．武钢技术，2009，47(3)：29 ~ 31.

[99] 何友德，正铨，肖科．高碳高速钢辊套在高线及棒材生产线的应用[J]．轧钢，2008，25(2)：63 ~ 64.

[100] Xavier R R，De Carvalho M A，Cannizza E，et al. High-speed steel rolls for long products[J]. Iron and Steel Technology，2004，1(2)：28 ~ 33.

[101] 陈应文，王朝晖，罗利威，等．珠钢热轧机高速钢轧辊应用技术开发[J]．冶

金丛刊，2007(5)：1 ~ 3.

[102] 王俊，吴俊，邵以诺. 高速钢轧辊及其在热轧不锈钢生产中的应用[A]. 2005 中国钢铁年会论文集，346 ~ 349.

[103] Hashimoto M, Tanake T, Inoue T, et al. Development of cold rolling mill rolls of high speed steel type by using continuous pouring process for cladding[J]. ISIJ International, 2002, 42(9): 982 ~ 989.

[104] 宫开令，王燕生，梁元成. 高速钢轧辊在棒材连轧机上的应用[J]. 轧钢，2003，20(1)：52 ~ 54.

[105] 李华燊，吴邵威. 高速钢轧辊在 CSP 精轧机前段机架使用初探[J]. 冶金丛刊，2004(6)：14 ~ 16，41.

[106] Steinier D, Nicoloudis G, Liquet D, et al. Improvement of HSS performances in low temperature rolling[J]. La Revue de Métallurgie, 2003(1): 57 ~ 64.

[107] Jin W, Choi J Y, Lee Y Y. Nucleation and growth process of sticking particles in ferritic stainless steel[J]. ISIJ International, 2000, 40(8): 789 ~ 793.

[108] 周利，刘常升，孙大乐. 热轧高速钢轧辊氧化膜的剥落行为分析[J]. 轧钢，2005，22(2)：10 ~ 12.

[109] 孙大乐. 热轧高速钢轧辊使用与管理的要求及特点[N]. 中国冶金报，2008-07-10.

[110] 孙大乐，范群，姚利松，等. 热轧铸造高速钢工作辊表面氧化膜研究[J]. 宝钢技术，2006(1)：38 ~ 42.

[111] Molinari A, Pellizzari M, Biggi A et al. in: Proceedings of the Sixth International Tooling Conference on Primary carbides in spincast HSS for hot rolls and their effect on the oxidation behaviour[A]. vol. 1, Karlstad, Sweden, 10-13 September 2002, pp. 437 ~ 452.

[112] Ichino K, Kataoka Y, Koseki T. Development of centrifugal cast roll with high wear resistance for finishing stands of hot strip mill[J]. Kawasaki Steel Technical Report, 1997, (37): 13 ~ 18.

冶金工业出版社部分图书推荐

书　　名	定价(元)
高速钢轧辊制造技术	35.00
二十辊轧机及高精度冷轧钢带生产	69.00
型钢生产知识问答	29.00
冷轧带钢生产问答(第2版)	45.00
轧机轴承与轧辊寿命研究及应用	39.00
英汉金属塑性加工词典	68.00
高精度板带材轧制理论与实践	70.00
板带轧制工艺学	79.00
金属轧制过程人工智能优化	36.00
中国热轧宽带钢轧机及生产技术	75.00
金属塑性变形力计算基础	15.00
金属挤压理论与技术	25.00
板带铸轧理论与技术	28.00
高精度轧制技术	40.00
轧钢生产新技术600问	62.00
金属塑性加工有限元模拟技术与应用	35.00
连铸坯热送热装技术	20.00
控制轧制控制冷却	22.00
板带连续轧制	28.00
金属塑性变形的实验方法	28.00
轧钢生产实用技术	26.00
高速轧机线材生产	75.00
小型连轧机的工艺与电气控制	49.00
轧机传动交流调速机电振动控制	29.00
小型型钢连轧生产工艺与设备	75.00
高技术铁路与钢轨	36.00
液压润滑系统的清洁度控制	16.00
轧制工艺润滑原理技术与应用	29.00
中厚板生产	29.00
中型型钢生产	28.00
高速线材生产	36.00
特种轧制设备	28.00
轧制过程的计算机控制系统	25.00
薄板坯连铸连轧钢的组织性能控制	79.00
热轧薄板生产技术	35.00
薄板坯连铸连轧工艺技术实践	56.00
钢管连轧理论	35.00
现代电炉——薄板坯连铸连轧	98.00
冷轧薄钢板生产(第2版)	69.00
轧制理论	42.00